抱熊氏 编著



**人民邮电出版社**

**北京**

**图书在版编目（CIP）数据**

粘土手办基础教程 / 抱熊氏编著. -- 北京 : 人民邮电出版社, 2015.12（2022.9重印）
ISBN 978-7-115-40641-5

Ⅰ. ①粘… Ⅱ. ①抱… Ⅲ. ①粘土－手工艺品－制作－教材 Ⅳ. ①TS973.5

中国版本图书馆CIP数据核字(2015)第236484号

## 内 容 提 要

有没有想过把绘画书中的经典人物形象做成一个栩栩如生的人物模型收藏起来？其实一点也不难！翻开这本书吧，相信您很快就会掌握如何制作手办的技法。

本书共分为6章，从认识制作手办的粘土等工具开始讲起，用了一章的篇幅引领你进入手办的世界，里面会介绍粘土的种类及特性、粘土的使用技巧、制作手办的工具的选择、粘土的配色技巧等；后面5章则图文并茂地向你展示了经典的动漫人物形象和详细制作过程，包括银时、雪初音、利威尔兵长、森系兔女郎和FAIRY TAIL的下午茶。

本书讲解系统，图例丰富，适合初、中级漫画爱好者作为手办的自学用书，也适合相关动漫专业作为培训教材或教学参考用书。

◆ 编　　著　抱熊氏
责任编辑　郭发明
执行编辑　何建国
责任印制　程彦红

◆ 人民邮电出版社出版发行　北京市丰台区成寿寺路11号
邮编　100164　电子邮件　315@ptpress.com.cn
网址　http://www.ptpress.com.cn
北京虎彩文化传播有限公司印刷

◆ 开本：787×1092　1/16
印张：10.5　　2015年12月第1版
字数：474千字　　2022年9月北京第18次印刷

定价：49.80元

读者服务热线：(010)81055296　印装质量热线：(010)81055316
反盗版热线：(010)81055315
广告经营许可证：京东市监广登字20170147号

# CONTENTS/ 目录

# 第1章

# 粘土手办制作基础知识

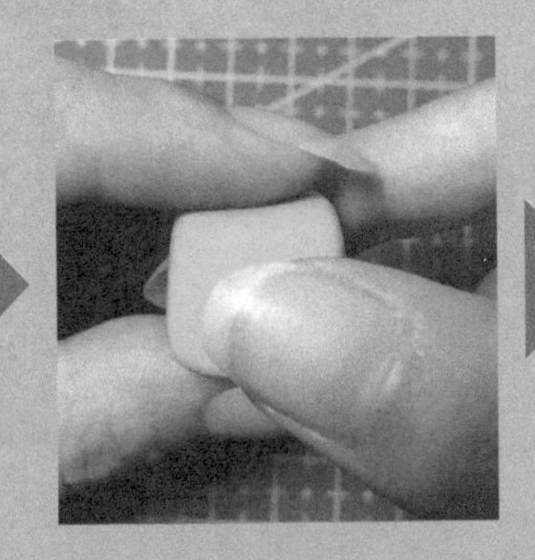
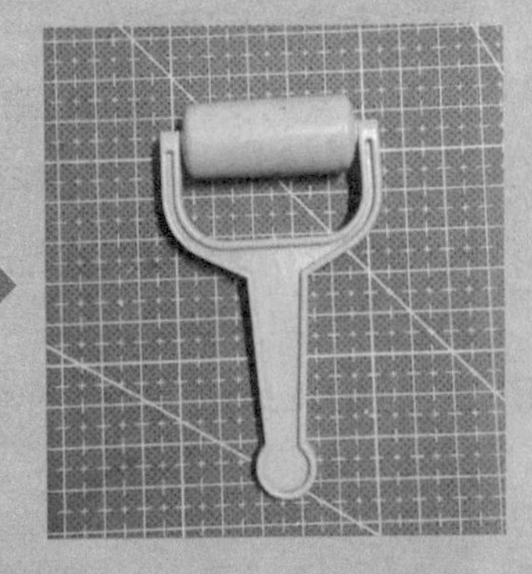

# 1.1 认识制作手办的粘土

## 1.1.1 认识超轻粘土

### 超轻粘土

超轻粘土是流行于日本的一种纸粘土，也称之为超轻土。这种粘土造型方便，使用过程中手感更加舒适，可以塑造出相当可爱的作品。超轻粘土兴起于日本，属于环保型手工造型材料，无毒，可自然风干。

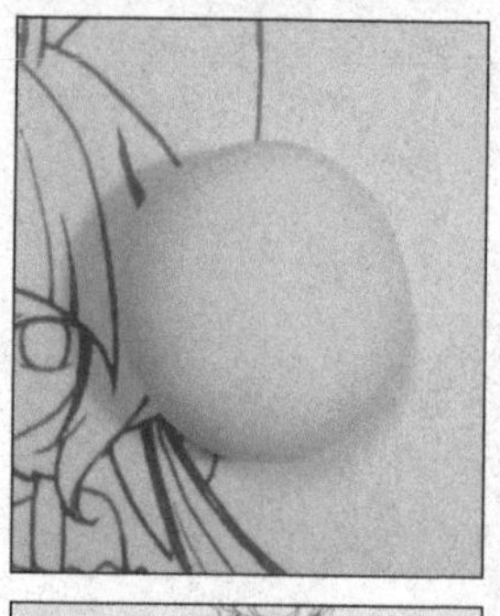

### 超轻粘土成分

超轻粘土的主要成分包括：发泡粉、水、纸浆和糊剂。超轻粘土的比重很小，一般为 0.25~0.28，干燥后成品的重量仅为干燥前的 1/4，既轻巧，又不容易碎掉。

### 超轻粘土特性

1. 质地轻柔，干净不粘手，易造型，揉捏过程中可很好地团在一起，不留残渣。

2. 色彩丰富，还可以参考配色原理自己调制各种颜色，颜色柔和方便快捷。

3. 属于自然风干类粘土，干燥后也不容易出现龟裂现象。

4. 方便与其他材质结合。很多 DIY 材料，比如纸张、玻璃、金属、蕾丝、珠片等，都可以和超轻粘土结合在一起，并且干燥定型后，可用各种染色材料上色，比如水彩、油彩、亚克力颜料、指甲油等。

5. 干燥速度快。正常情况下，表面干燥时间为 3 小时左右。大的作品干燥速度会慢些，作品越小则干燥速度越快。

6. 作品易于保存。

7. 原材料易于保存，如果觉得干燥了，添加水就可以重新使用了。

### 超轻粘土的用途

1. 可用于制作手工工艺品，比如制作玩偶、公仔、仿真花卉、发卡胸针类的饰品、手工镜框等。

2. 制作宝宝的手足印。由于超轻粘土为环保型材料，无毒，宝宝的皮肤可以安全地接触。

3. 用于美劳教育。无论是家庭亲子 DIY，还是中小学美术教学，都可以放心使用。

## 1.1.2 各种粘土的种类及特性

由于具有良好的延展性和可塑性，粘土越来越受到手工制作者的欢迎。无论是一般的手工爱好者，还是比较专业的美院学生，都用粘土来创作，下面我们就来介绍一下各种粘土的特性。

不同种类的手工制作需要不同种类的粘土。制作花朵、食品或水果蔬菜时，我们常用色泽明丽的树脂粘土；制作人偶或器皿之类的，则用纸粘土；制作人偶、花朵等有很强造型感的，可用轻粘土；油粘土则适用于制作花盆等盆栽的底座；而大理石粘土和石粉粘土则专用于制作盆栽的载体。

### 树脂粘土

树脂粘土就是面粉粘土，它的粘性较高，非常柔软，具有透明感，属于高透性的粘土。树脂粘土的可塑性很强，可用于任何形象作品的塑造。

#### 树脂粘土特性

1. 质地细腻、柔软光滑。可以揉捏成各种形状，也可以和很多材料相结合。

2. 制作的成品几乎可以假乱真，即使被辗压成薄片也不会产生裂痕。

3. 有良好的透明感和光泽度，可使用水彩或油性颜料调色。

4. 干燥后不易破碎，甚至可简单修剪。

5. 有韧性，防虫蛀并易于保存，安全无毒。

6. 有良好的弹性，作品栩栩如生。

7. 色泽干净，手感细腻，不粘工具和手，弹性好。

#### 树脂粘土能做什么？

1. 主要用于仿真花和蔬菜水果的制作。树脂粘土在外观、颜色和质感上都很接近于真正的鲜花和蔬菜水果，制作出的成品鲜活逼真，适合居室、宾馆或办公场合的摆放，以增加美感。

2. 用于动漫人物、动物的制作。

3. 用于胸针、发卡等小饰品，或者小挂件的制作。

4. 装饰性的工艺品，或用作家居用品的装饰。

5. 学龄前儿童或学龄儿童手工 DIY。

## 树脂粘土的来源

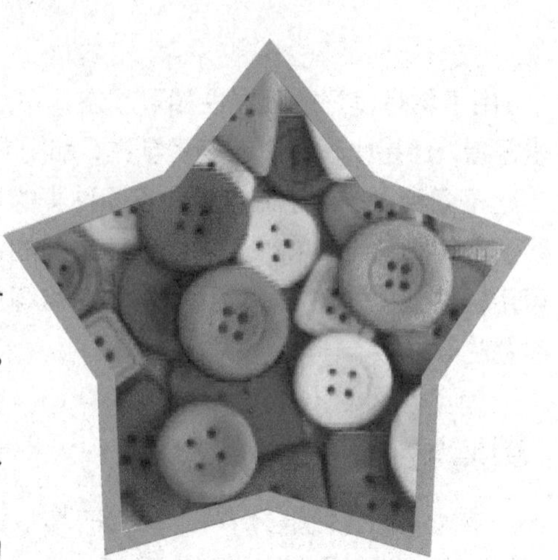

日本人在改良面包土的基础上发明了树脂粘土。它新加了树脂成分，使这种粘土带有塑胶的感觉，富有光泽和弹性。树脂粘土比较适合用来制作花卉、迷你型食品、迷你人偶、蔬菜水果等物品。现在广泛用来制作仿真花和动漫人物，造型逼真，易于保存。树脂粘土呈半透明色状，质感柔软细腻，延展性很好，以至于可做出纤细作品。并且在制作时，可按个人喜好自由添加油画颜色，或者做完后上色。

由于树脂粘土可以很好地伸展至很薄，做出的物品轻巧自然，所以非常合适制作粘土花卉。作品自然风干后，可用油画或丙烯颜料上色，使其更有立体感，也更美观。

此外，成品不易碎裂，可长期保存，如果摆放时间太长而有了灰尘时，可以用水或湿毛巾打理干净。

## 石塑粘土

石塑粘土的纹理细密，延展性也很好，非常适合塑型。石塑粘土干燥后，其强度很高，非常适合用来进行篆刻、雕塑等创作，也适用于图形、展品等造型。

## 石塑粘土的用途

1. 即便结块，也可继续添加粘土。

2. 属于自然风干类粘土，干燥后可用小刀和雕刻刀继续塑型，或者用砂纸打磨。

3. 干燥后可用绘画工具上色，无论是丙烯颜料，还是水彩颜料、油画颜料，都可对其细节描绘上色。

4. 粘土变硬时，加水稍作揉捏，即会更加柔软。

5. 残余的粘土请蘸一下水，然后密封于丙烯袋中，放置阴凉之处保存。

6. 石塑粘土具有膨胀系数，温度变高时，粘土里面的空气体积会发生变化，导致粘土出现膨胀现象，但对其质量不会产生影响。

7. 干燥后如果需要粘连的话，可以使用木工用粘合剂。

8. 也可用水来调节柔和度，但是在加了水揉合的过程中，会析出一些颜色。

## 奶油粘土

奶油粘土是新型的塑料类粘土，它还有很多名字，比如轻质造型材料、太空造型粘土、日本轻量奶油土等。奶油粘土的成分主要有：粘合树脂、粘度调节剂、水和轻质化材料。不仅可用来制作逼真的仿真蛋糕、食品模型等，还可以用作壁画、油彩画、水彩画的底层材料，甚至可以用于装饰品材料的制作。

### 奶油粘土的特性

1. 质轻、柔软细腻，造型性强，可随意揉搓成不同的造型，可拉至细细长长的而保持不断，因此非常适合制作特小的字体或其他造型。

2. 安全无毒，可 24 小时内风干。

3. 可辗压至很薄而不开裂，也可包裹于物体的表面来造型。

4. 成品效果逼真，立体感强，有很好的艺术性，甚至可永久保存。

5. 干燥后质感很轻，可固定在任何物品上做装饰。

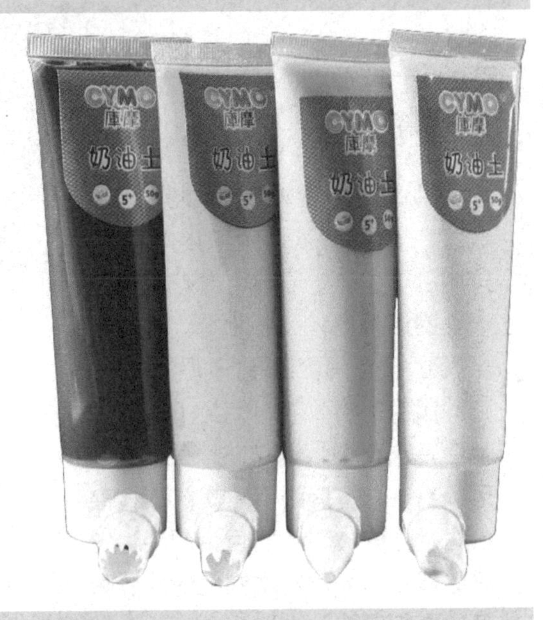

## 纸粘土

纸粘土应用广泛，无毒，获得儿童都能安心操作的 ST（安心性）认证。

纸粘土里有粗而短的纸质纤维，使用时不够细腻，成品可用丙稀颜料上色。纸粘土经济实惠，应用广泛，无论是儿童 DIY，还是美术专业人士，都可用来做专业造型。

## 纸粘土的特性

1. 无毒，不粘手，有良好的柔软性和可塑性。

2. 作品可自然风干，干燥后不会出现龟裂。

3. 干燥的成品可用多种颜料上色，比如水彩、油彩、丙烯等颜料。等颜色干了之后，再涂上光油，就能长期保存了。

4. 和很多材质都能结合，比如纸张、玻璃、金属、蕾丝、珠片等。

5. 纸粘土是自然风干类粘土，所以只要密封良好，不接触空气，纸粘土就不会干掉。

6. 作品干燥速度快。表面干燥时间一般为 3 小时，如果作品越大，干燥的时间就相应越慢。

7. 由于纸粘土具有这样的特性：在上面按压之后就会出现相应的清晰纹路，而且无毒，所以它很适合用来做小宝宝的手印脚印，又或者用来制作婚庆情侣的手印，因此纸粘土又被称为手脚印泥。

## 木质粘土

木制粘土是由天然树木制作而成的，干燥变硬后可雕刻出轮廓鲜明的形象。木质粘土具有泥土一样的深褐色，外感粗糙。木质粘土很湿，干燥速度很慢，干燥过程中，它的颜色慢慢变淡，完全干燥后深褐色变成了黄褐色。它的表面粗糙，可以打磨，打磨的手感就像在打磨含有水分的木球，而且会起毛。它比较适合用来表现木制品的质感和各种甜点造型。

## 木质粘土的用途

1. 使用前要稍作揉捏，这样粘土会变得更加柔软，便于造型。

2. 干燥后如果需要粘连的话，可以使用木工用粘合剂。

3. 成品干燥后可上色，丙烯颜料、水彩颜料、油彩颜料都可以使用。

4. 也可用水来调节柔和度，但是在加了水揉合的过程中，会析出一些颜色。

5. 木质粘土为自然风干类粘土，开封使用后，请密封于丙烯袋中，放置阴凉之处保存。

## 1.1.3 超轻粘土的使用技巧

### 制作不规则条纹

不规则条纹形态属于粘土混合中技巧性较强的部分。不规则条纹是将两种以上不同颜色的粘土按同样长度叠加在一起，再将其拉伸、折叠、再拉伸、再折叠，反复几次，形成色彩相同的条纹状，多用于制作各种小饰品或树桩等。

### 制作基本形状

水滴状——先将粘土揉成圆球状，然后将两个手掌相合成“V”字形，将圆球夹在“V”字形的手掌中反复揉搓。“V”字形的角度可决定揉出的小水滴是圆圆的还是细长的。

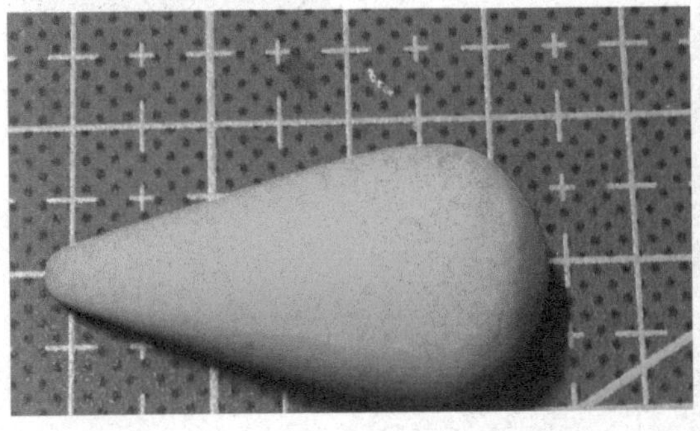

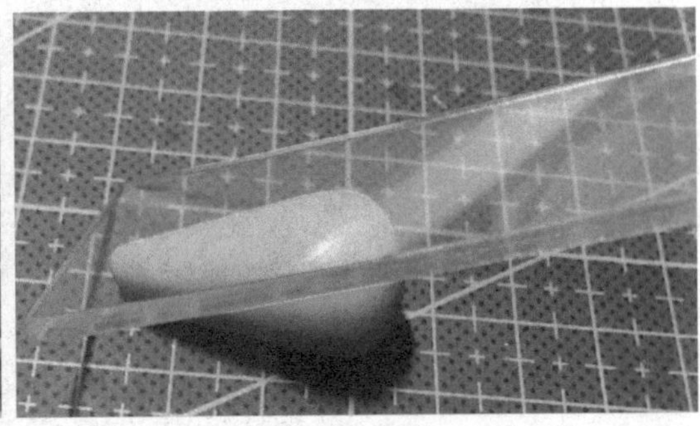

圆球状——用手掌反复揉搓成圆球状。揉搓时要控制好力度，使粘土均匀受力。圆球形状是粘土制品最基本的形状。

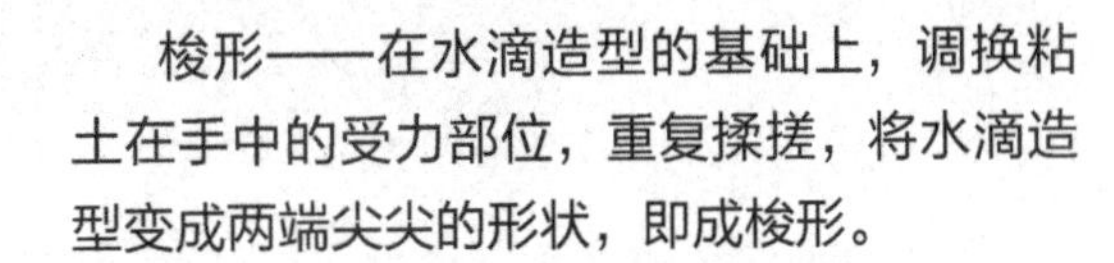

梭形——在水滴造型的基础上，调换粘土在手中的受力部位，重复揉搓，将水滴造型变成两端尖尖的形状，即成梭形。

正六面体——先将粘土揉成小圆球，然后分别用双手的食指和大拇指对向捏压小圆球，使之呈正方体。可多次捏压，最后成为十分规整的正六面体形状。

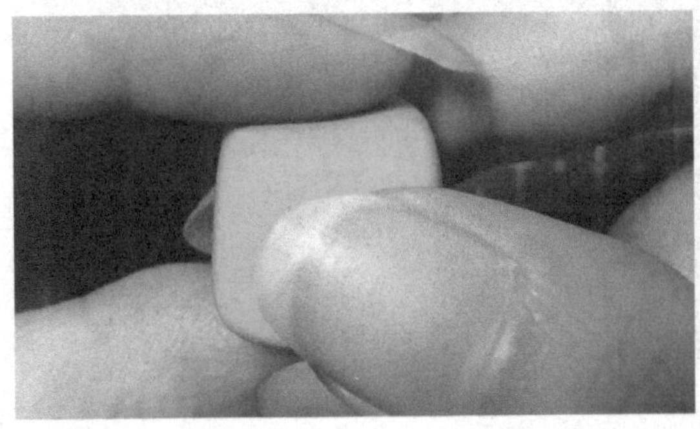

# 1.2 工具的选择

细长条状——先将粘土揉成圆球状，然后放在光滑的桌面上，用手指或手掌反复揉搓成细长条。揉搓时要注意手指和手掌的力度，手指和手掌并用，更容易揉出圆滑、细长且均匀的细长条状。

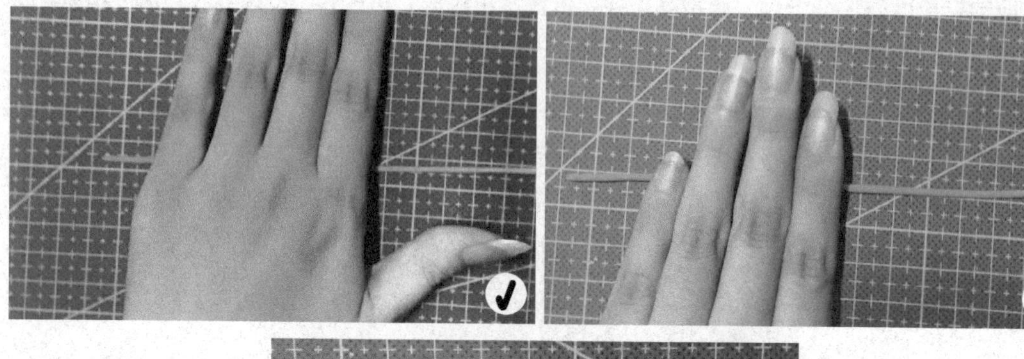

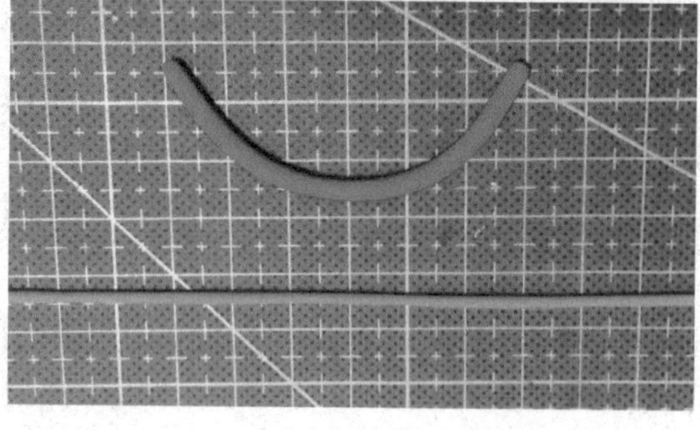

## 1.2.1 粘土常用工具

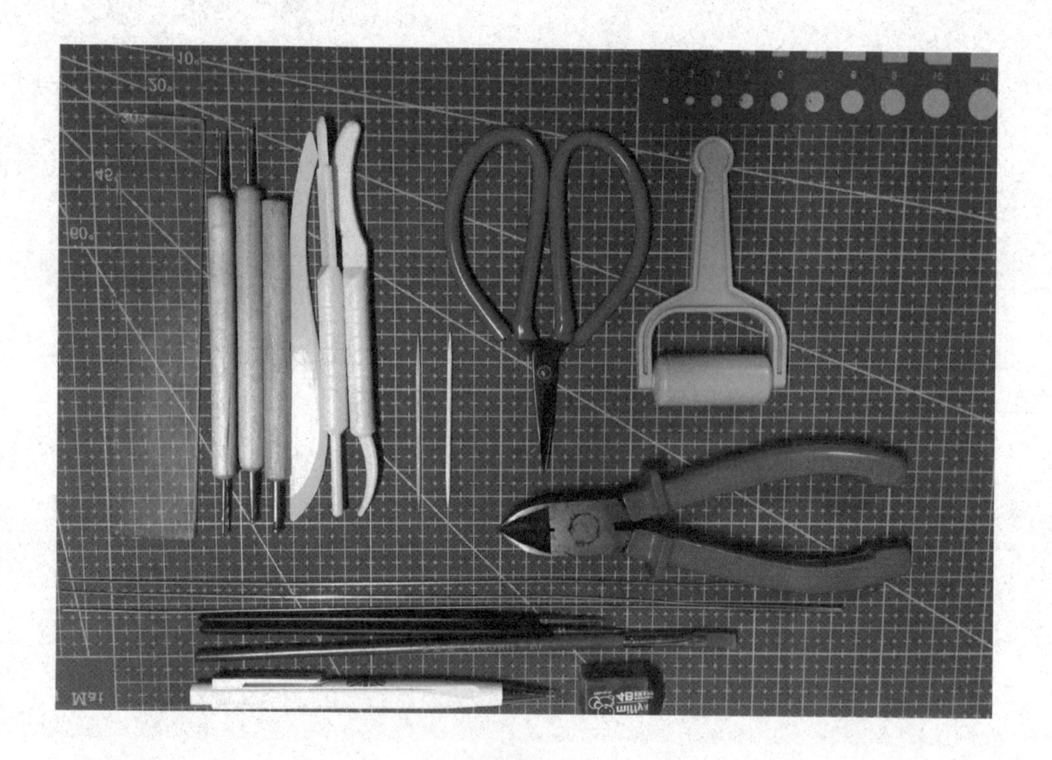

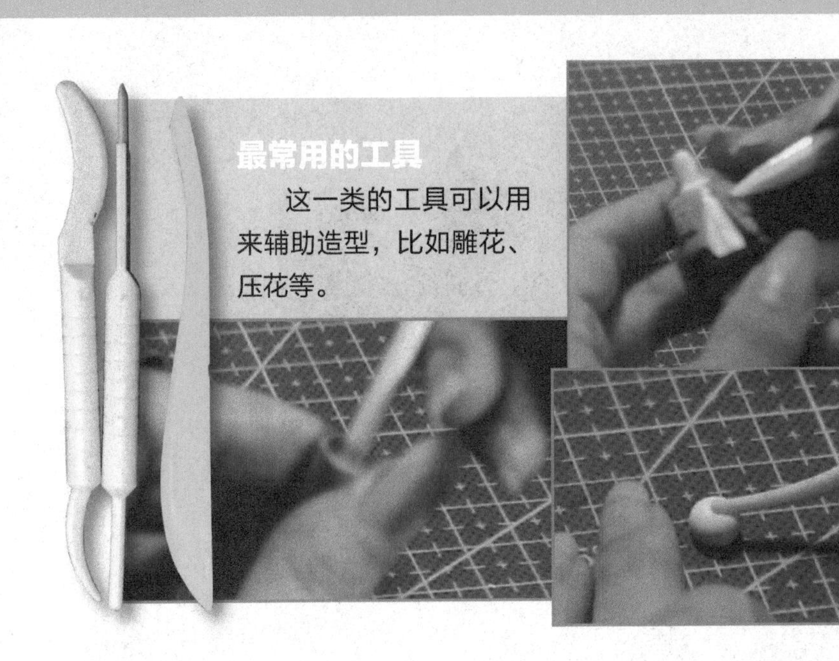

**最常用的工具**

这一类的工具可以用来辅助造型，比如雕花、压花等。

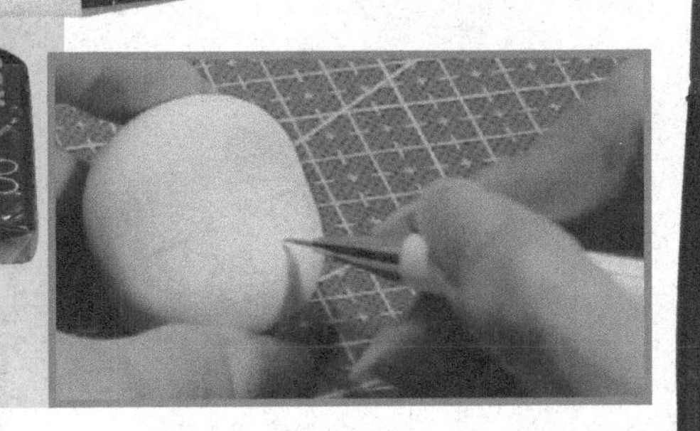

**自动铅笔和橡皮**

在面部绘制眼睛时，需要用铅笔来打草稿。注意要在粘土彻底晾干之后才能用铅笔画哦，不然会划伤粘土表面。

**毛笔**

不同型号的毛笔用于不同线条的绘制，比如小号的可以用来绘制眼睛、衣服花纹等，大号毛笔可大面积染色，甚至用来清扫粘土表面的灰尘。

**铁丝和钳子**

因为超轻粘土的强度不够，铁丝可以用来制作粘土人物的骨架，或者用于零部件之间的连接，而钳子可用来截取合适长度的铁丝。

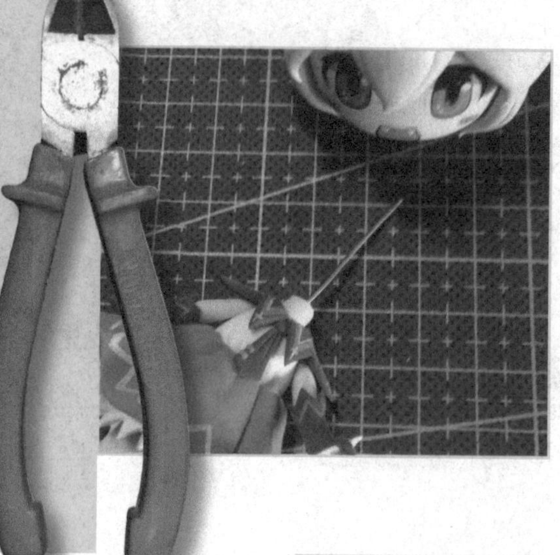

**镊子**

镊子可以用来夹取小零件。

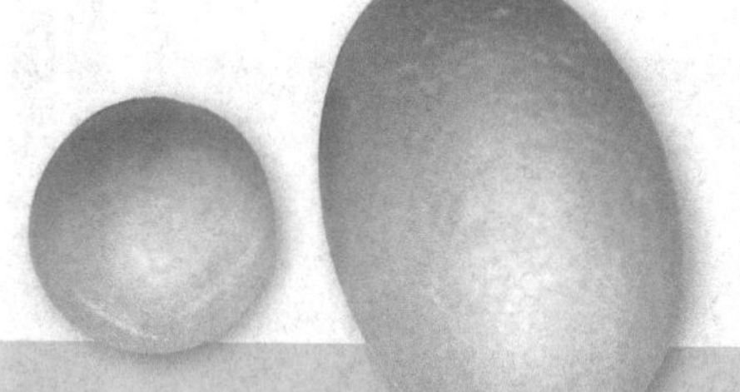

**泡沫球**

泡沫球用来辅助造型，比如前刘海、头发丝、裙摆等，也可以用作大体积零件的填充物。

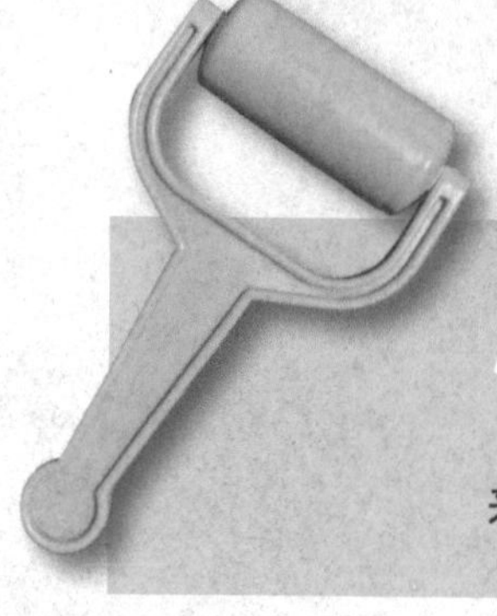

**小滚筒**

小滚筒，用来压扁粘土。

## 1.2.2 其他辅助工具

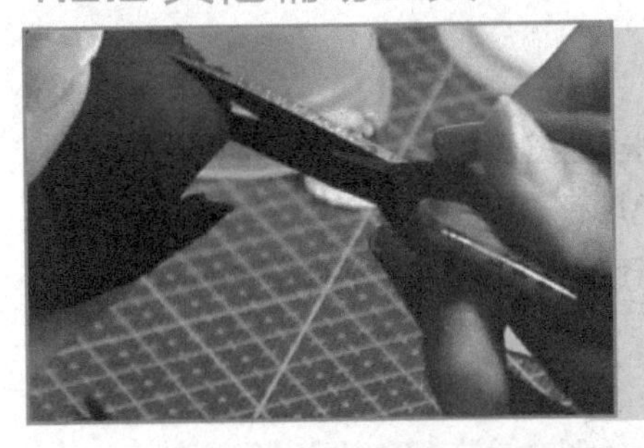

**剪刀**

用来切割粘土或进行造型，比如剪出花边、刘海等。

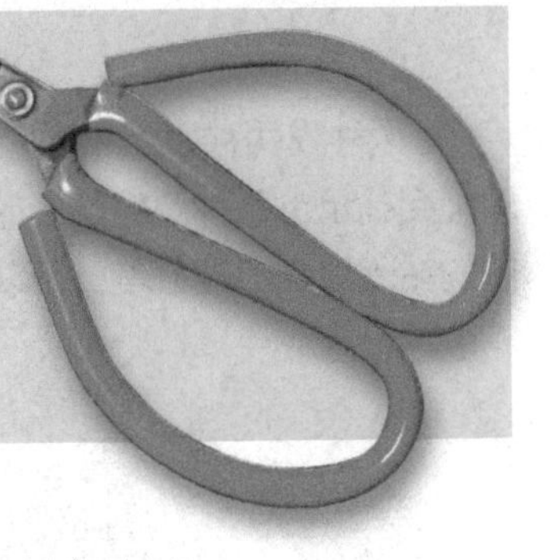

**大小圆头实心八圆棒**

这套工具的两端有各种不同直径的小球，可以用来压花，比如蕾丝花边、小凹坑等。

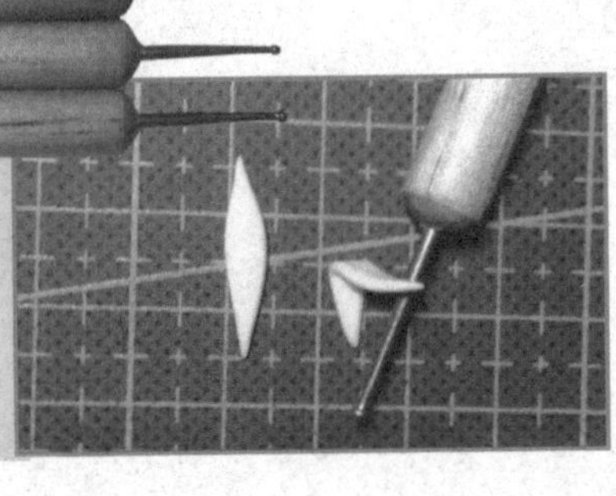

**牙签**

牙签可以用来拾取手指无法拿起的超小零件。

**尺子**

尺子不仅可以用来测量尺寸，还可以用来把比较小的零件压扁。

# 1.3 色彩基础知识

## 1.3.1 色彩常识

将两种或两种以上不同颜色的粘土揉搓到一起，调制出新的颜色。在粘土的说明书上，一般都会标示出各种颜色粘土的调制比例。但是，不可避免地有时会出现色差，即便是同一个品牌的粘土也会出现色差。所以在调制粘土的时候，可以按自己的需要来灵活调制。

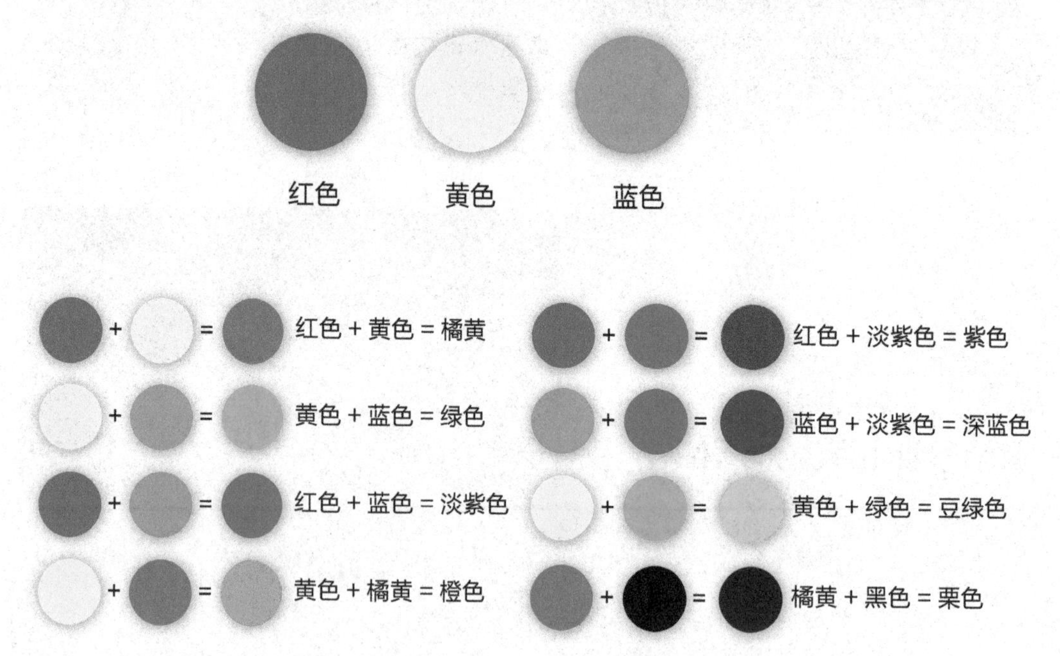

## 1.3.2 超轻粘土配色技巧

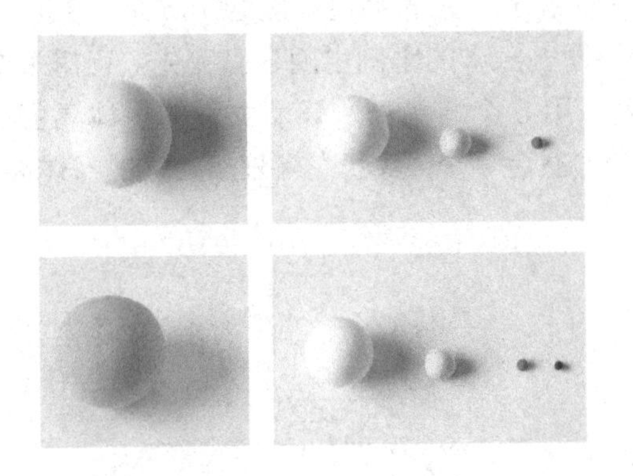

这是关于肤色的调制方法。依据三原色原理，红色和黄色搭配出的是橙色。红色少，黄色多，可以调出偏黄的橙色。加入白色量的多少可以调节出或深或浅的橙色。经过一系列如此的调制，最后我们就会得到自己喜欢的皮肤的颜色。

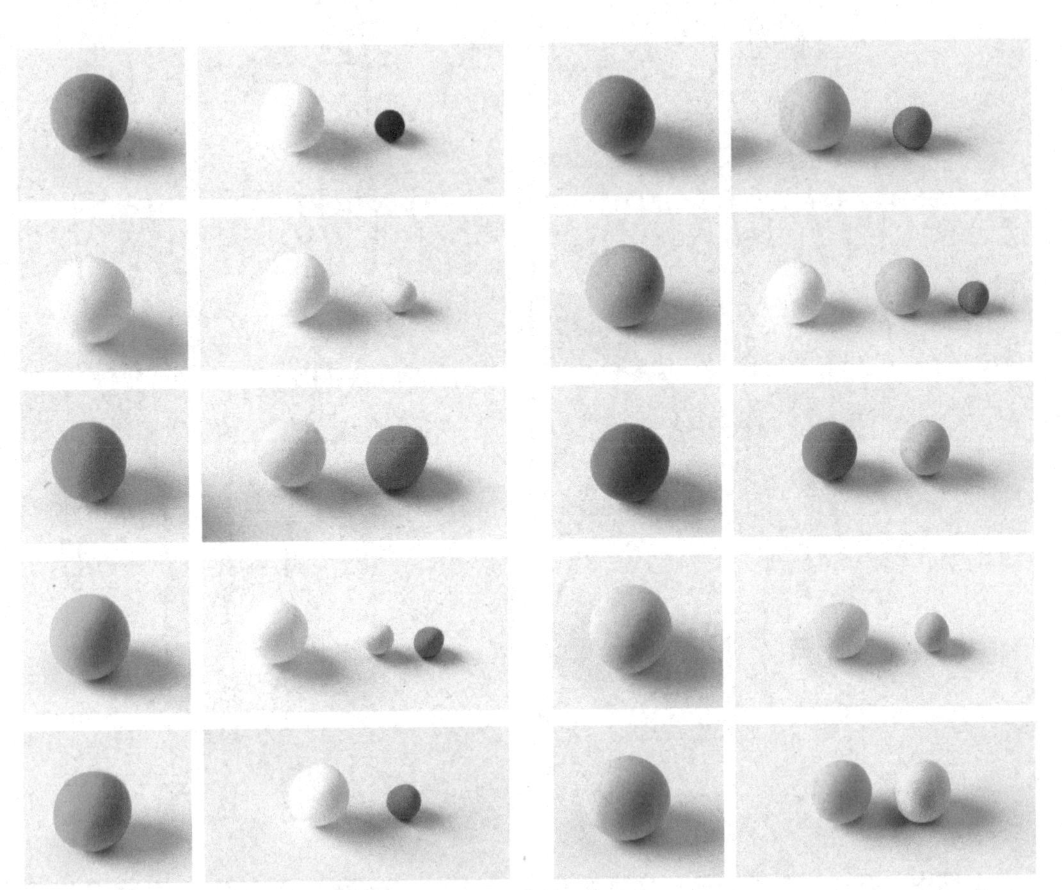

通过这一系列调色图片，我们可以得知：

1. 如果想得到某种颜色的深色，可以酌情添加黑色；
2. 如果想得到某种颜色的浅色，可以酌情添加白色；
3. 三原色的调色原理基本适用于超轻粘土。

从图片还可以看出：红+黄=橙色，品红+黄=红，蓝+红=青色，多加些红色就变成了紫色。

# 1.4 人体结构知识

## 1.4.1 成年人体比例

“头长”是绘制人体时的测量单位。正常情况下，人的平均高度为 7.5 个“头长”，但是因种族、性别、年龄及个人生理状况的不同，身体的比例也随之有变化。正常来说，一般用 8 个“头长”来表示男性的身体高度，用 6 个“头长”表示女性的身体高度。但有时为了刻画出女性的魅力，也用 8 个“头长”甚至 9 个“头长”来表示女性的身体高度。

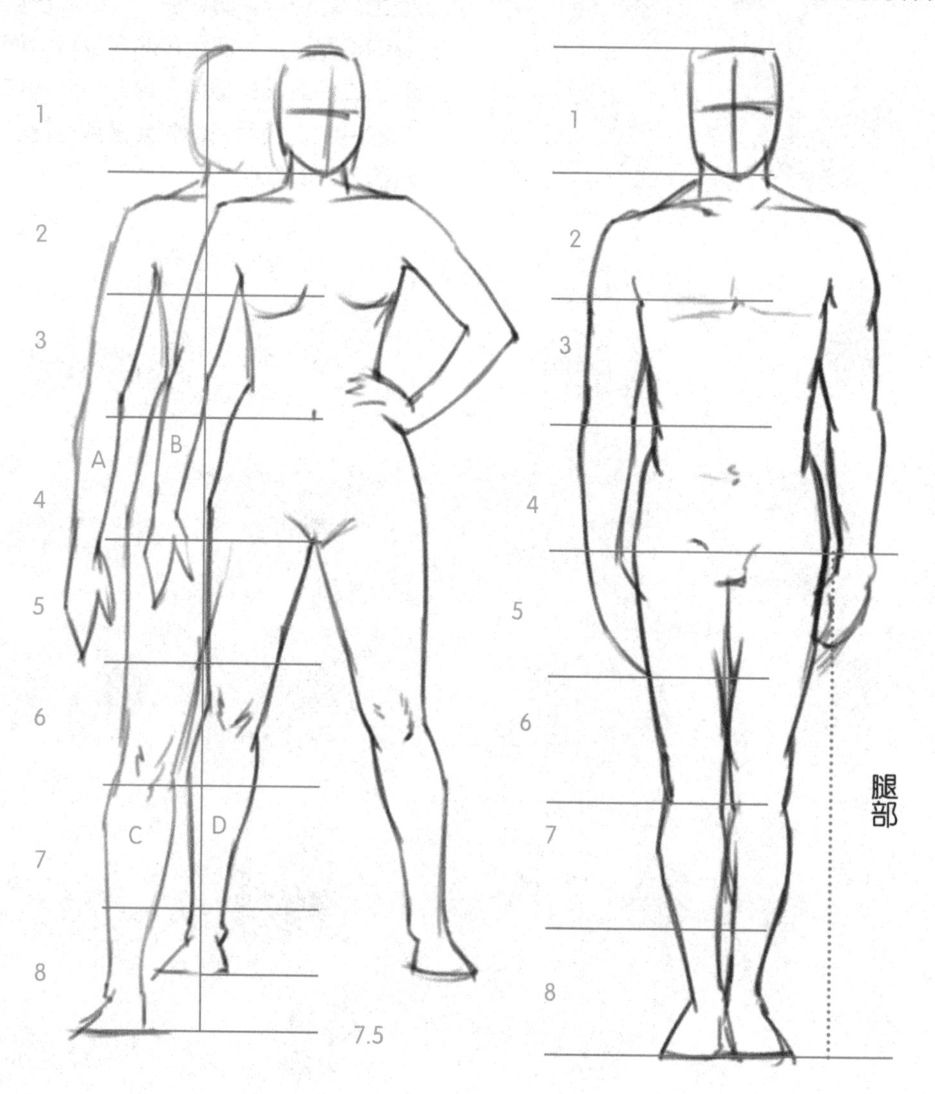


上图中，右边这个人物的身体高度是 7.5 个“头长”，而左边人物头部和躯干的比例与其相同，但胳膊和腿被拉长后，人体的高度就变为了 8 个“头长”。

当然，各个部分不一定都要遵循这个比例。在练习过程中，首先，根据选定的头长在纸上做标记，并在绘画过程中，逐步向下标记。如此经过反复练习，就能掌握身体的比例。

## 1.4.2 萌系人体比例

漫画中，经常会对头身比进行变化，从而得到不同人物的体型。不同人物的头身比可以表现出不同的人物角色。一般来说，正常人物的头身比接近于现实人物的头身比，成熟人物的腿部则经过拉长，大腿的根部接近于人物身长的中间，甚至是稍稍偏上。

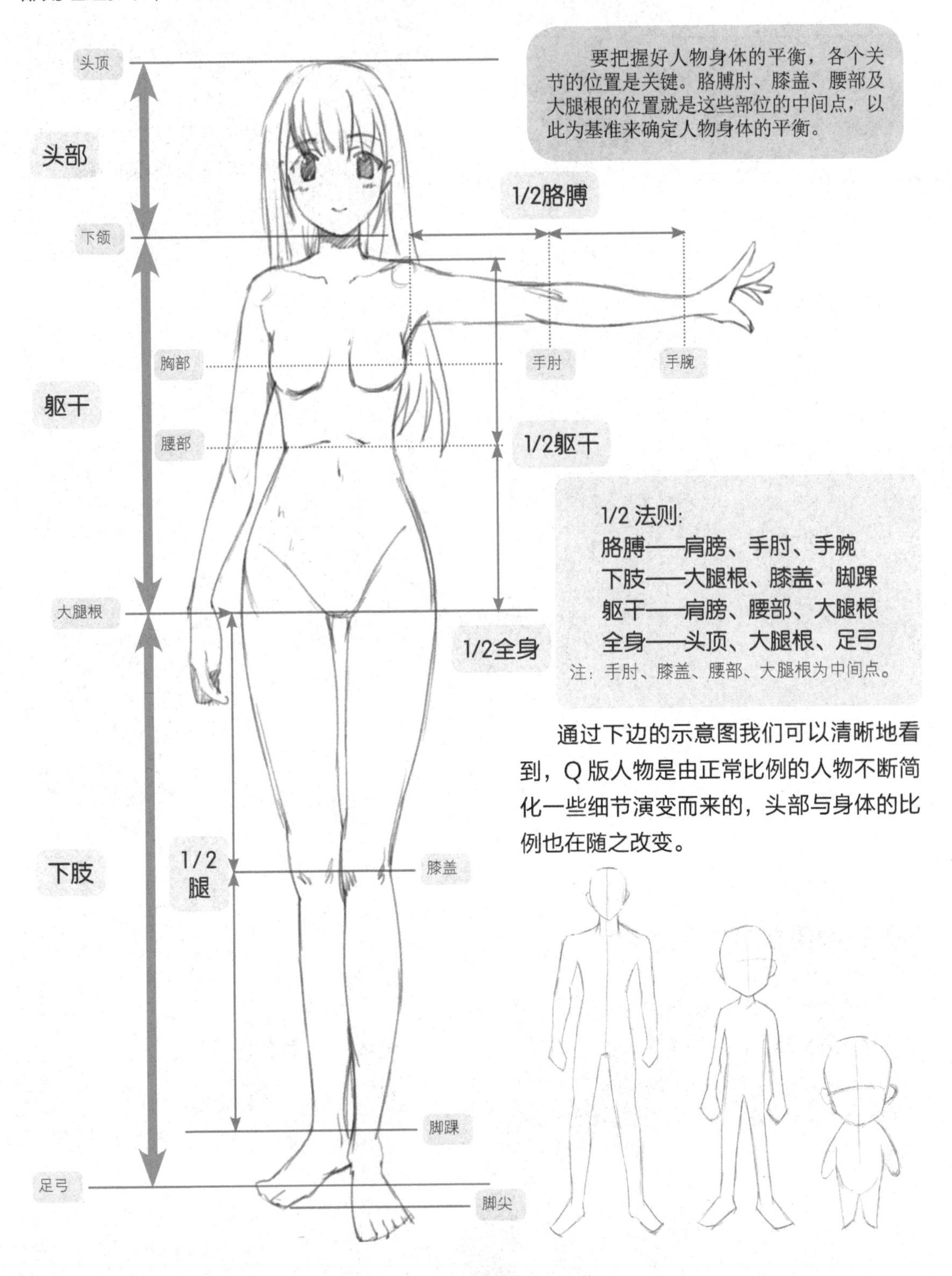


通过下边的示意图我们可以清晰地看到，Q 版人物是由正常比例的人物不断简化一些细节演变而来的，头部与身体的比例也在随之改变。

头身比是指以头长为基准来确定人物全身长度的方法。

绘制人物时，要保证人物头部和身体的平衡，就需要找好角色整体的平衡，把握好头身比例则是基础。

## 5 头身美少女

五头身为儿童的头身比例，躯干加上腿部的长度相当于 4 个头的高度，人物形体更加突出。

## 6 头身美少女

六头身为儿童的头身比例，相对于成年人的头身而言，头部较大。

人物的年龄越小，头相对越大，胳膊和腿也就越短，躯干则相对较长。

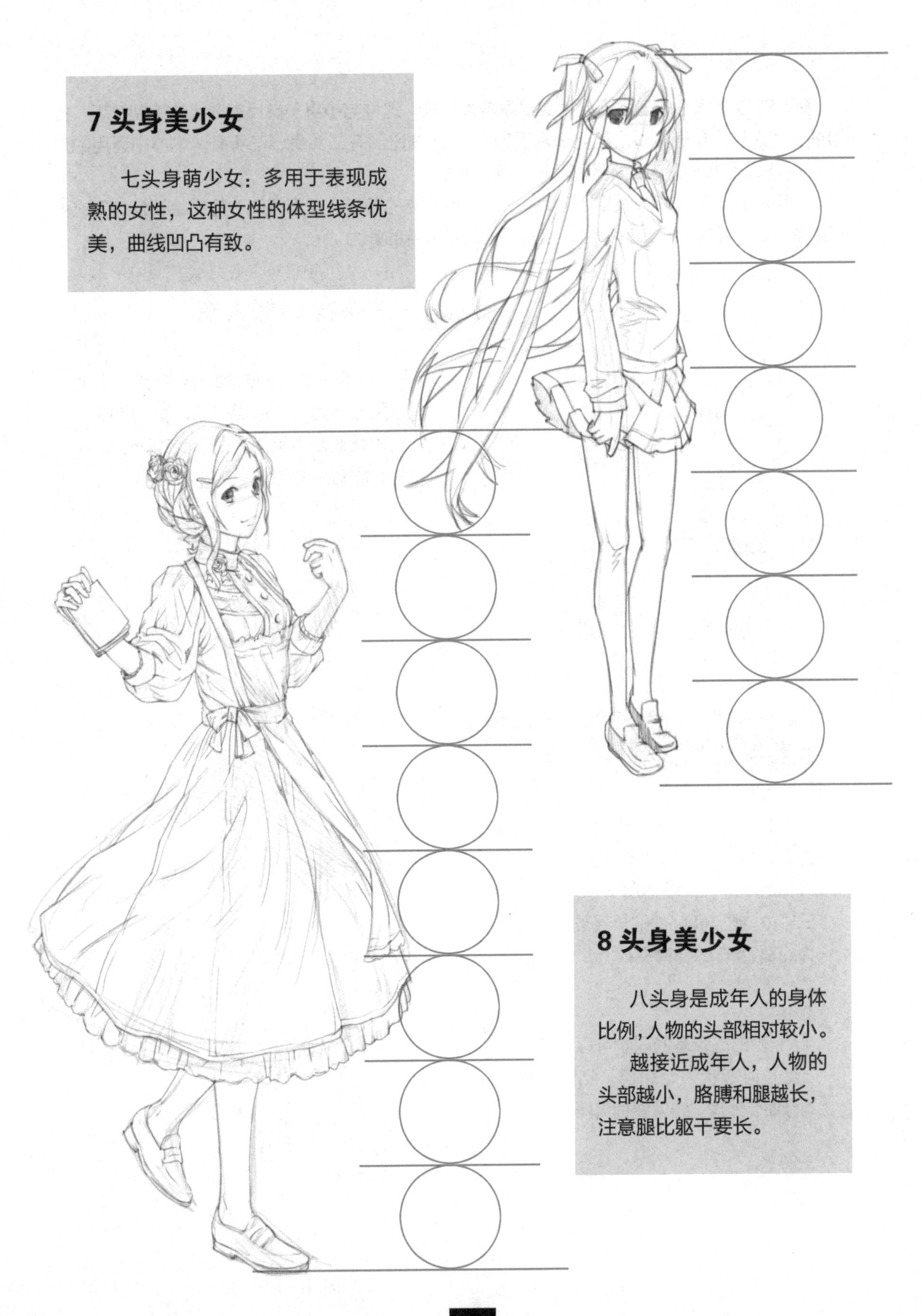

## 7 头身美少女

七头身萌少女：多用于表现成熟的女性，这种女性的体型线条优美，曲线凹凸有致。

## 8 头身美少女

八头身是成年人的身体比例，人物的头部相对较小。

越接近成年人，人物的头部越小，胳膊和腿越长，注意腿比躯干要长。

## 1.4.3 Q 版人体比例

在绘制 Q 版人物的时候需要将头部画得大一些，这种与小身子高反差对比的绘制技巧，更加突出了人物形象的可爱之处。最常见的 Q 版人物比例有二头身、三头身，本书中运用的是二头身 Q 版人体比例，下面我们就来了解一下吧！

Q 版人物的造型多以夸张、可爱为主。Q 版人物的四肢、服饰等细节的描绘较少，但这种“简单”、“直接”的造型手法，使其更加具有独特的魅力。

### 2 头身 Q 版人物

躯干加上腿部的长度相当于 1 个头的高度，一般情况下，躯干和腿部的长度基本相同。在绘制的时候，要注意对人物夸张程度的把握。

### 3 头身 Q 版人物

在绘制 3 头身 Q 版人物的时候要注意，躯干加上腿部的长度相当于 2 个头的高度。一般情况下，人体分为三等分，躯干和腿部的长度基本相同，大约都为一个头的高度。

基础比较差的同学可以一开始用几何形状来定轮廓，然后再进行细节处理，线条要稍流畅一点。

# 第2章

# 制作银时

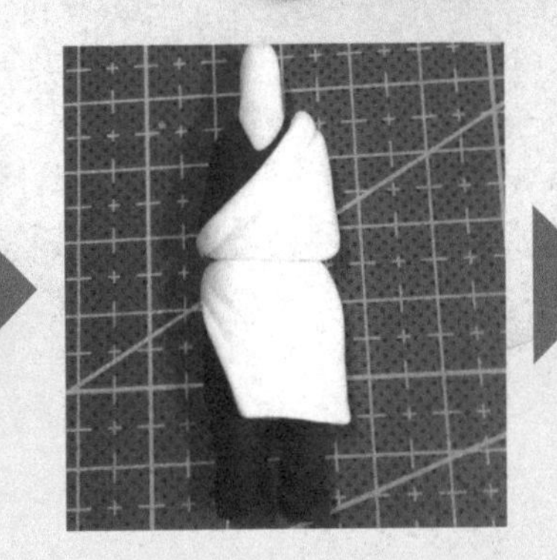

## 银时手办

坂田银时，日本动漫《银魂》中的主人公。他是活跃在攘夷后期创造无数传奇的革命家，因威震敌方而被称为“白夜叉”。现住歌舞伎町一条街，与神乐、志村新八经营万事屋，是一个坚守自己武士道的男子汉。

## 2.1 绘制银时的线稿

先画出头发部分的轮廓。

接着画出脸部轮廓。

详细画出眼睛、眉毛、嘴巴等面部五官。

接下来绘制出面部细节部分，比如细化瞳孔，为人物添加耳朵，添加棒棒糖等。

然后画出人物的上半身，包括衣服、拿着棒棒糖的手臂等。

绘制出衣服的细节。

接着画出银时的裙子。

为银时的裙子添加细节。

接着画出穿着鞋子的腿。

为银时加上弯曲的长尾巴。

绘制出银时袖子和裙子上的花边。整幅线稿完成！

## 2.2 银时配色步骤

# 2.3 具体制作步骤

## 2.3.1 制作面部

头部是整个手办很重要的一个部分，在制作时，要遵循线稿人物的实际特征，也要考虑到粘土的特性。制作时要考虑到头发的厚度，所以要适当地减少颅骨的用量。

把肤色粘土揉成球体后压扁，用来做脸部。

面部侧面图

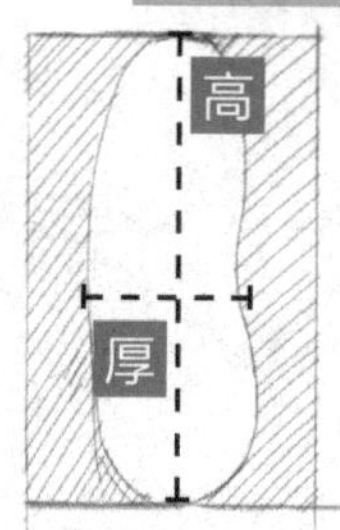


从侧面图看，高度 2cm，厚度 0.8cm，中间靠下的地方有横向的凹陷。

脸部晾干后才能画五官，晾干一般需要 1-2 天。

用铅笔在粘土上按照线稿轻轻画上五官。

先用白色的颜料填充眼白的部分。

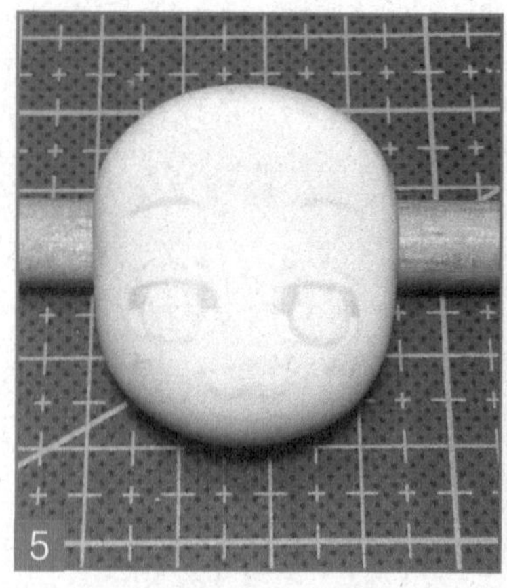


接着用浅灰色在靠近眼睑的部分画上眼白的暗部。

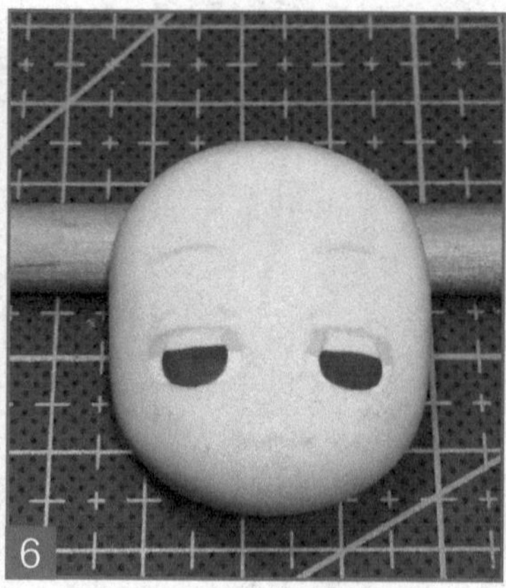


用红色颜料画出眼睛的底色。

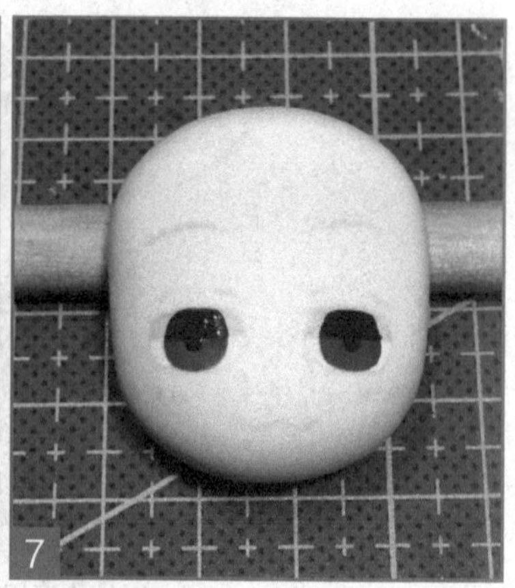


用暗红色画出瞳仁和瞳孔的暗部。

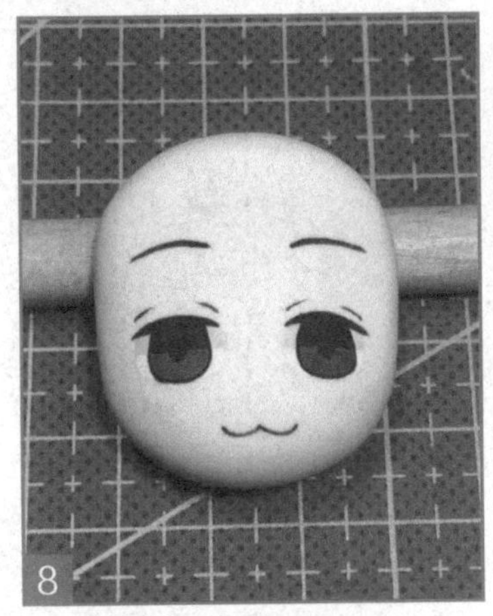


用黑色勾出眼线和眉毛，画出嘴巴。

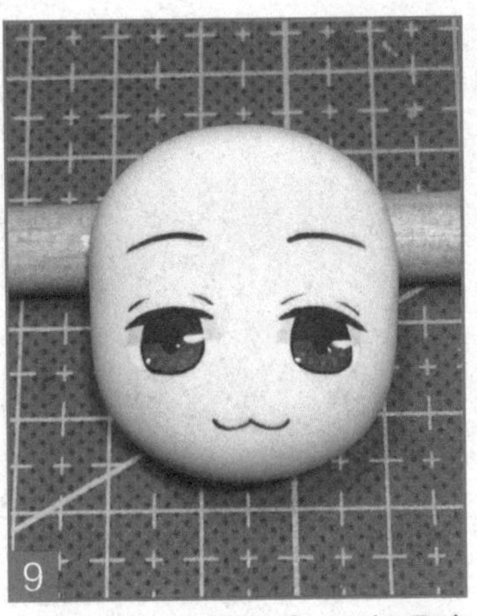


接下来用橙红色画出眼睛的反光，用白色点上眼睛里的高光。

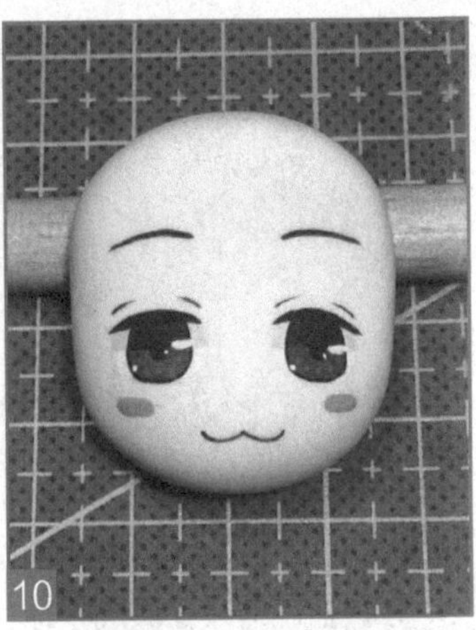


用粉色在脸颊处画上腮红。

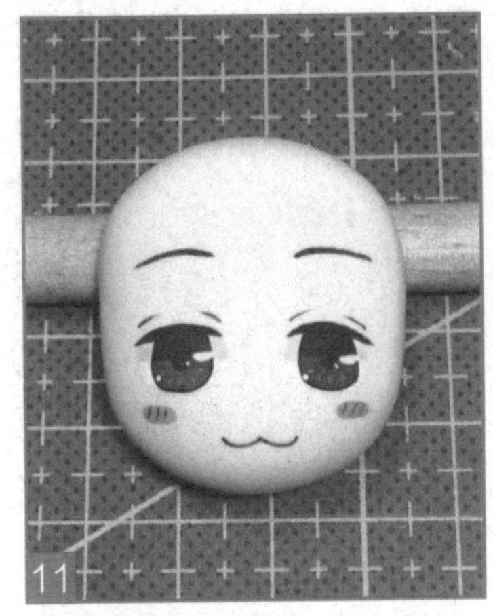


用深棕色在腮红上画三条斜线。

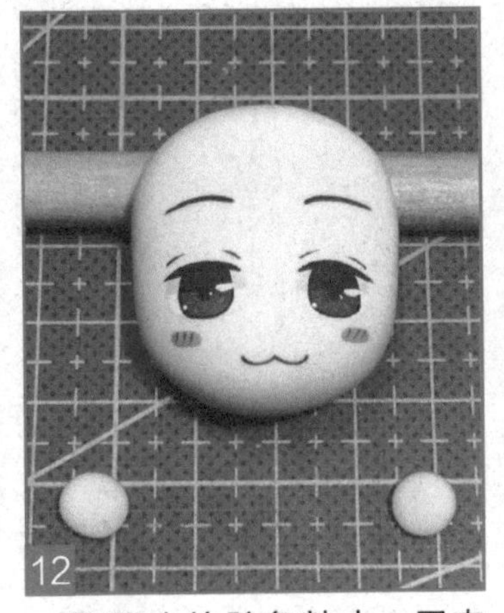


取两小块肤色粘土，用来做人物的耳朵。

把耳朵粘在脸颊两侧。

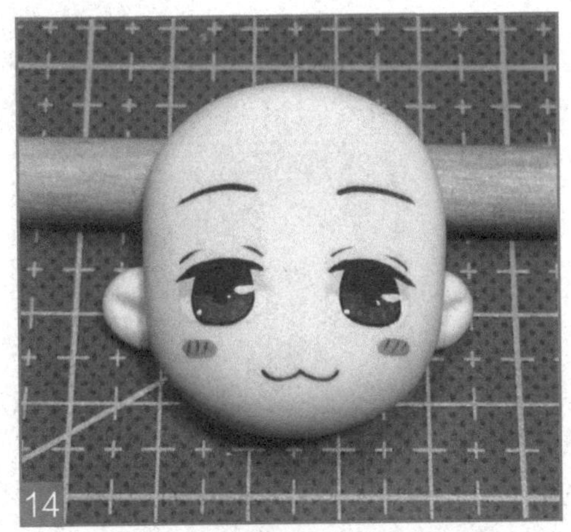


用工具压出耳蜗，脸就完成了。

换个角度看看~

## 2.3.2 制作头发

把浅蓝色的粘土做成半球形，用来做人物的后脑勺。

注意半球形的大小和设计图的整个头部大小相同。

头发侧面图

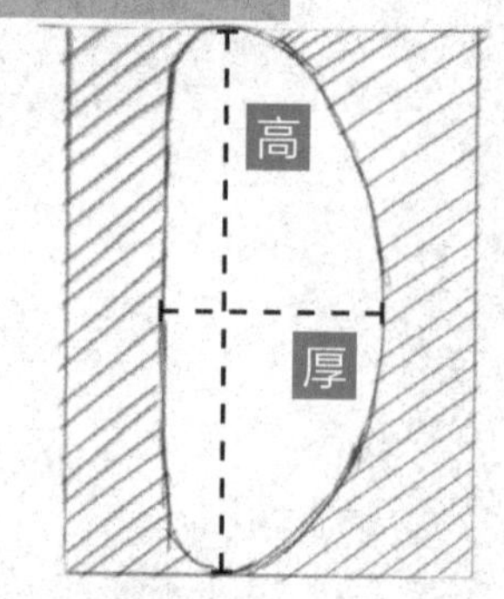


从侧面图看，为一个高度4.5cm，厚度2.5cm，中间凸起的半球体。

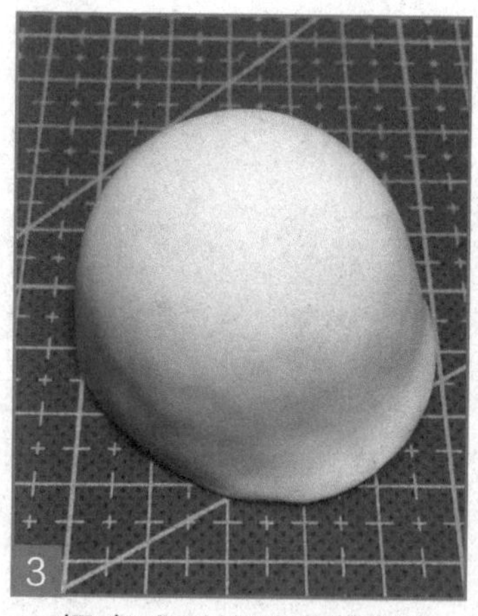

把半球形的下方稍稍捏扁捏薄。

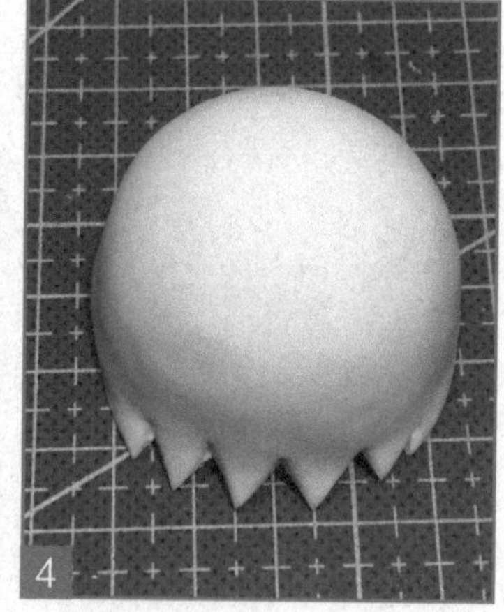

把捏扁的地方用剪刀剪成锯齿状。

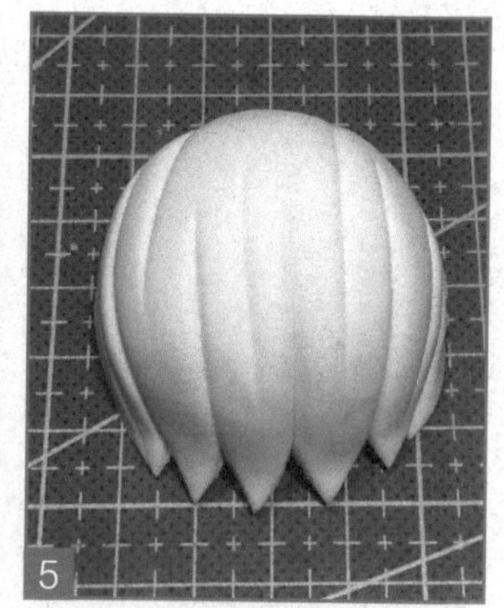

用工具沿着锯齿的凹槽压出头发的印子。

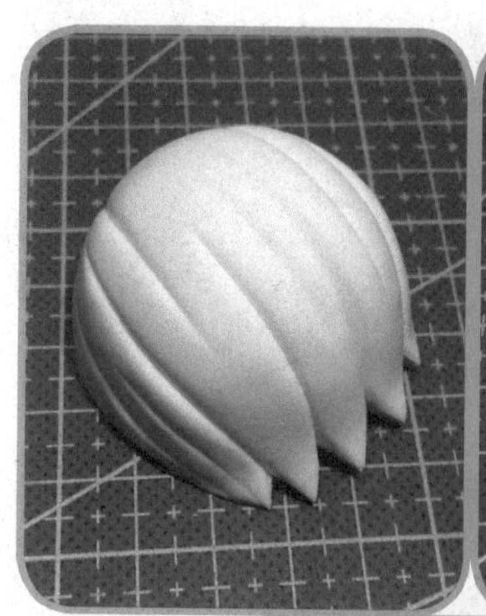

换个角度看看

把做好的脸粘在后脑勺上。

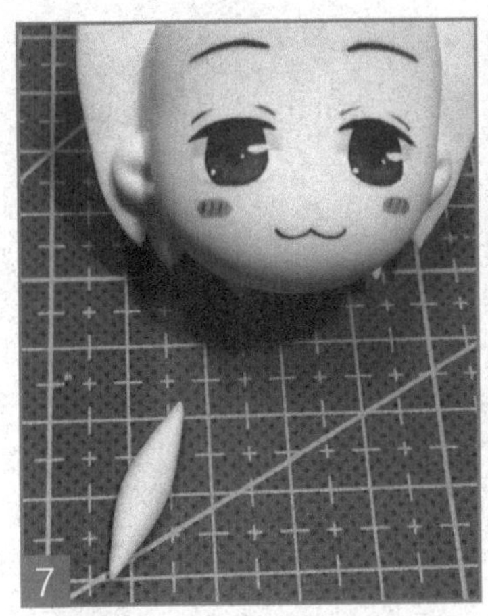

把浅蓝色的粘土做成梭形并稍稍压扁，用来做人物的鬓角。

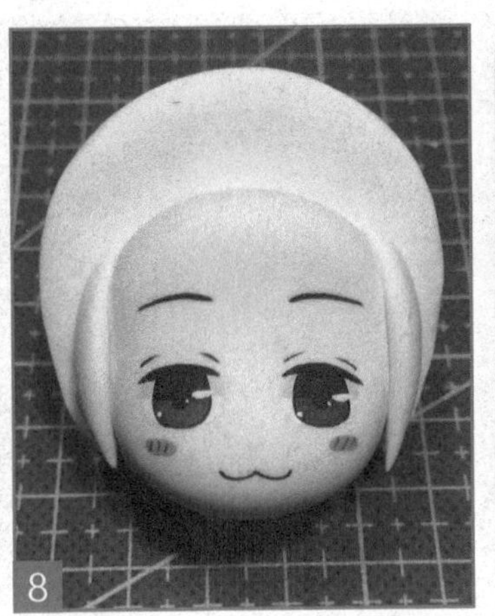

做两条鬓角，并贴在脸颊两侧。

换个角度看看

把一块浅蓝色的粘土做成比鬓角大一些的梭形并压扁。

用工具压出头发的纹理。

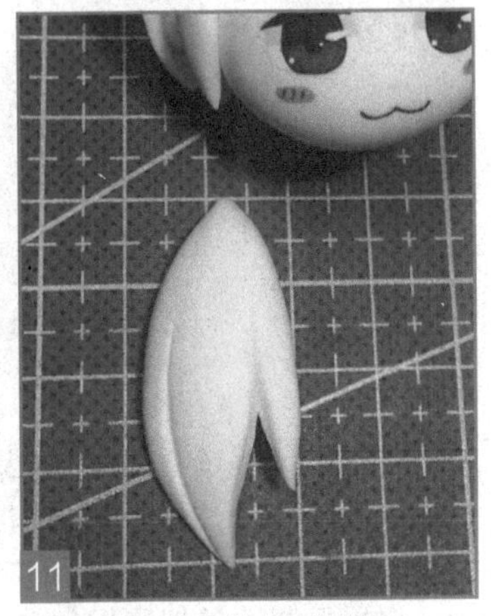

用剪刀沿着纹理剪出头发的分叉。

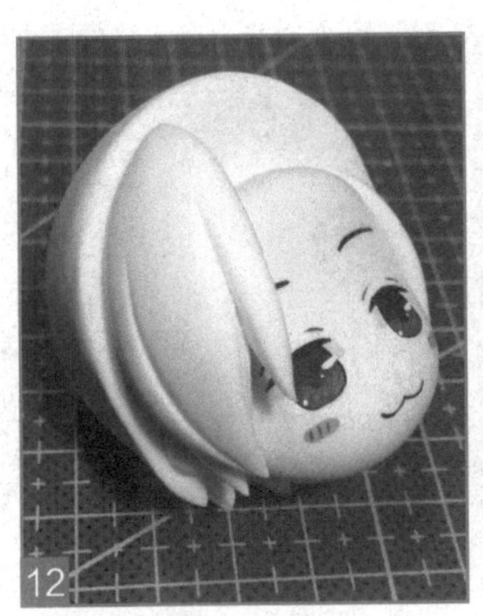

贴在头部左上方

换个角度看看

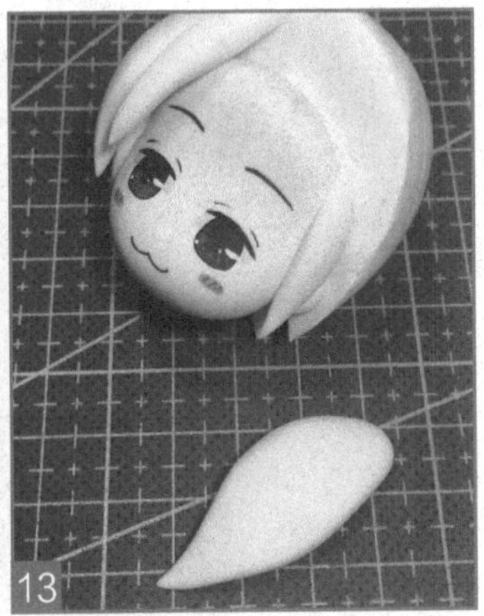

再把一块浅蓝色的粘土做成梭形并压扁，注意要和左边的方向相反。

用工具压出纹理，虽然两边要大体对称，但也要在发流上稍微做出些变化。

用剪刀剪出分叉之后贴到头部右上方。

换个角度看看

做两条小小的梭形发丝粘土，贴在刚才做的刘海的内侧。

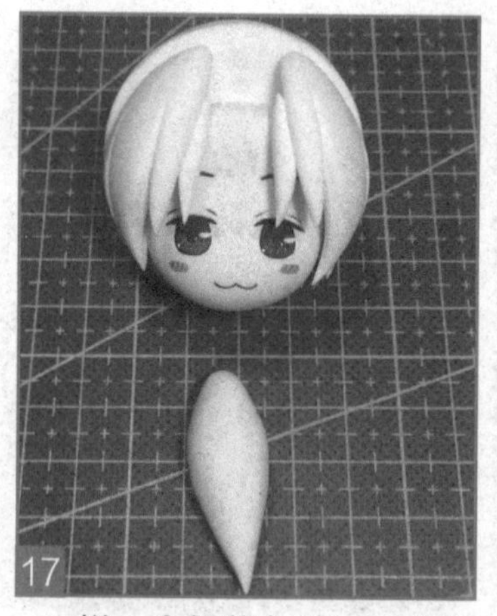

搓一个胡萝卜形，用来做刘海的中间部分。

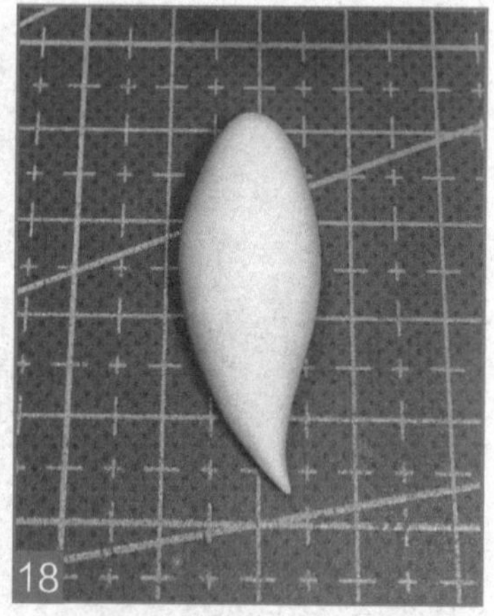

把“胡萝卜”的尾巴往右捏一点。

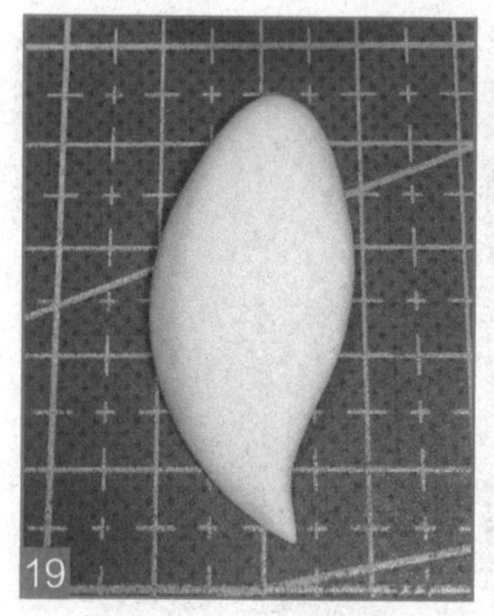

把它压扁，注意这里的压扁是中间高、边缘薄的。

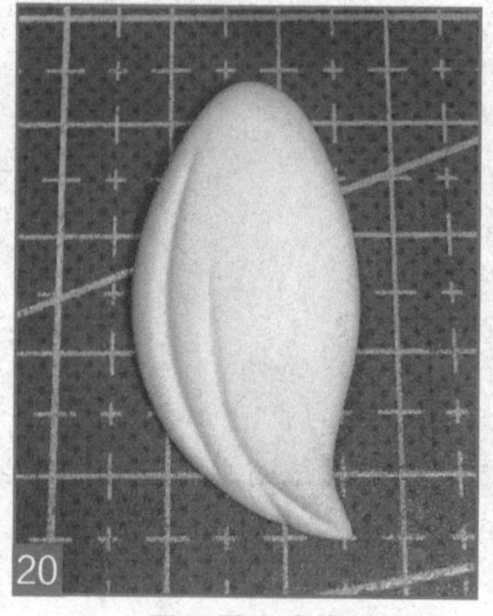

用工具压出发流。

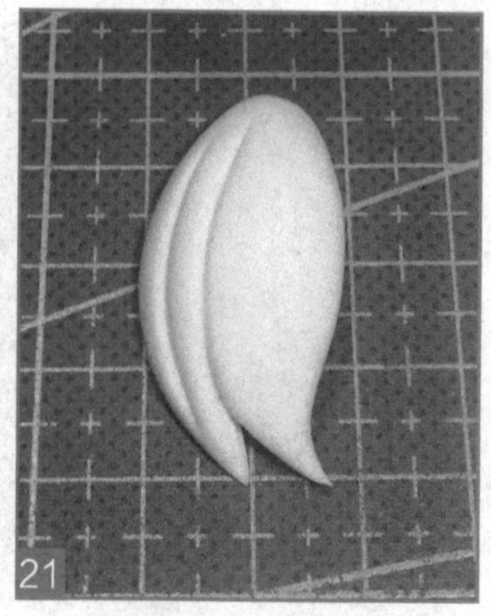

用剪刀沿着纹理剪出头发的分叉。

把刘海贴到中间的位置上。

在人物两边耳朵上方各加一小发丝条。

换个角度看看

在刚才加的小发丝上方再各加一条，注意要比上一步骤中的发丝略大一点。

换个角度看看

再加两条长一点的发丝，这次的发丝要从头顶中间开始。

换个角度看看

在上一步的发丝前方加两条短一点的，尾端微微上翘。

换个角度看看

在步骤 25 中的发丝后方加两条发丝，这两条发丝翘得高一点，要从前方可以看到。

换个角度看看

在步骤 25 中的发丝上方加两条稍小一点的 S 形发丝，这两条基本呈一条直线。

换个角度看看

在头部最顶端做两条小小的发丝，一定要注意角度。

换个角度看看

小提示：因为银时的是自来卷的发型，不小心就会做得很乱，前面的步骤中一定注意每一条发丝都要找好位置。

## 2.3.3 制作耳朵

取一块淡蓝色粘土，做成胖一点的梭形。

稍稍压扁。

从中间剪开。

用工具在中间压出一个印子。

沿着印子对折，并把两边捏薄。

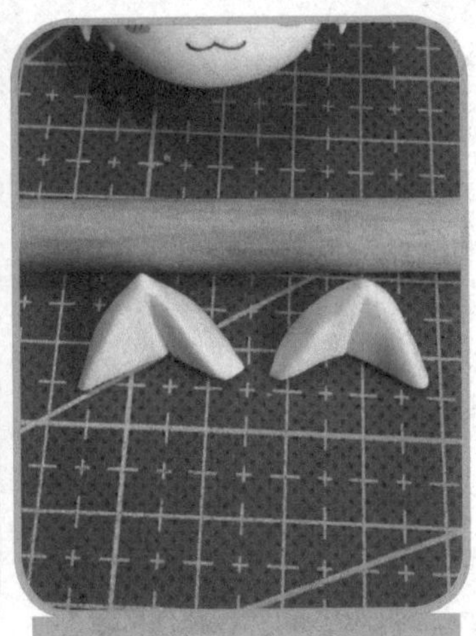

换个角度看看

把猫耳粘到银时的头上。

换个角度看看

## 2.3.4 制作身体

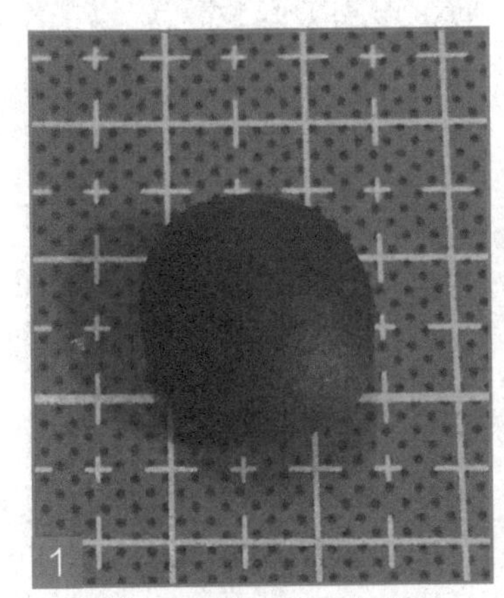


准备一块黑色的粘土，用来做人物的上半身。

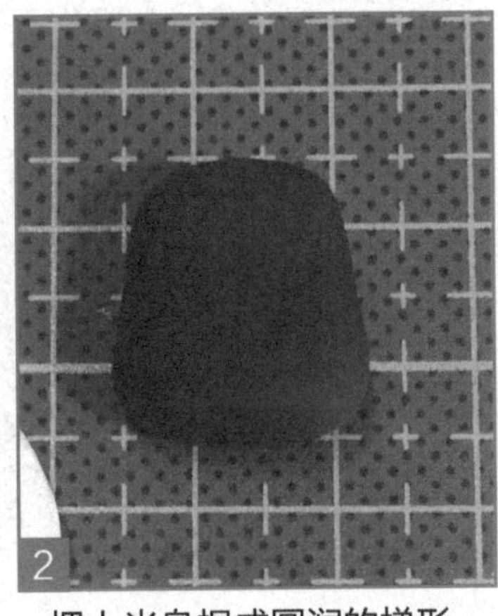


把上半身捏成圆润的梯形。

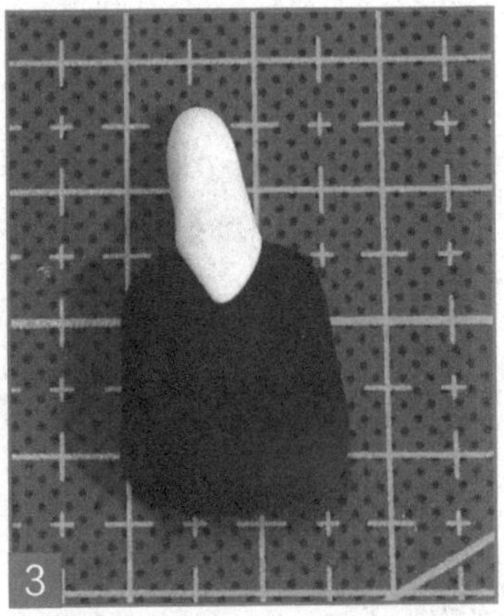


在上端粘上一块肤色粘土，用来做人物的脖子。

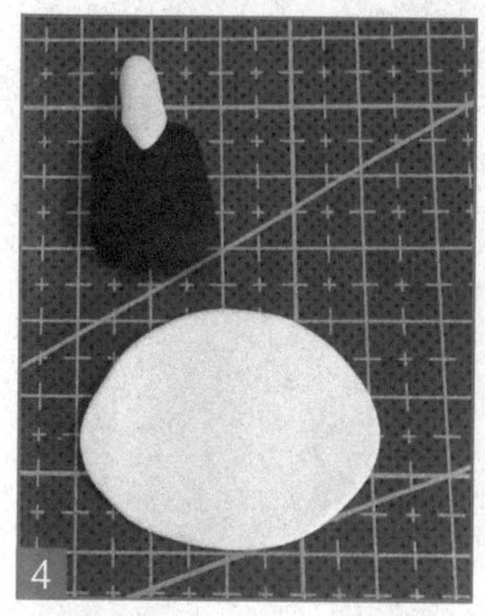


取一块白色粘土，揉成球形后压扁，用来做人物的上衣。

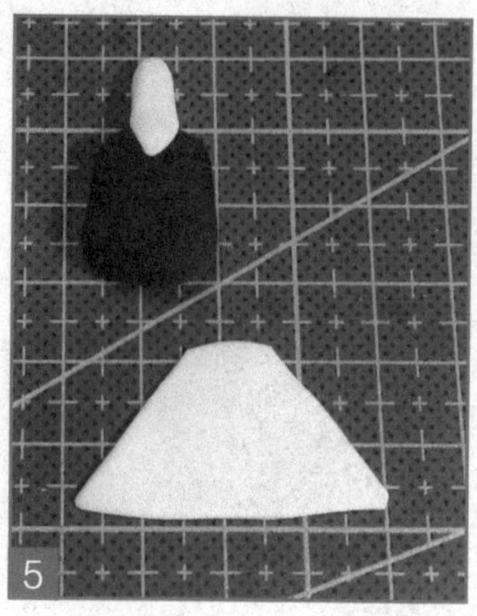


用剪刀剪成接近三角形的梯形。

用工具压出印子。

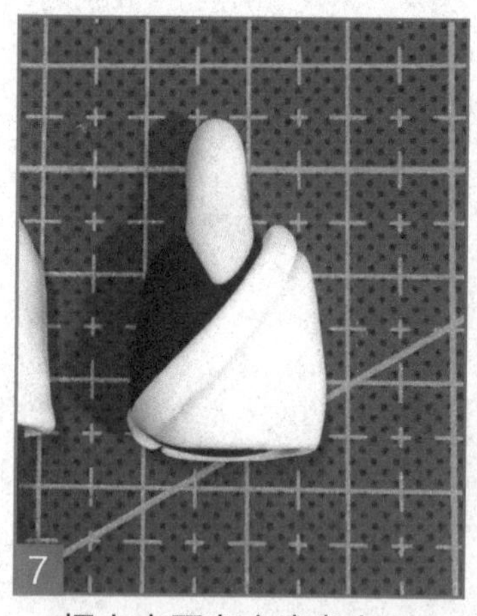


把上衣围在上半身上，下方包起来一点。

搓一条黑色的粘土，用来做人物的裤子。

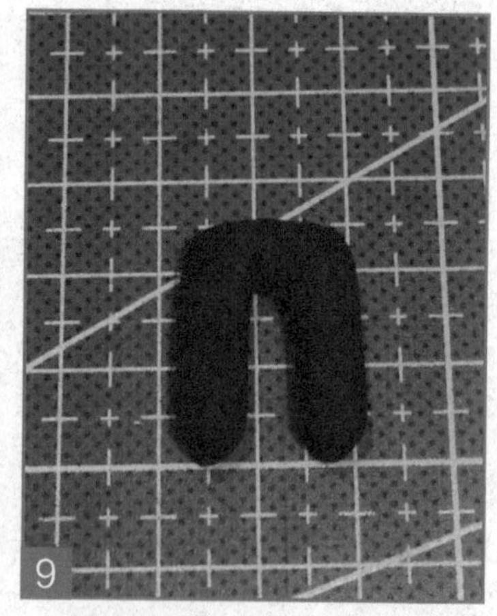


把黑色粘土长条弯成门字形，并用工具压出裤子的褶皱。

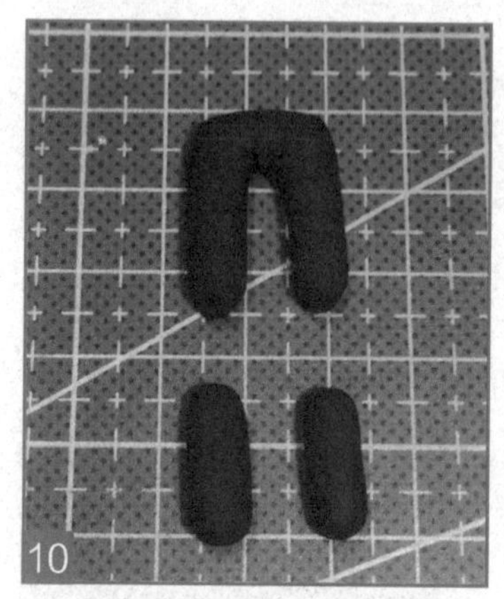


再做两个黑色圆柱用来做人物的靴子。

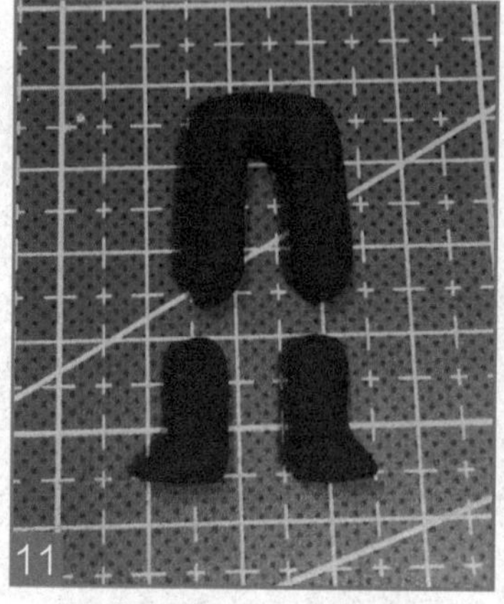


在靴子的一端捏出脚尖。

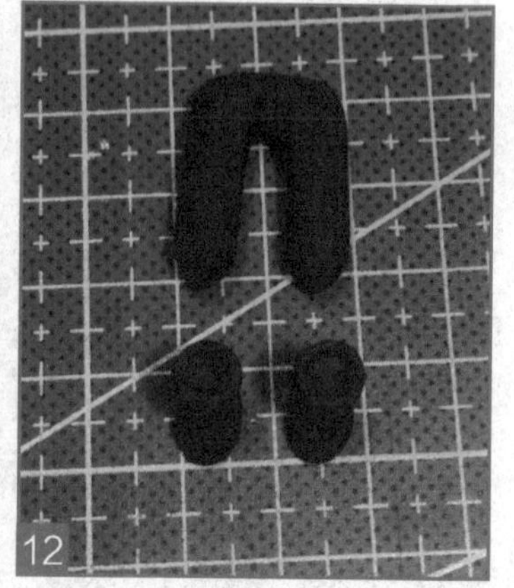


用工具在靴子的另一端压出凹坑。

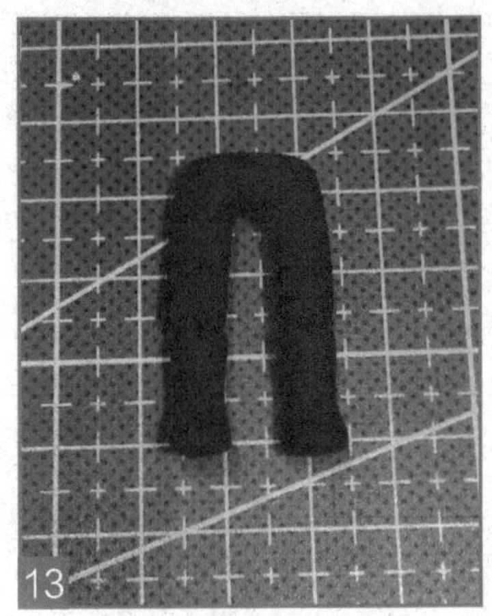

把靴子和裤子粘在一起。

取一块白色粘土，揉成球形后压扁。

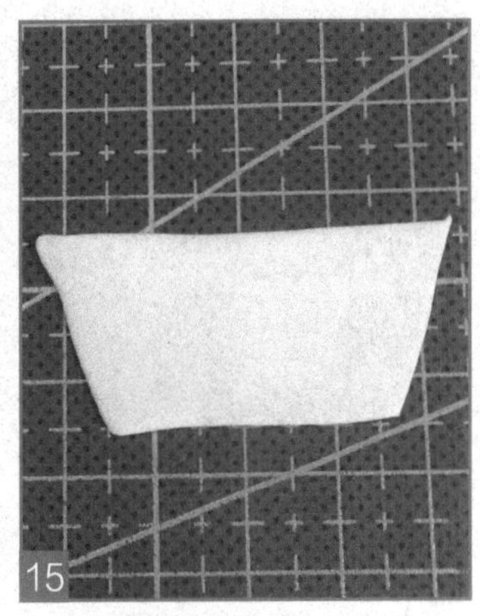

剪成图中的梯形。

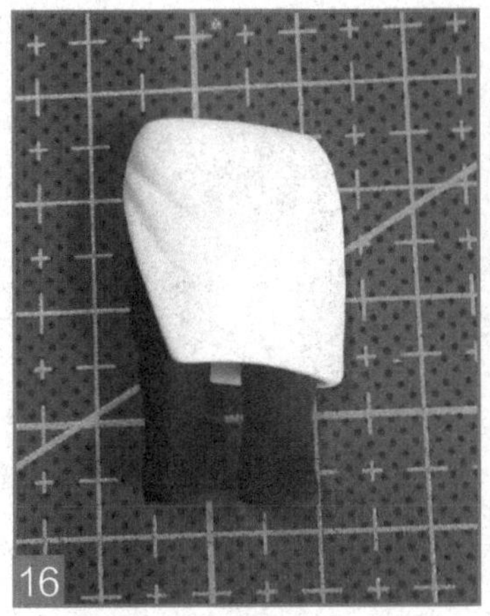

围在人物的腿上，腰部注意要往里包一点，用工具压一点褶皱。

把下摆稍稍捏翘一点，看起来更生动。

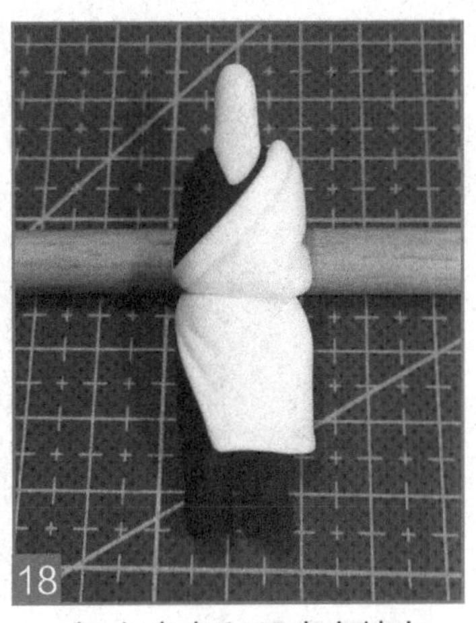

把上半身和下半身粘在一起。

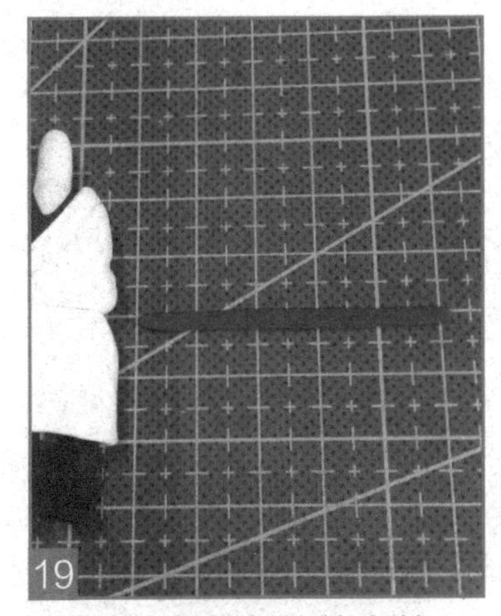

做一条紫色的粘土并压扁，用来做人物的腰带。

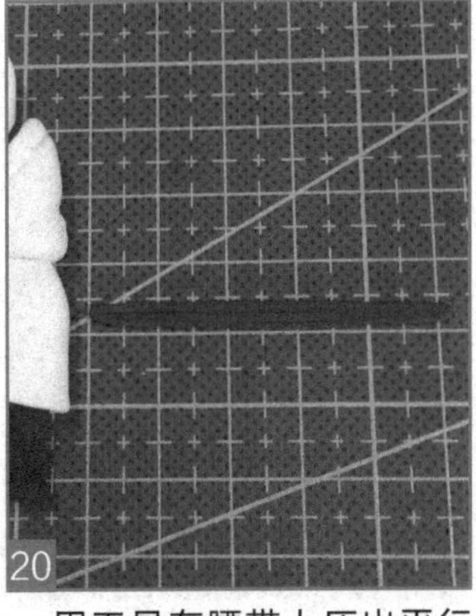

用工具在腰带上压出平行的印子。

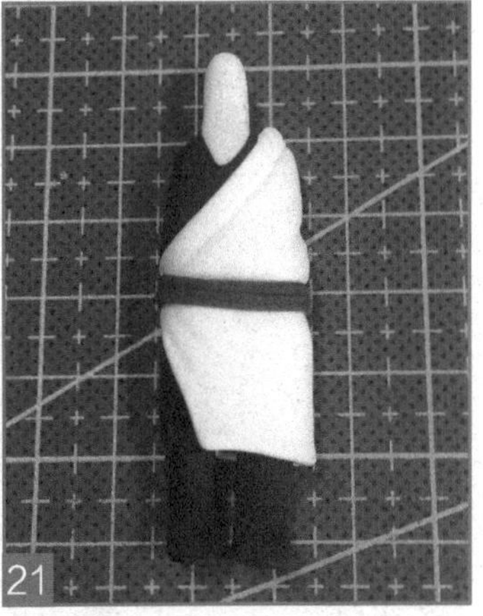

把腰带围在腰上，多余的部分剪掉。

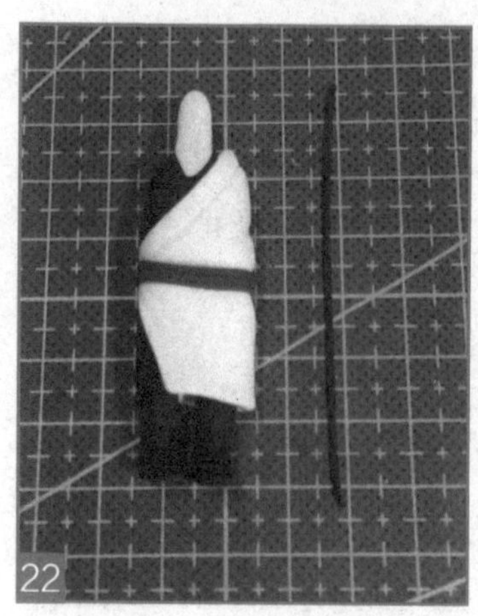

22 再搓一条更细的黑色粘土并稍稍压扁。

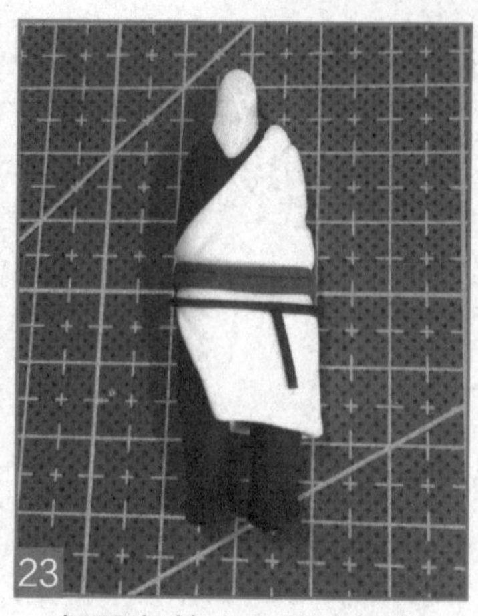

23 把黑色粘土条围在腰带下方，并做出一条垂下来的部分。

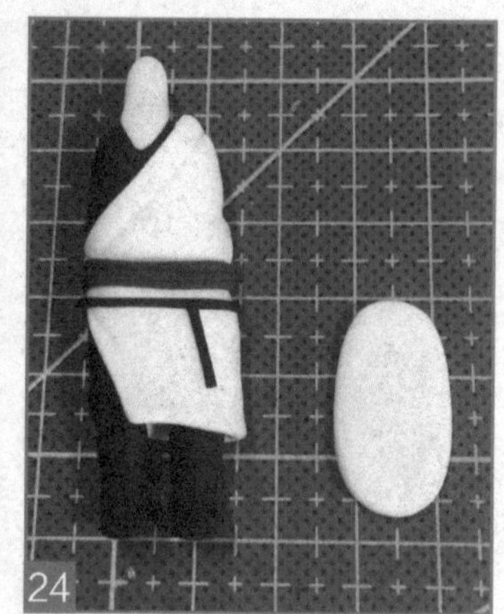

24 取一块白色粘土，揉成球形后稍稍压扁。

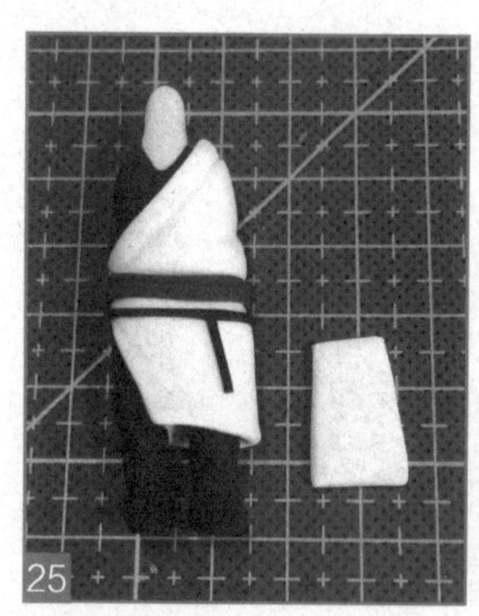

25 用剪刀剪成一个接近长方形的梯形。

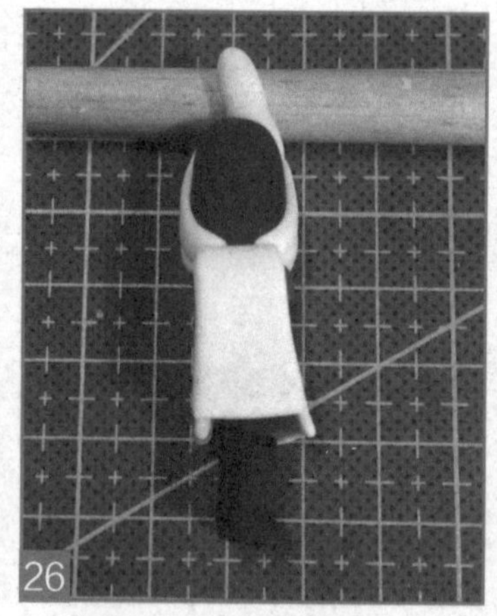

26 把它贴在身体侧面，上端稍稍往里弯一点。

27 用工具压出褶皱。

28 取一小块黑色粘土，揉成球形后压扁，用来做人物的领子。

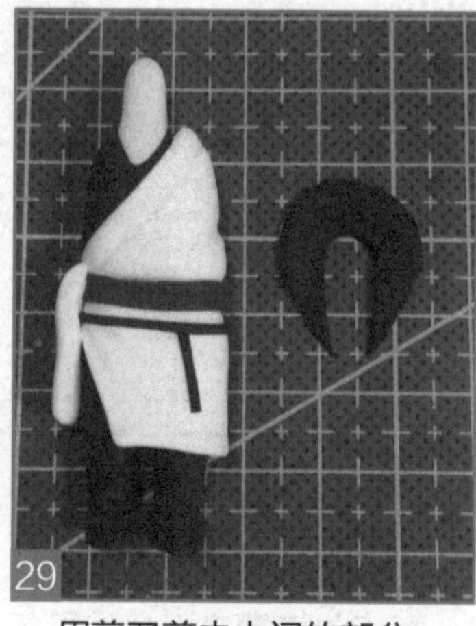

29 用剪刀剪去中间的部分。

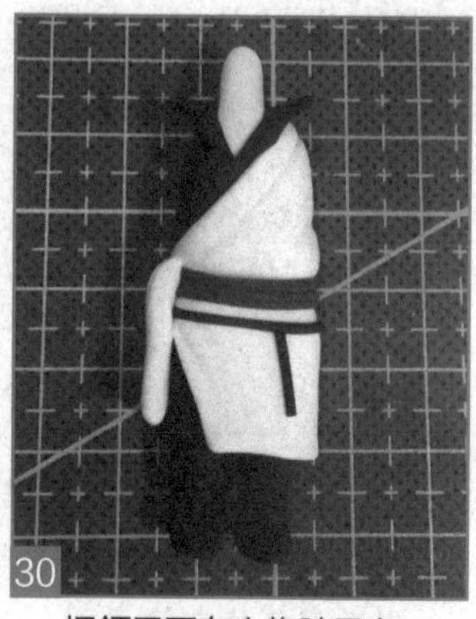

30 把领子围在人物脖子上。

## 2.3.5 制作棒棒糖

取两块相同大小的粘土，一块黄色、另一块橙红色。

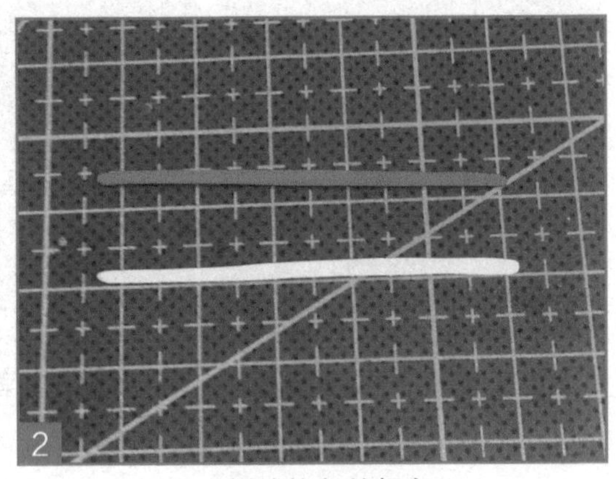


搓成均匀的长条。

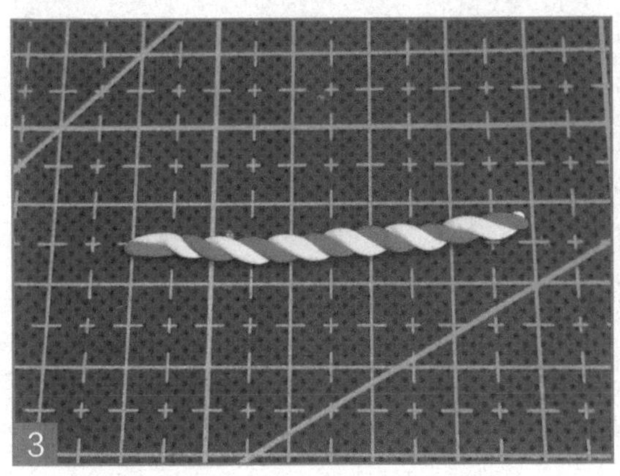


把两条长条像麻花一样拧在一起。

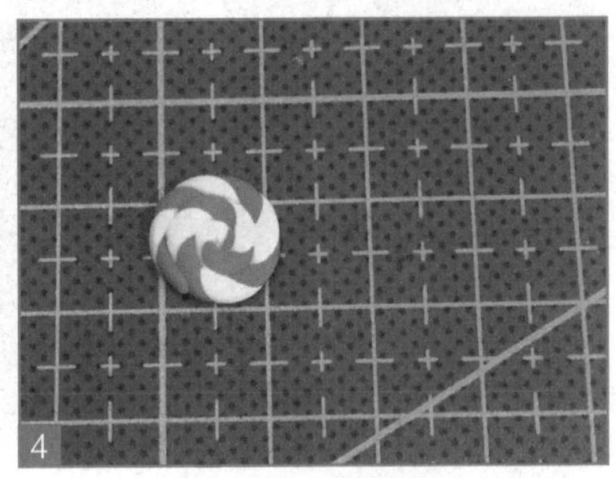


把“麻花”卷起来。

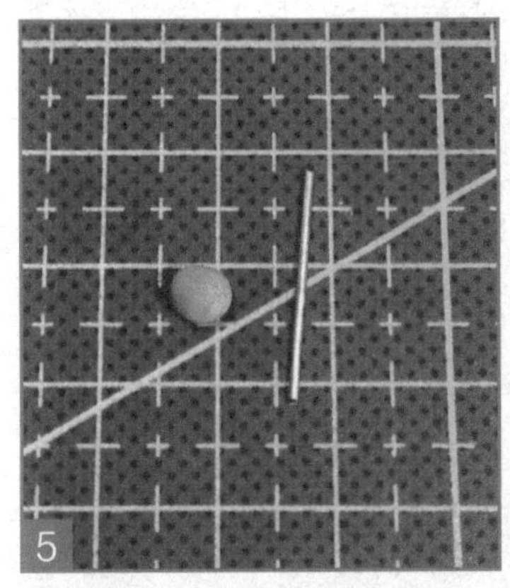


取一小块浅棕色粘土和一截细铁丝。

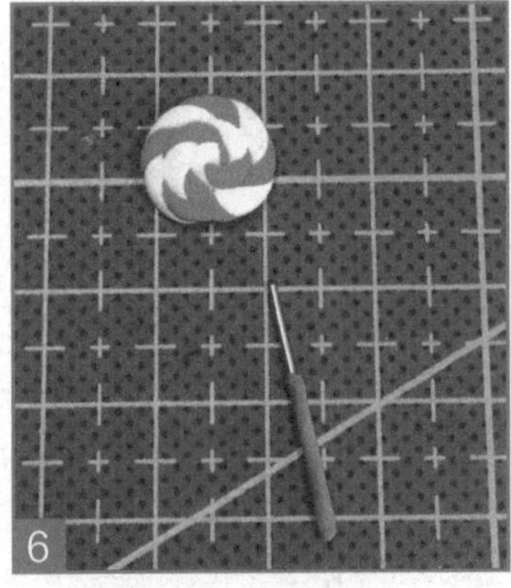


把粘土包在细铁丝上，前端留 1/3 铁丝不包。

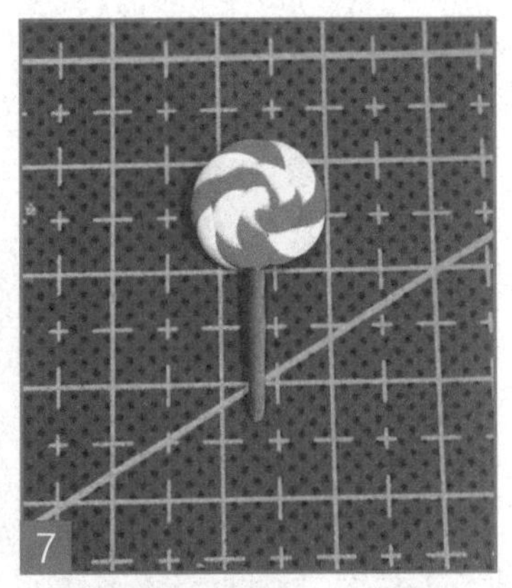


把柄插在糖上，棒棒糖就完成了。

## 2.3.6 制作洞爷湖木刀

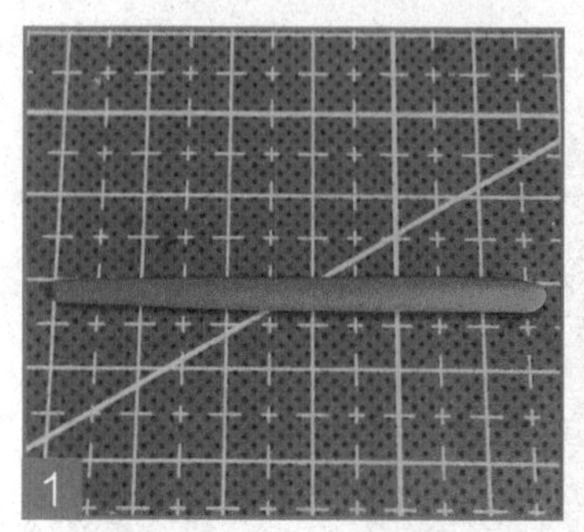

把接近木头颜色的咖啡色粘土搓成长条，一端略细。

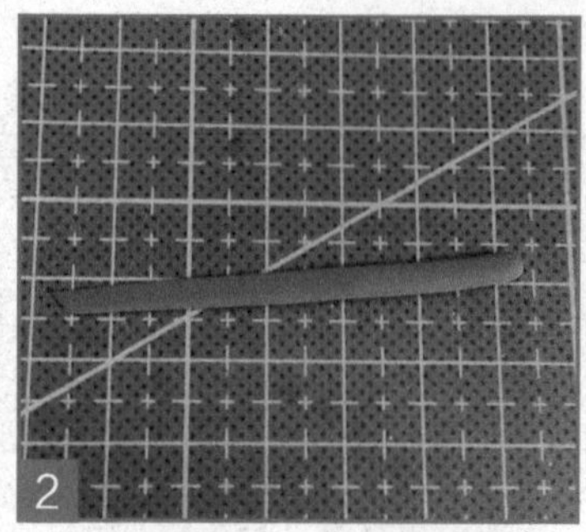

把细的一头略微压扁一点，并剪成斜角。

用工具在粗的一端大约 1/4 处压一圈印子，用来分隔出刀柄和刀身。

## 2.3.7 制作手臂和服饰细节

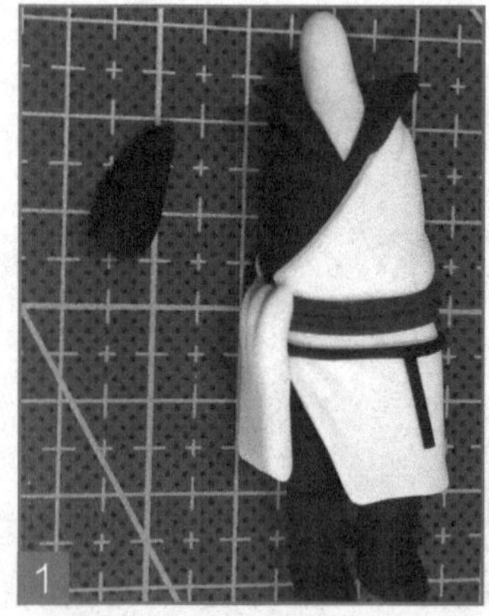

取一小块黑色粘土，捏成水滴形。

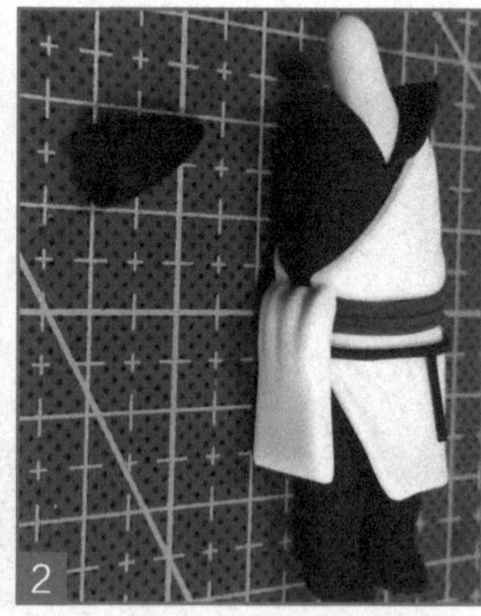

用工具在一端压出凹坑。

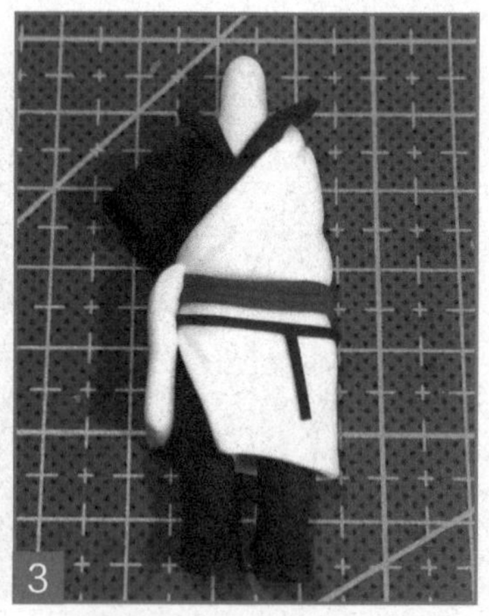

把袖子粘在身体侧面。

用红色粘土搓一条很细的线。

把红线围着领子袖口粘一圈。

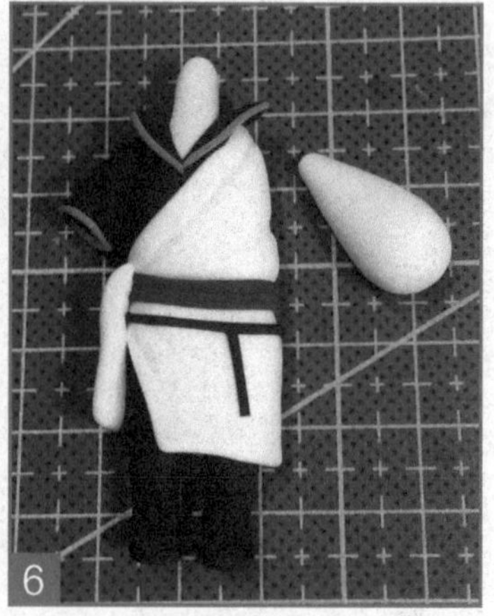

取一块白色粘土，捏成水滴形，这条袖子是长袖，所以要比之前黑色的袖子大。

把袖子的一端捏成图上的形状。

用工具把袖口做成喇叭形。

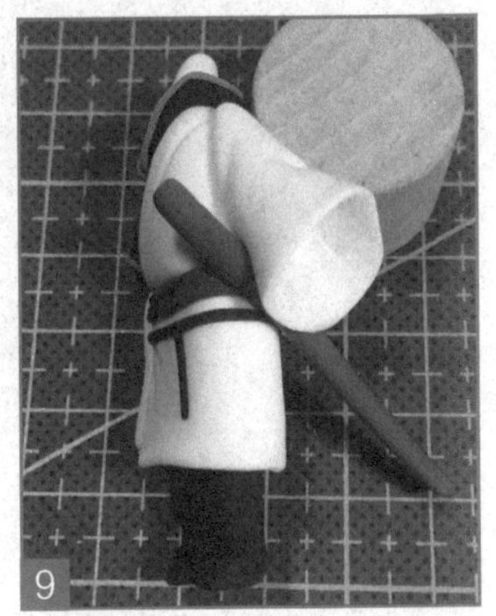

把袖子粘在身体侧面，记得把之前做好的木刀夹在中间。

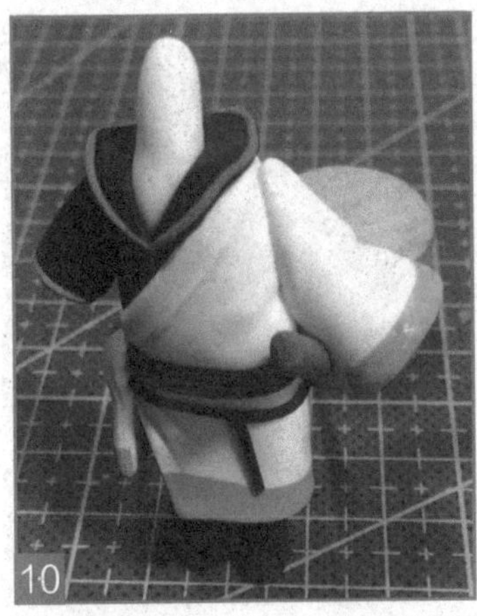

用蓝色颜料把衣服袖口和下摆边缘涂成蓝色。

等蓝色干透之后，在上面画上白色的花纹。

取一小块肤色粘土，用来做人物的手。

搓成圆柱体并微微压扁。

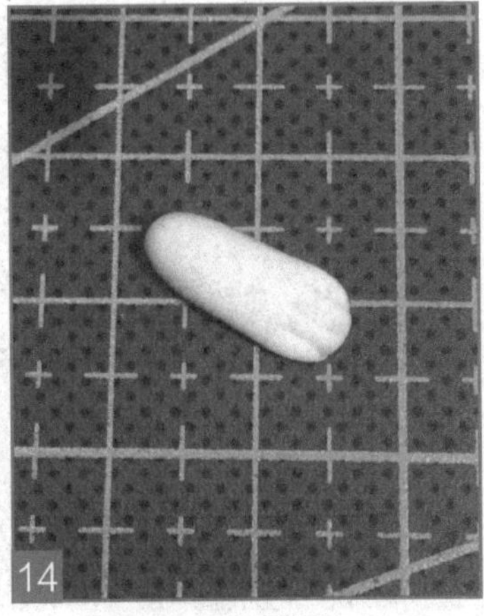

用工具压出手指。

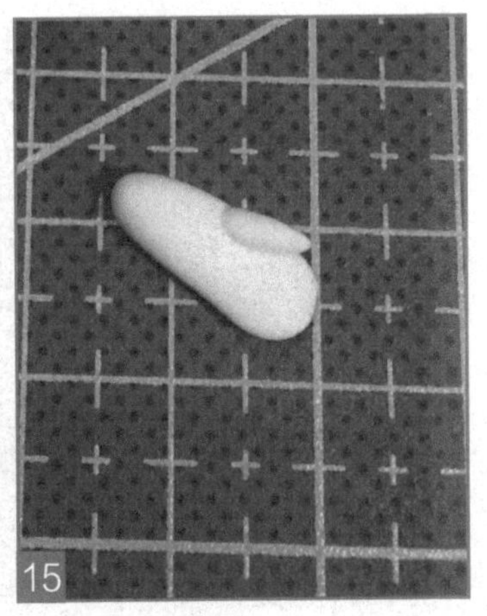

粘上大拇指。

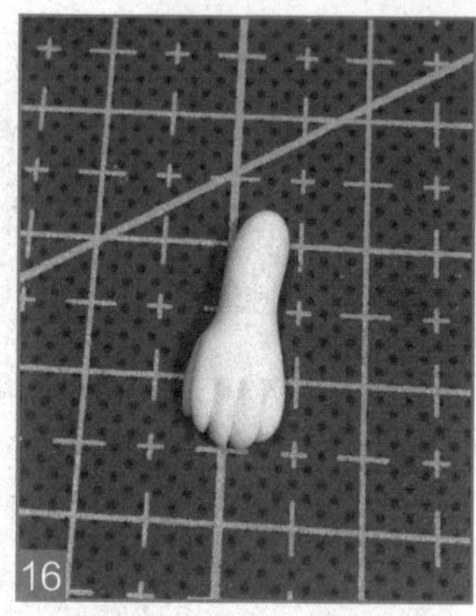

把手腕搓细，并把四指朝内微微弯曲。

把手粘在袖子里。

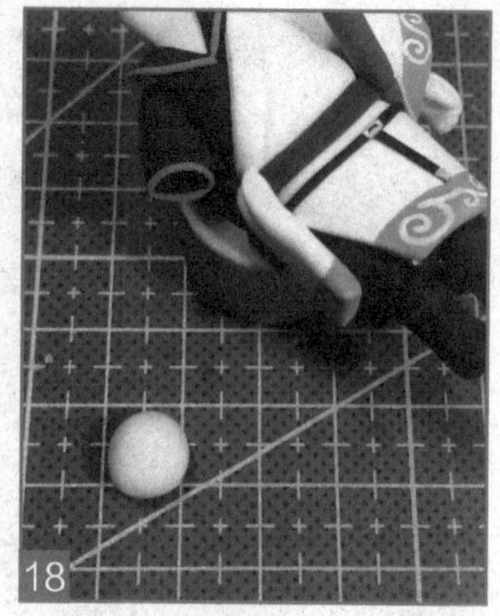

取一块肤色粘土，用来做人物的另一只手。

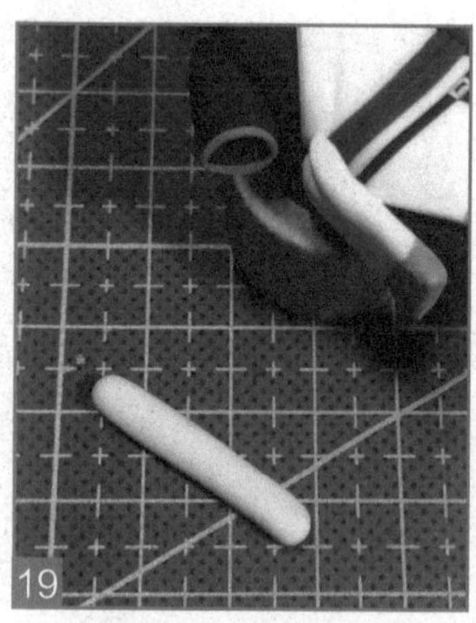

搓成圆柱体并把一端稍微压扁。

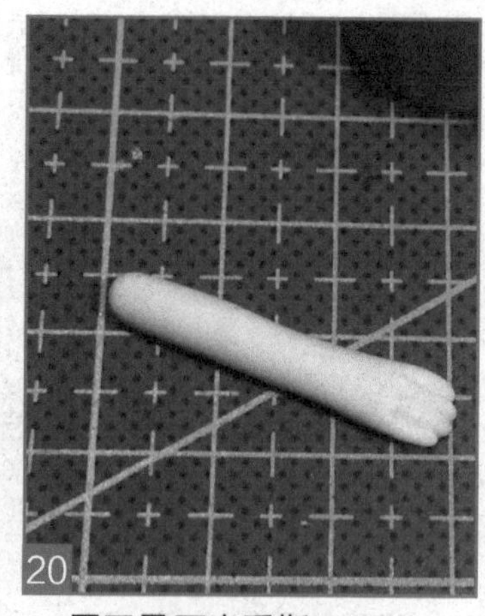

用工具压出手指。

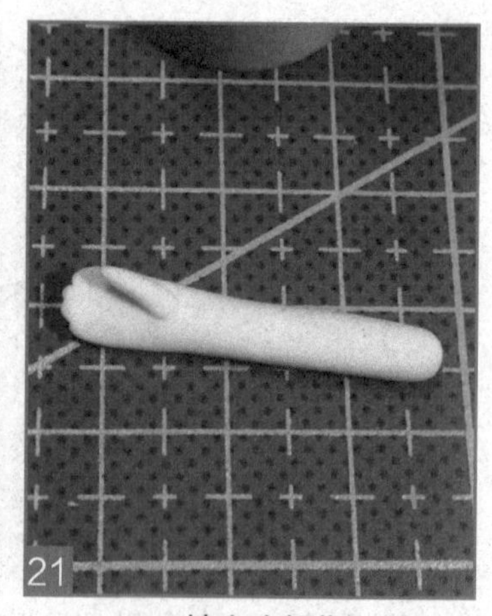

粘上大拇指。

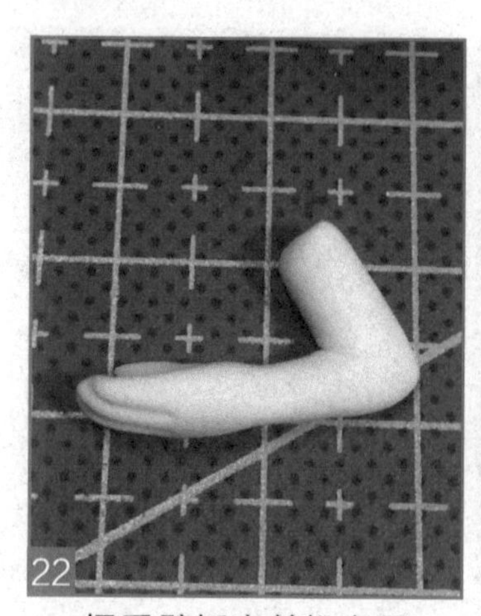

把手臂折弯并捏出手肘。

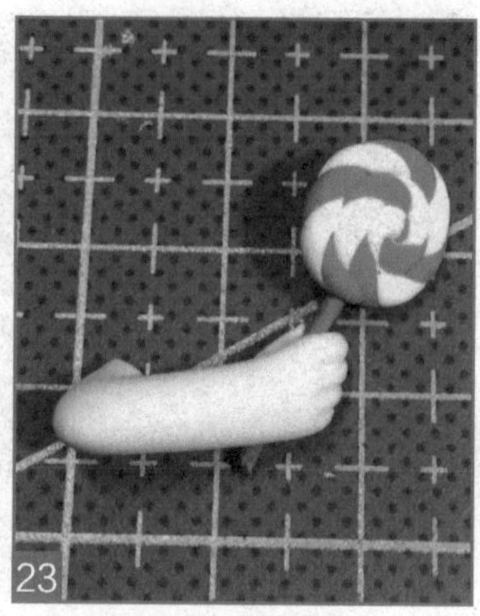

把棒棒糖粘在手里。

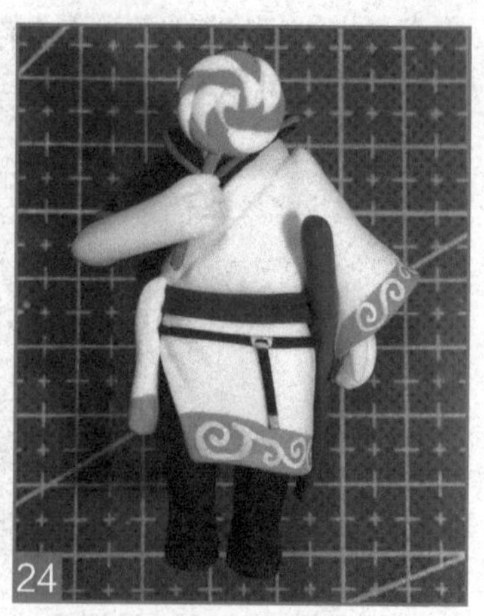

把手臂粘在短袖上，身体就做好了。

## 2.3.8 制作尾巴

1 取一块浅蓝色粘土，用来做人物的尾巴。

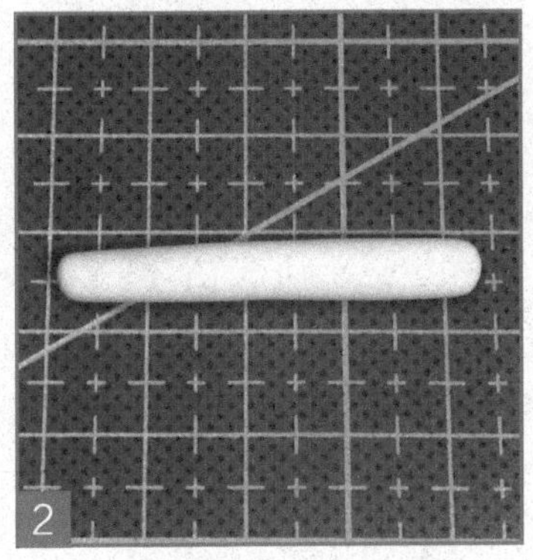

2 把尾巴搓成长条形。

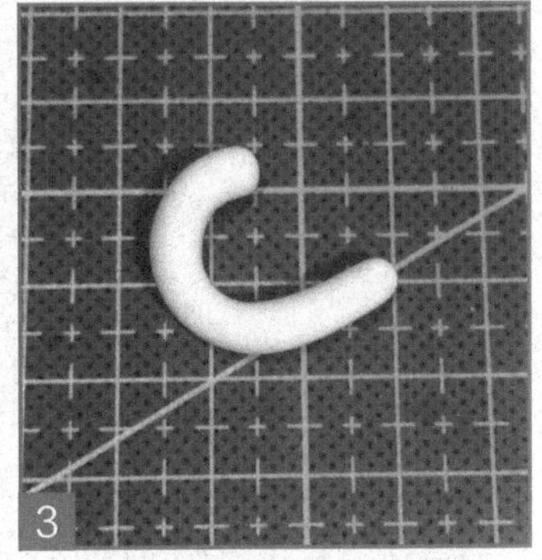

3 按照图上的形状弯曲尾巴。

## 2.3.9 整体组合

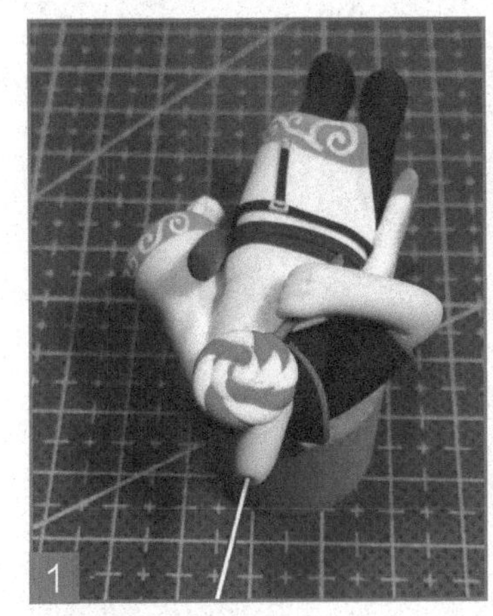

1 在银时的脖子里插上细铁丝。

2 把头插在身体上，注意棒棒糖要对准嘴巴的位置。

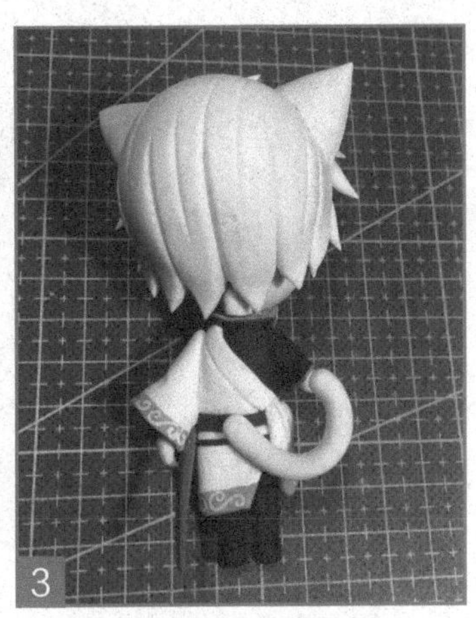

3 把尾巴粘到屁股后面。

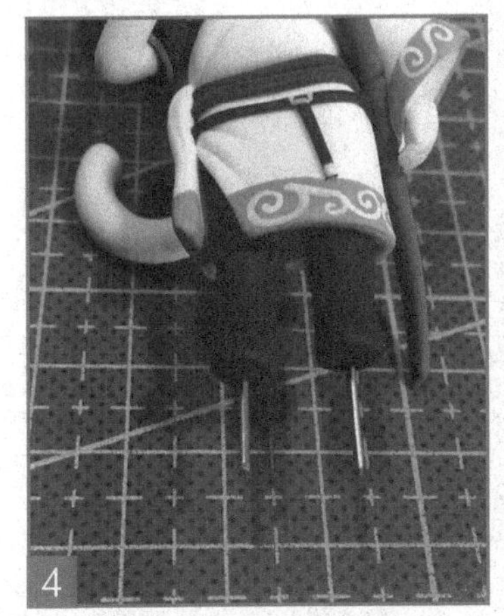

4 在银时的脚底插入细铁丝。

5 取一大块浅蓝色粘土，压成厚约 1.5cm 的扁圆形。因底座要晾干后才能使用，所以需要提前做好。

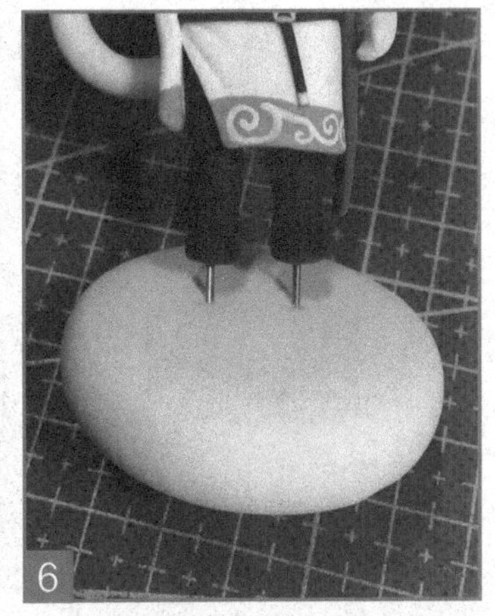

6 把银时脚底的铁丝插到底座中间，并在脚底涂些水粘在底座上。

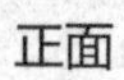

正面

右侧

背面

左侧

# 第 3 章

# 制作雪初音

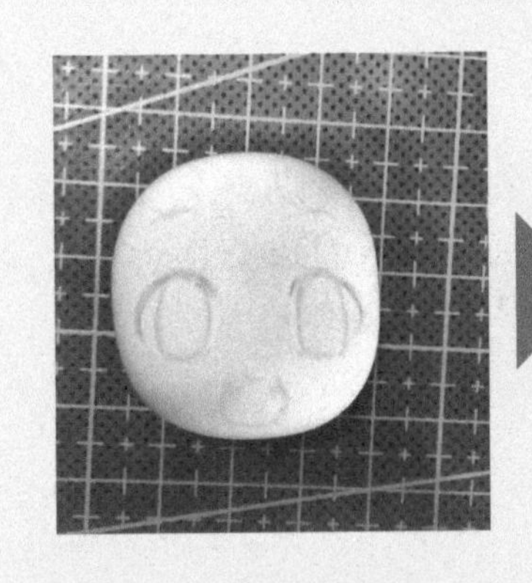

## 雪初音手办

由于设计初音未来的 Crypton 公司位于北海道札幌市，所以初音成为了札幌冰雪节的角色。在第 61 届札幌冰雪节做成的初音雪像是雪初音的最初来源。同时，以制作手办闻名的 GoodSmile 公司发布了雪初音的手办。

## 3.1 绘制雪初音的线稿

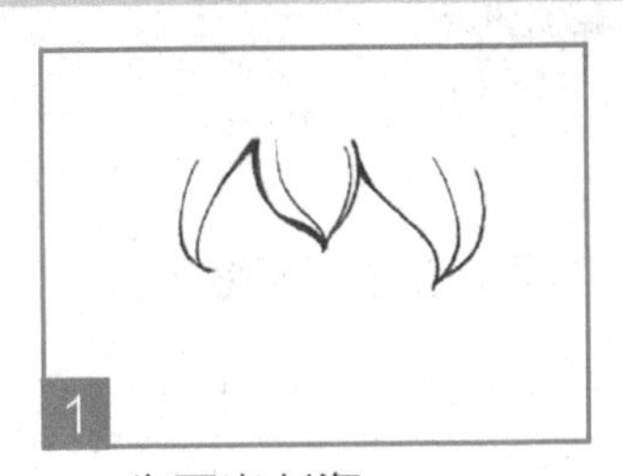


先画出刘海。

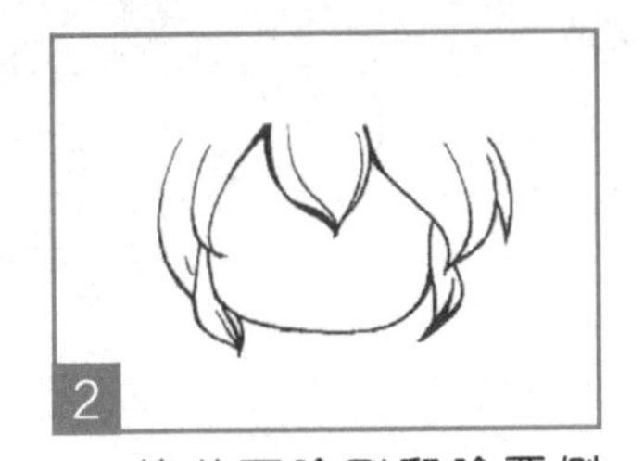


接着画脸型和脸两侧的头发。

随后画出眼睛、嘴巴和眉毛。

接下来画配饰——帽子，先画出帽子和头部相接的部分。

再画出帽子的顶部和头发上装饰的丝带。

画出头部两侧飘散的头发。

接着画出雪初音的领带和双臂。

接下来是上衣和裙子。

画上穿着鞋子的腿，就基本画好了。

加上可爱的道具，可以使可爱指数上升哦。

线稿完成！

画出帽子衣服上的细节，给道具和人物面部添加细节。

# 3.2 雪初音配色步骤

# 3.3 具体制作步骤

## 3.3.1 制作面部

头部是整个手办很重要的一个部分，在制作时，要遵循线稿人物的实际特征，也要考虑到粘土的特性。制作时要考虑到头发的厚度，适当减少在颅骨处的用量。

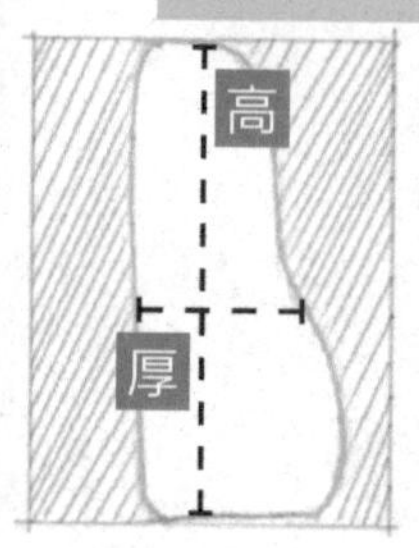


从侧面图看，高度4cm，厚度2cm，中间靠下的地方有横向的凹陷。

准备一块肤色的粘土，揉成球体然后压扁，因为线稿有刘海遮挡脸颊，所以脸跟线稿比较，稍大一些。注意轮廓要圆滑，表面要尽量光滑平整，不要坑坑洼洼。脸部晾干后才能画五官，晾干一般需要1-2天。

用铅笔在粘土上按照线稿轻轻画上五官。

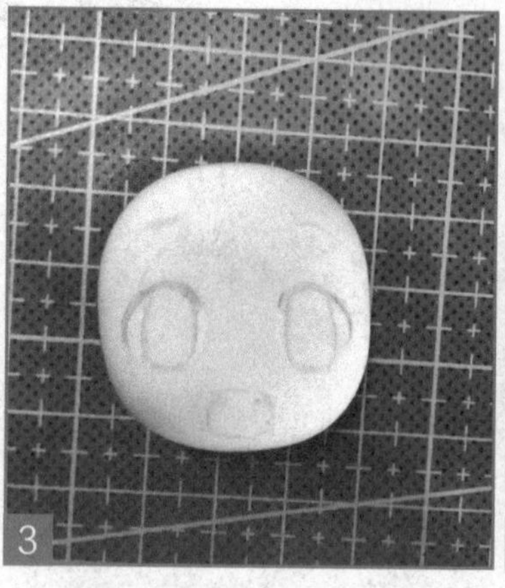

先用白色的颜料填充眼白的部分。

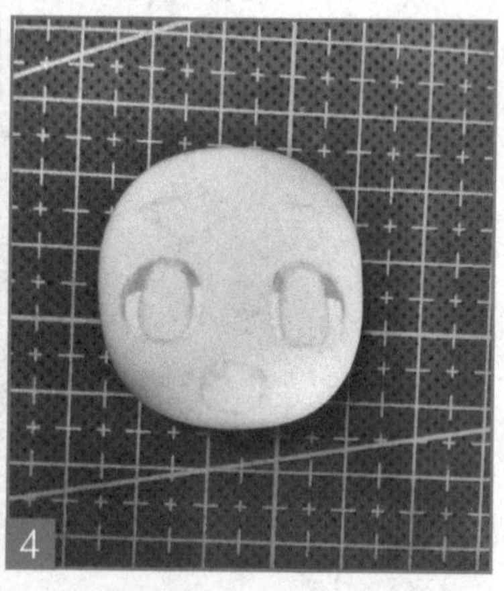

接着用浅灰色在靠近眼睑的部分画上眼白的暗部。

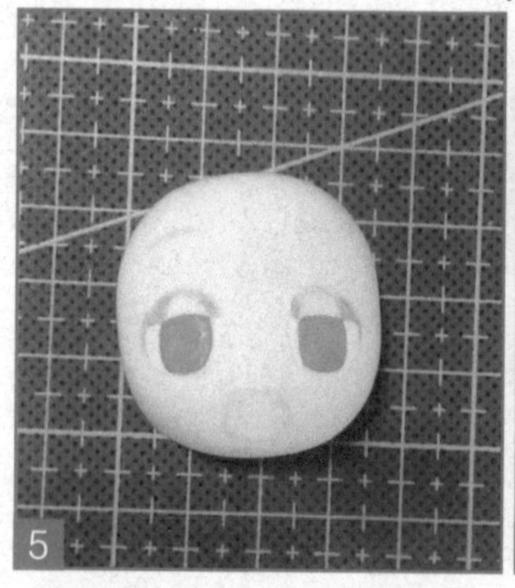

用湖蓝色颜料画出眼睛的底色，注意两边尽量对称哦。

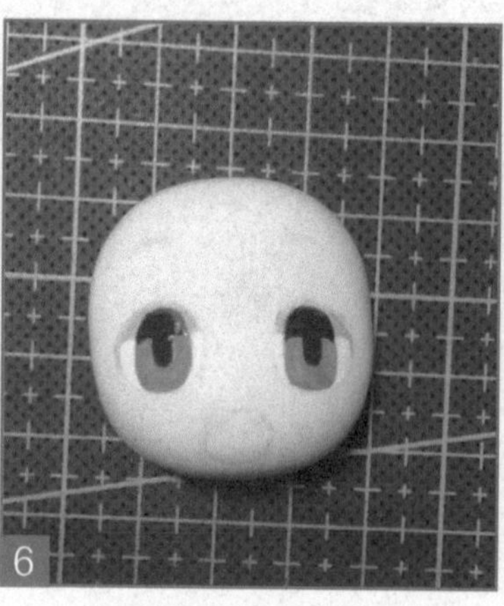

用较深的蓝色画出瞳孔和眼球的暗部。

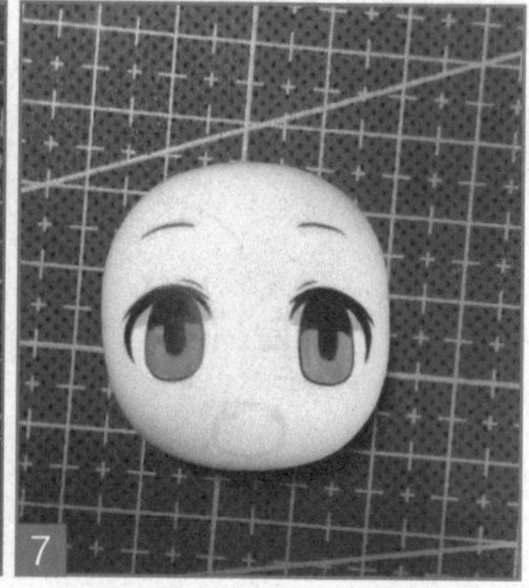

用较深的蓝色勾勒出眼线和眉毛的形态，用笔要果断，不要来回重复，注意线条的粗细变化。

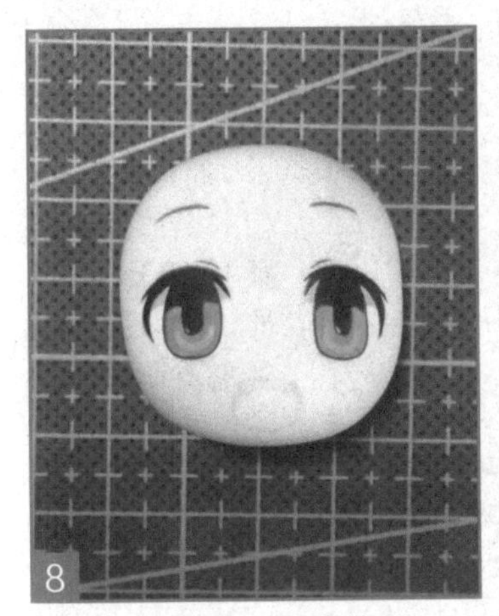

接下来画出眼睛的反光，颜色要略浅于底色。

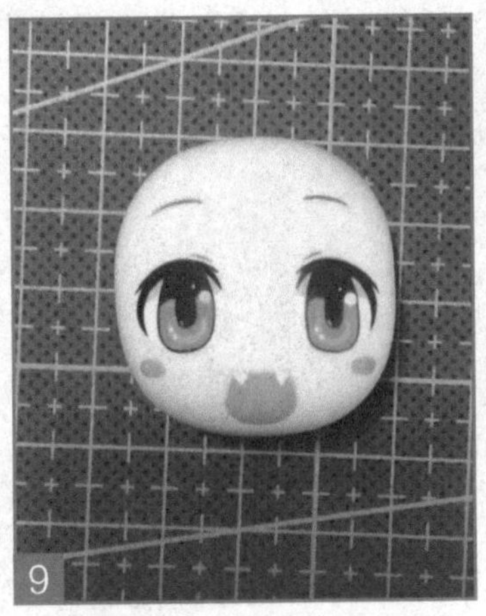

用粉色画出嘴巴和腮红，用白色颜料画出可爱的小虎牙，并顺便点上眼睛里的高光。

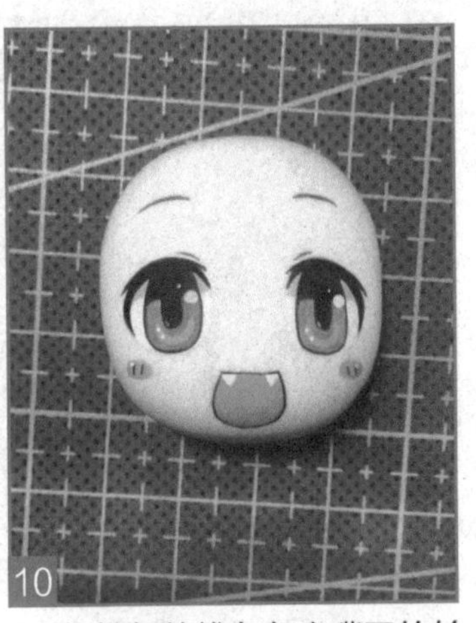

用较细的线条勾出嘴巴的轮廓，并在脸颊加一些小细节，这一步注意线条一定要细哦！

## 3.3.2 制作头发

准备一块浅蓝色的粘土，揉圆，一面压扁，做成半圆球体的形状，半球体的大小和线稿头部的整体大小相同。

用工具在凸起的这面画上痕迹，做出头发的分缝线。

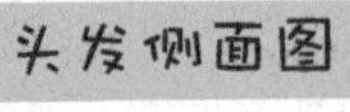


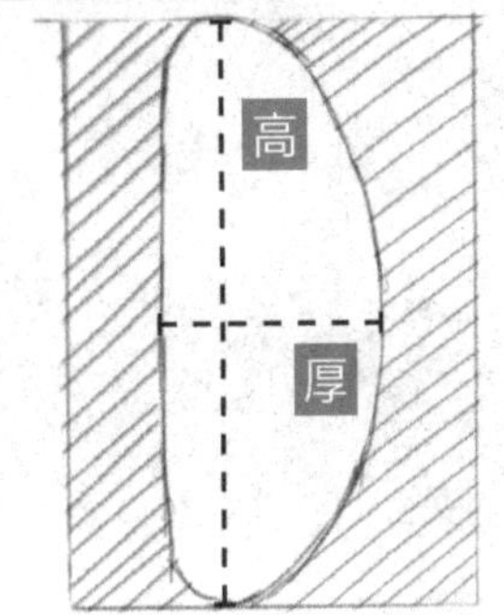


从侧面图看，高度 4cm，厚度 2.5cm，中间为凸起的半球体。

把之前做好的脸部和后脑勺粘起来，下方对齐。

在脸颊贴两条鬓角，注意头发的弧度要贴合脸颊的轮廓。

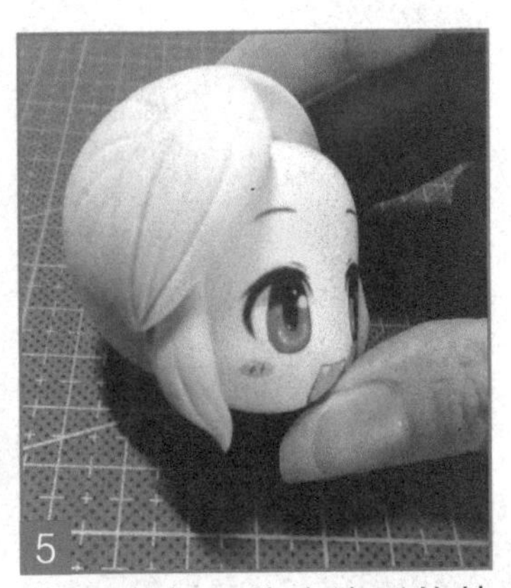

接着捏一块水滴形的粘土，压扁之后叠在鬓角的上面。

做出另一边的刘海，贴在另一侧鬓角的上面。

顶视图是这样的 ^_^

刘海和后脑勺的衔接处，如果接口比较明显，可以加一小条头发遮盖一下哦。

最后在正中间粘上一块水滴形粘土。

三片刘海和后脑勺尽量贴合。

在头顶刘海和后脑勺衔接处粘上可爱的呆毛，刘海就完成啦！

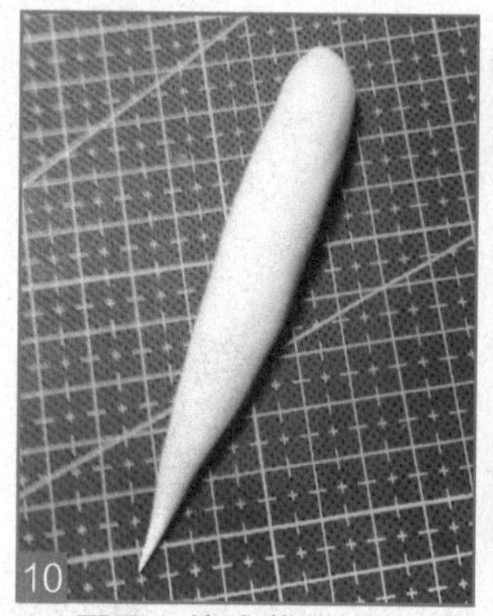

再用一块浅蓝色粘土，搓成胡萝卜的形状，用来做辫子的主体，长度 10cm 左右，厚度 1.5cm 左右。

把粘土捏出辫子的弧度，再用工具做出头发的线条。

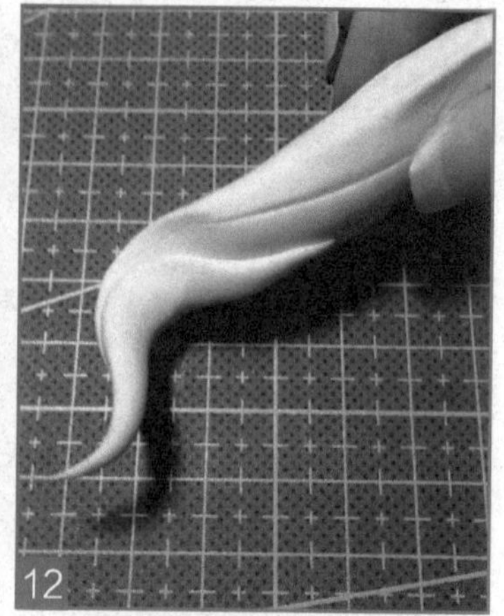

用工具和手压出头发的线条，线条要柔和又富于变化，这样才不会让头发显得太呆板。

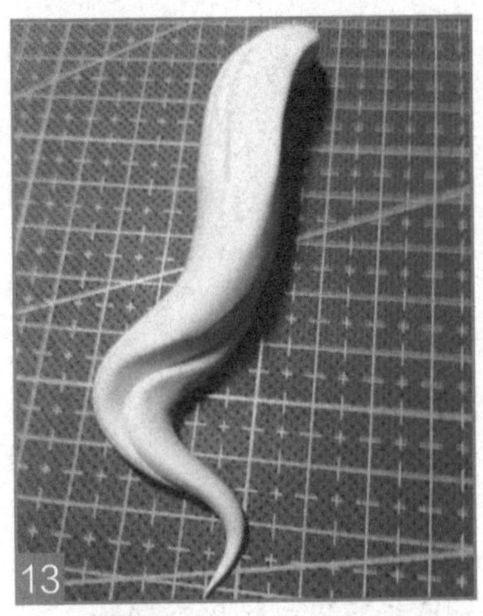


在辫子的底部再加一条“发丝”。

在辫子的反面贴一条弯曲的粘土发丝，增加头发的飘逸感。

左边的辫子大功告成！

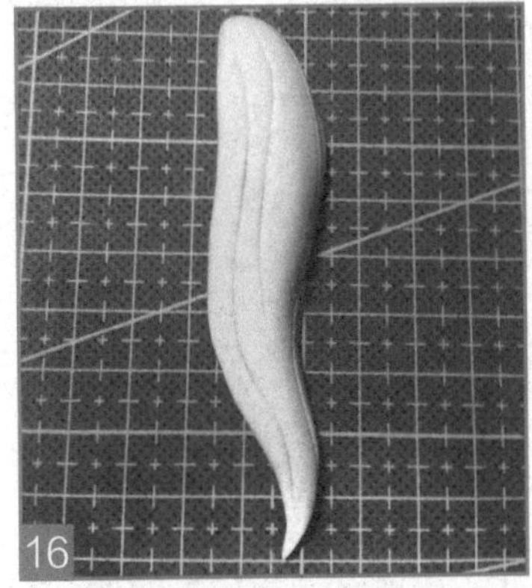


把粘土捏出辫子的弧度，再用工具做出头发的线条。

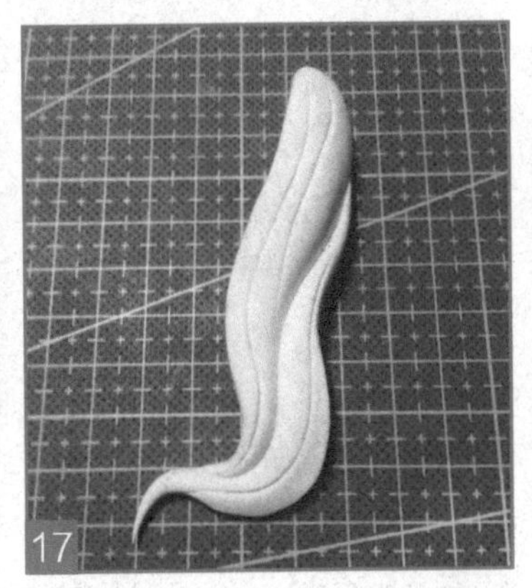


在上一步做的头发主体的右下方加一条弯曲的发丝。

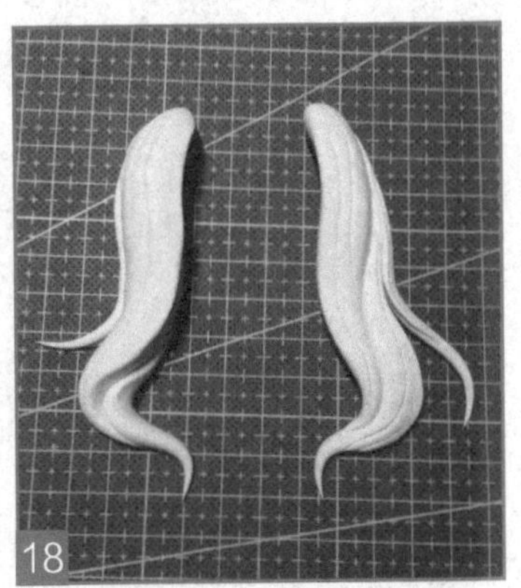


再加上一条飘起的细发丝之后，右边的辫子也大功告成啦。

### 3.3.3 制作上身

准备一块白色粘土，先揉成圆形，之后再慢慢捏出图上的形状。

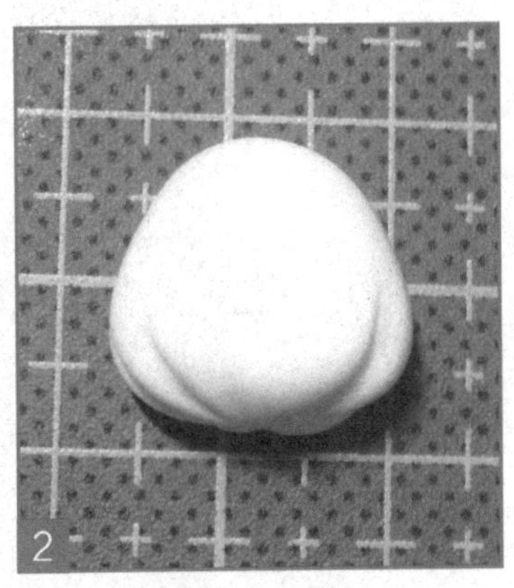


用工具压出褶皱。

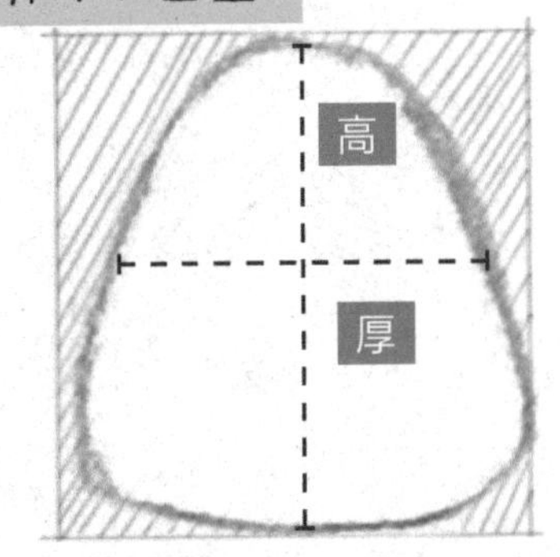


身体侧面图：高度约 1.7cm，厚度约 1cm。

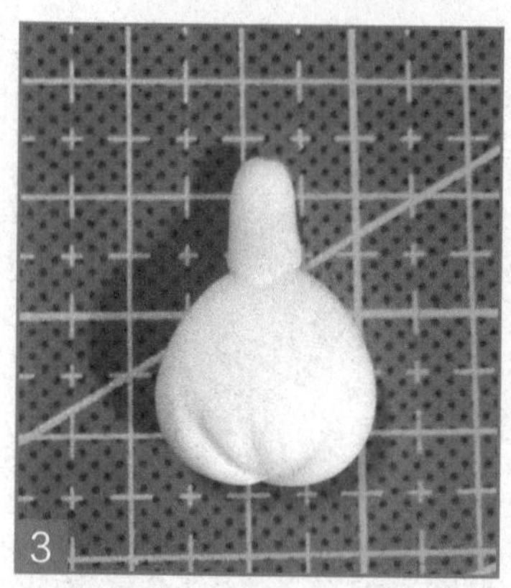

在身体上端加一块圆柱形肤色粘土，作为雪初音的脖子。

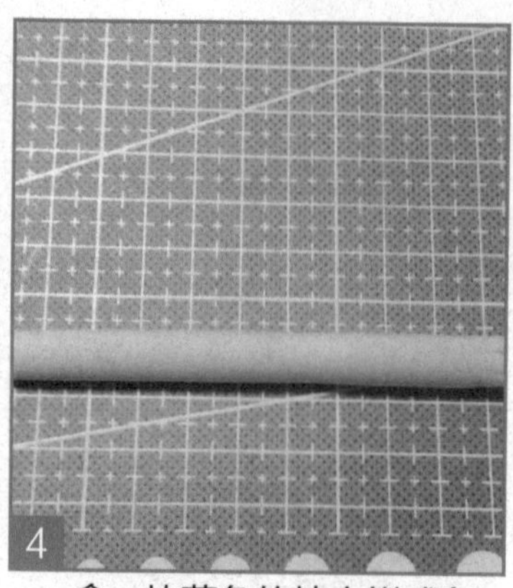

拿一块蓝色的粘土搓成条。

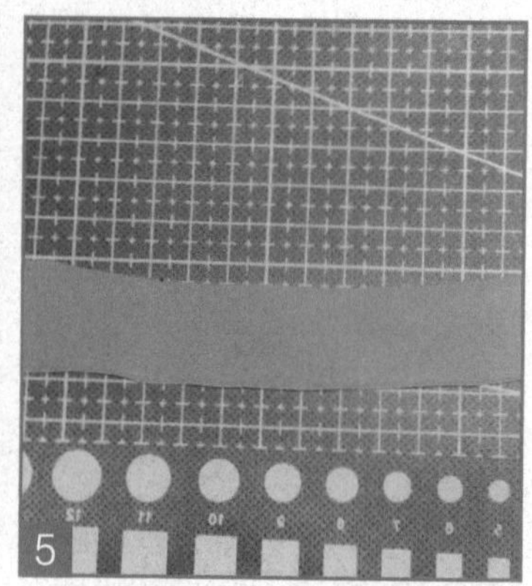

用工具将其压扁之后，修剪成长方形，用来做裙子。

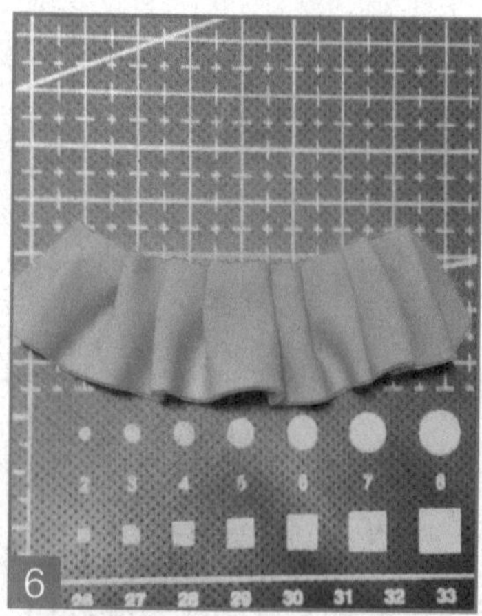

把粘土一小段一小段地压叠在一起，做出裙子的褶皱。

将边与边粘起来，就出现裙子的形状啦！

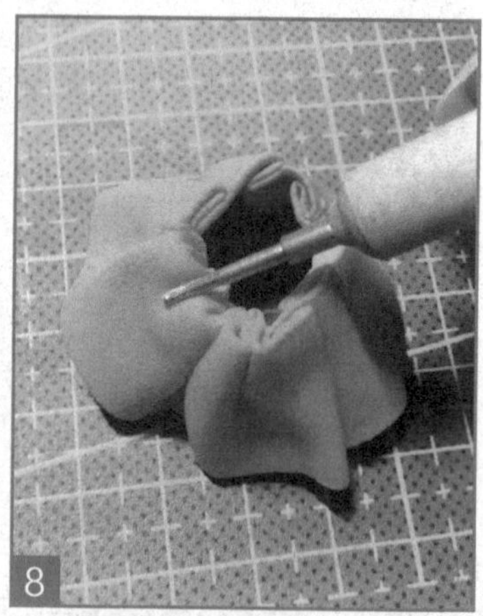

用工具在顶端压出裙子腰部的褶皱。

大功告成！是不是很像真实的裙子？

把身体和刚才制作好的裙子粘在一起，如果裙子已经干了，可以在边缘稍微涂点水，以增加黏性。

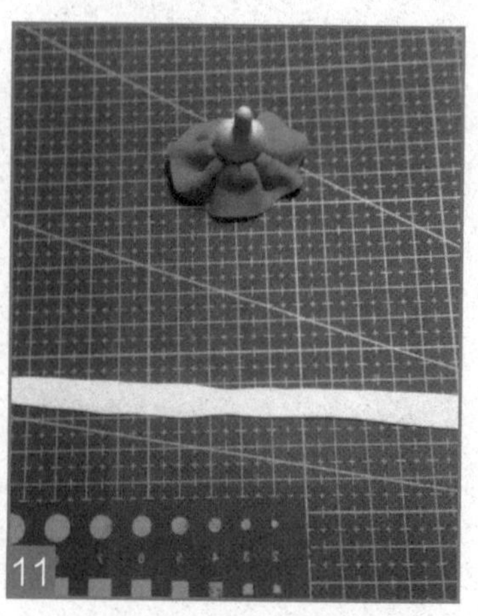

搓一条很长的粘土并压扁，做成带子状，尺寸可参考身体的比例。

将这条长粘土带子贴在裙子的内侧，注意要贴合裙摆的起伏。

贴好一圈之后把多余的部分剪掉，并把接口压平。

用剪刀剪出锯齿状，做成裙子的花边。

## 3.3.4 制作靴子

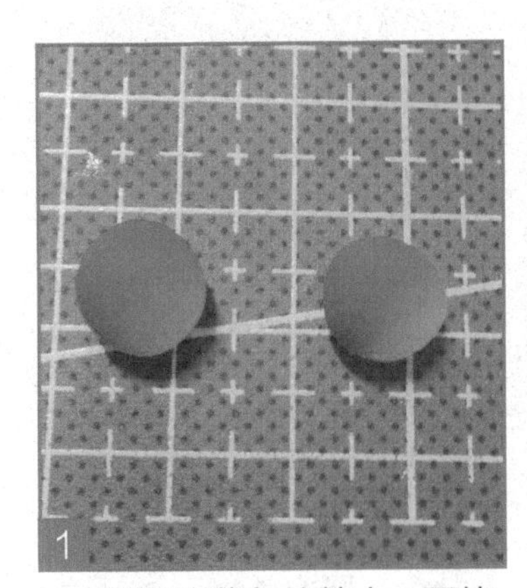


取两块蓝色的粘土，两块尽量一样大小，然后揉成球状。

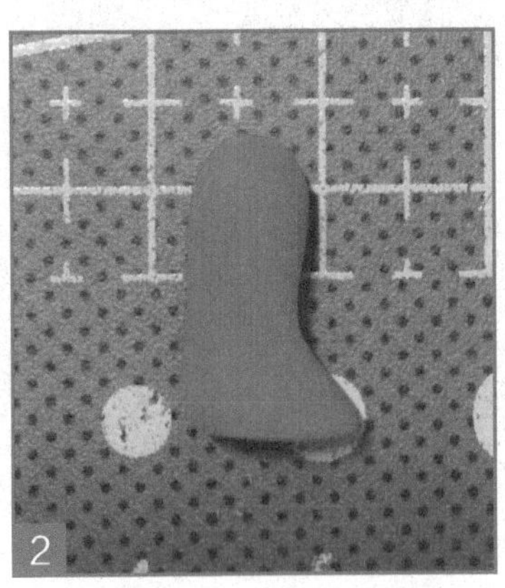


把粘土捏成鞋子的形状。

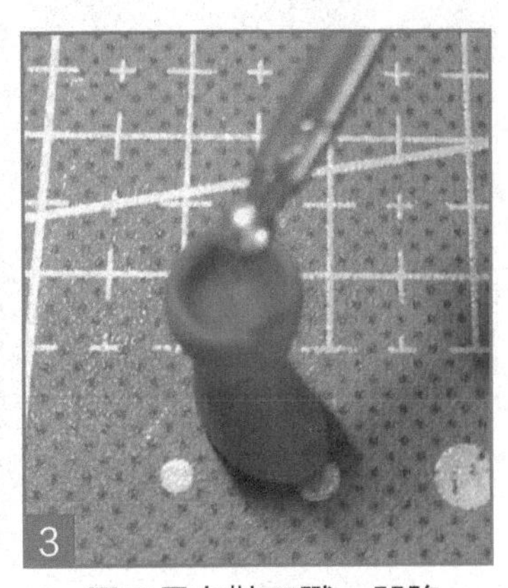


用工具在鞋口戳一凹陷。

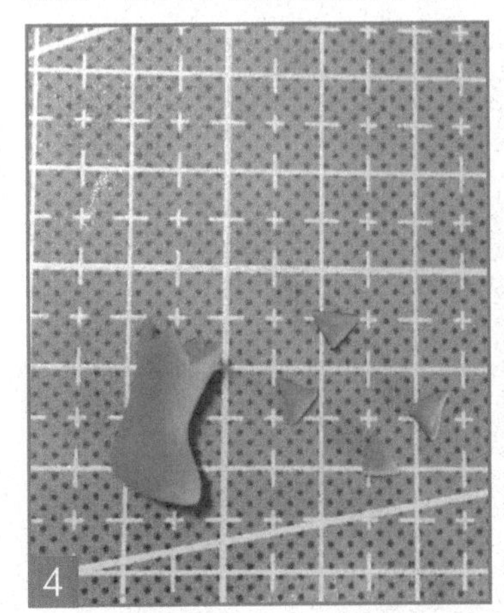


用剪刀在凹陷边缘处剪出锯齿状的花纹。

用剪刀剪出的花边哦

另一只靴子同样也这么做。

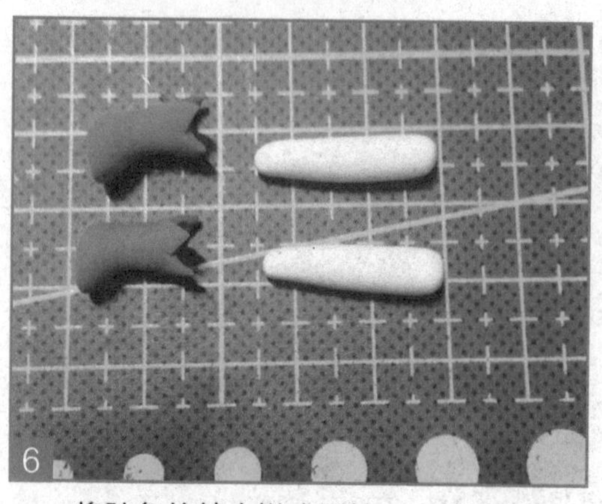

将肤色的粘土搓成圆柱，一端稍细，作为雪初音的腿。

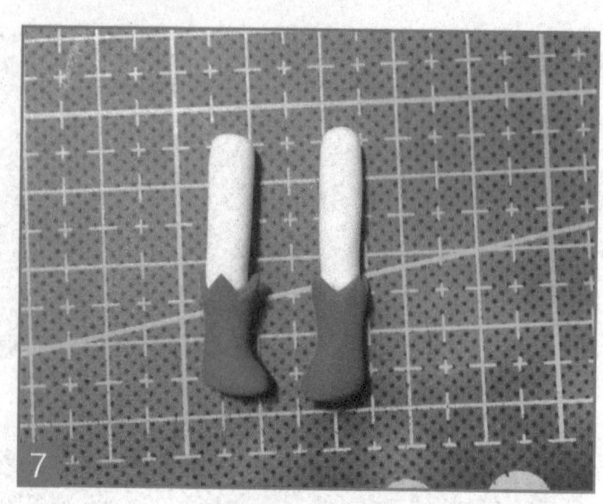

粘在一起，腿就完成了！

## 3.3.5 制作下身

取一块白色的粘土并揉成椭圆状。

用工具做出小裤裤的边缘，和腿衔接的位置要凹进去。

内裤侧描图见图

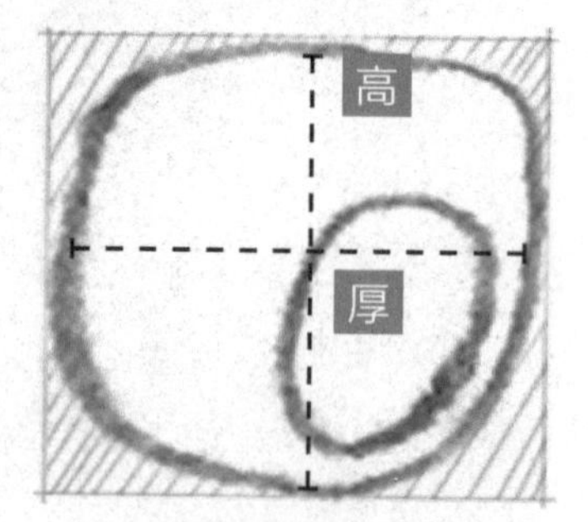


从侧面图看，高度1cm，厚度1cm，中间为凸起的半球体。

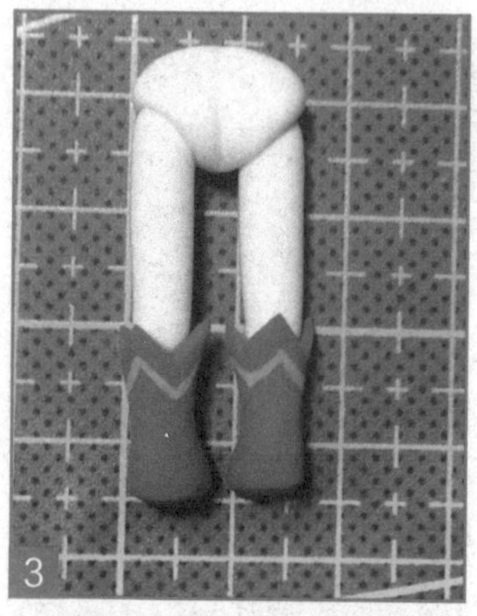

把一开始做好的腿粘在小裤裤上，并在小裤裤后面压出一条屁屁的痕迹。

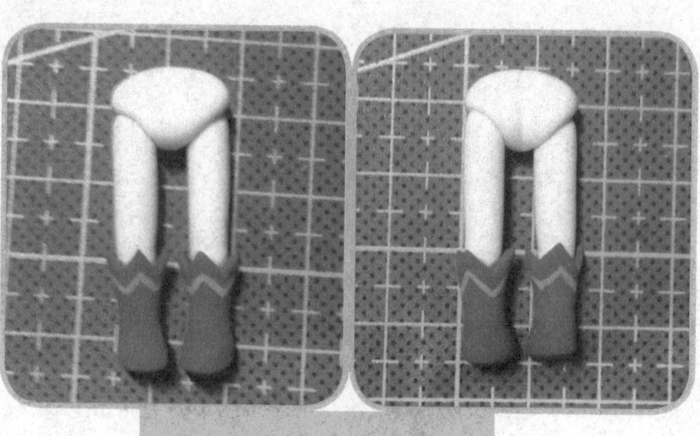

换个角度来看看

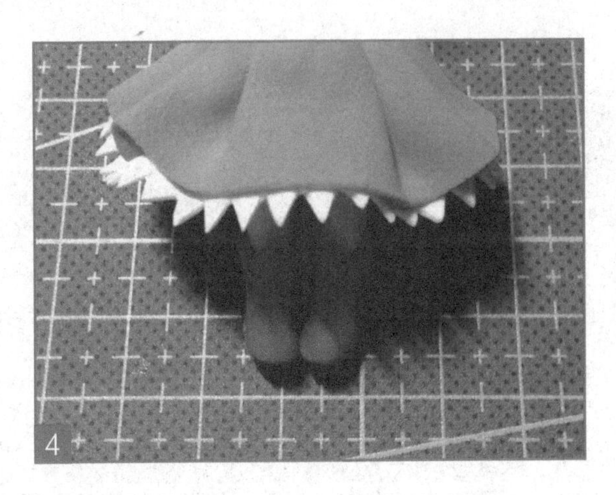


把腿部粘在刚做好的裙子下面，身体的主体部分就完成了。制作时一定要注意 Q 版人物的身体比例。

## 3.3.6 制作领带

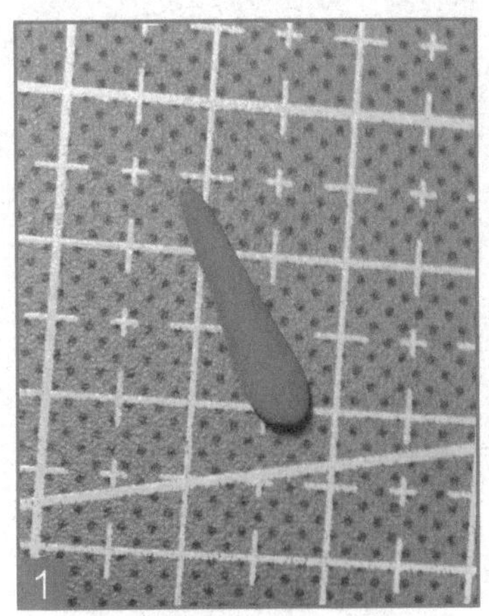


将蓝色的粘土搓成一头粗一头细的形状。

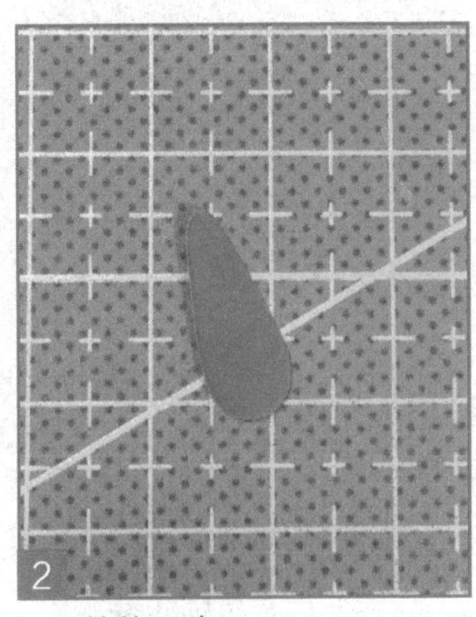


整体压扁。

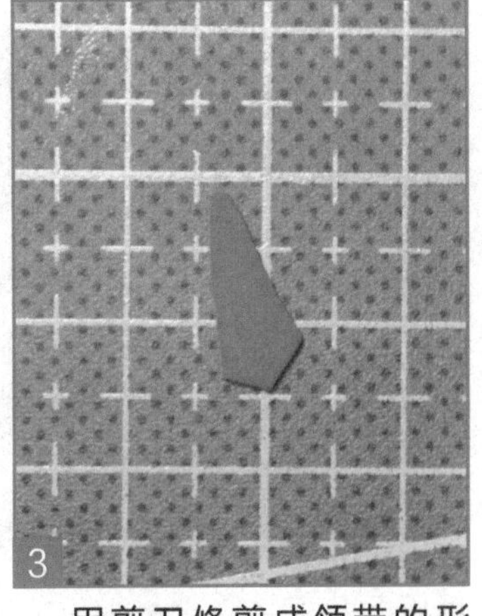


用剪刀修剪成领带的形状，注意领带是非常小的，长度约 1.5cm，宽度约 0.5cm。

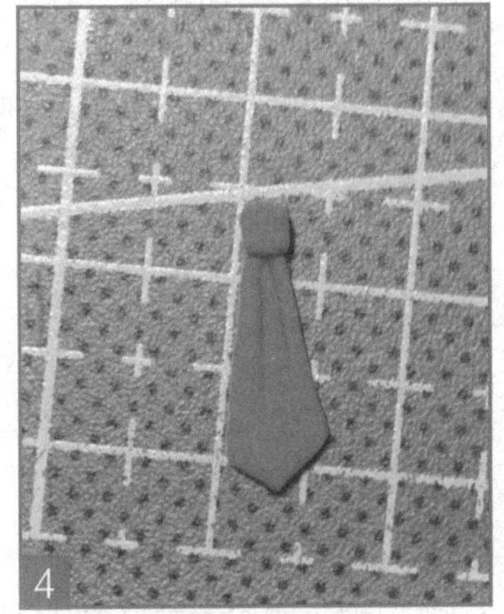


在刚才做出的部件上压出领带的褶皱，并在上面加一个正方形。

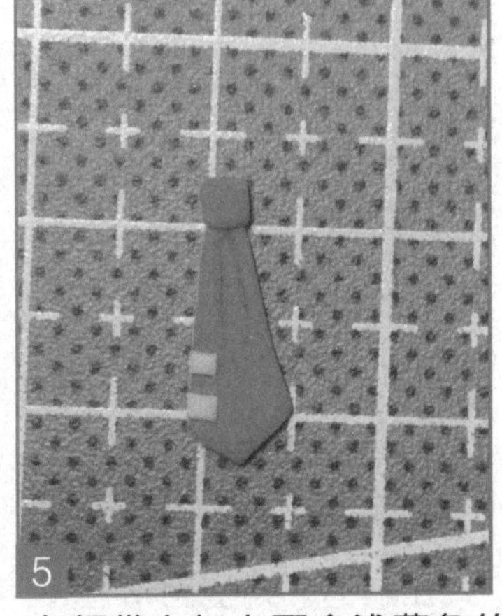


在领带上加上两个浅蓝色的装饰，因为非常小，不好操作，这一步最好是等领带基本晾干之后进行哦。

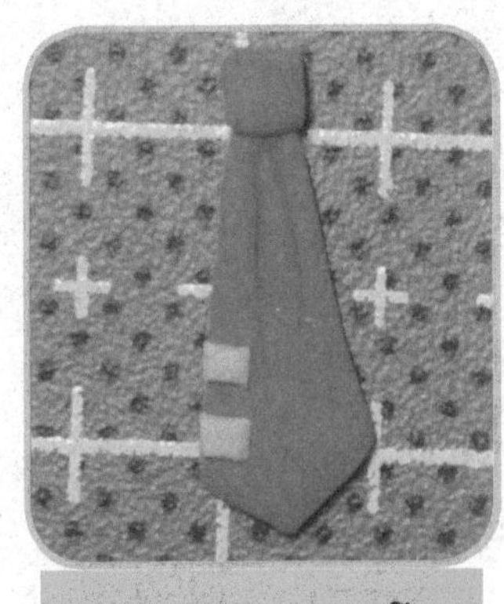

领带做好了哦~

## 3.3.7 制作手臂

取两块蓝色的粘土，两块尽量一样大小，然后揉成球状，用来做雪初音的手套。

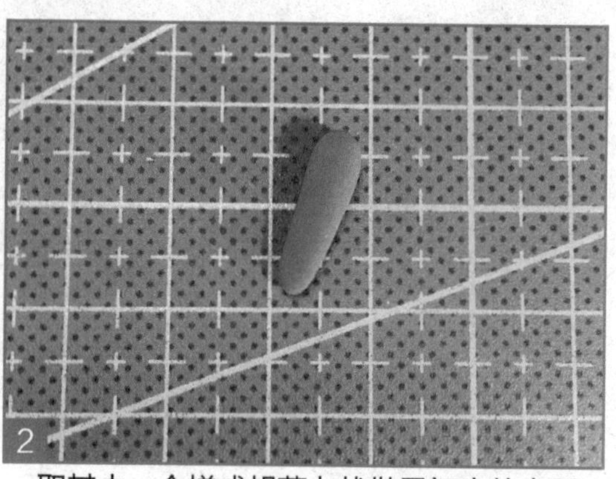

取其中一个搓成胡萝卜状做雪初音的右手。

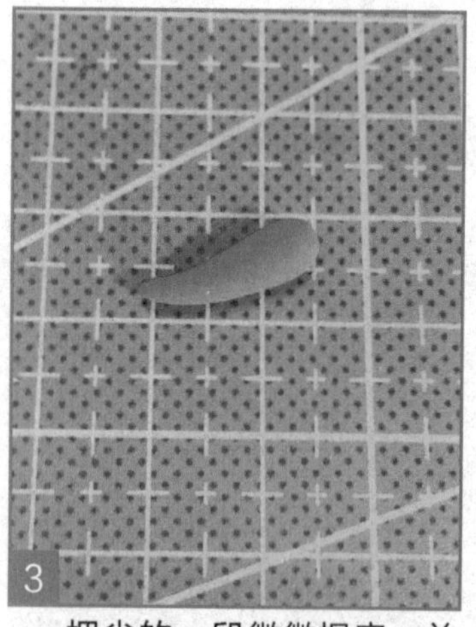

把尖的一段微微捏扁，并翘起一点。

换个角度看看

另一面看是扁的哦。

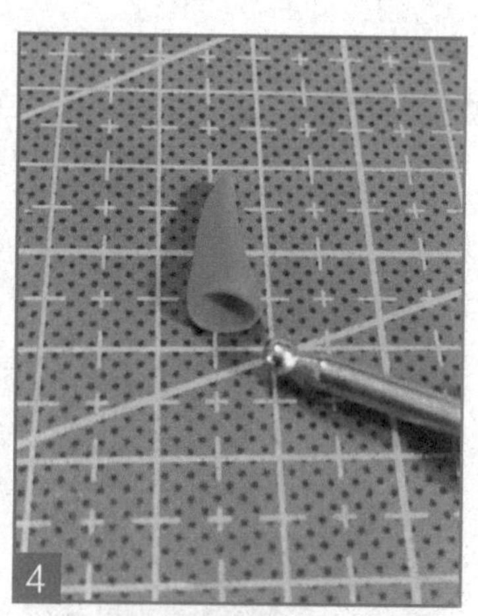

用工具在粗的一端戳一个凹进去的洞。

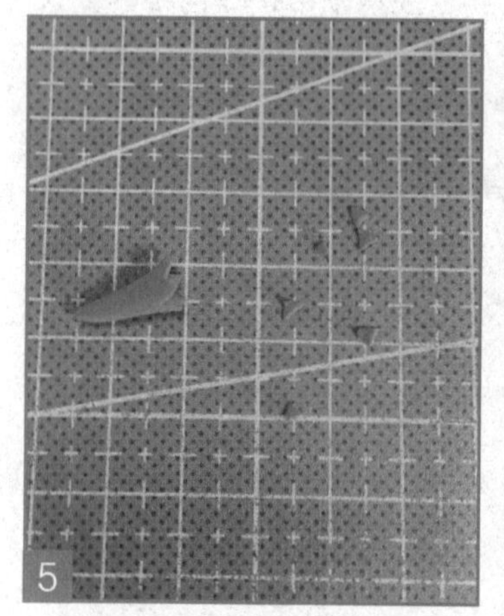

用剪刀在凹进去的边缘剪出锯齿状的花纹。

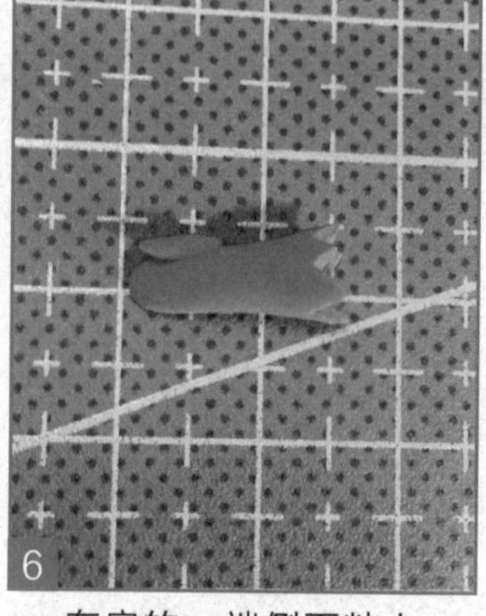

在扁的一端侧面粘上一块小小的条状粘土，做出手套的大拇指。

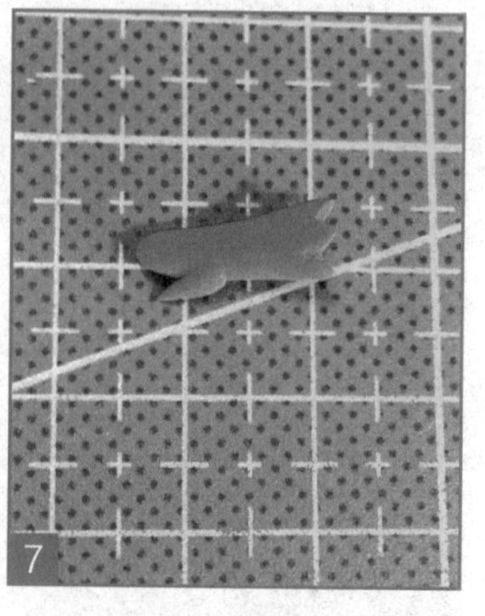

右手的手套就做好了哦。

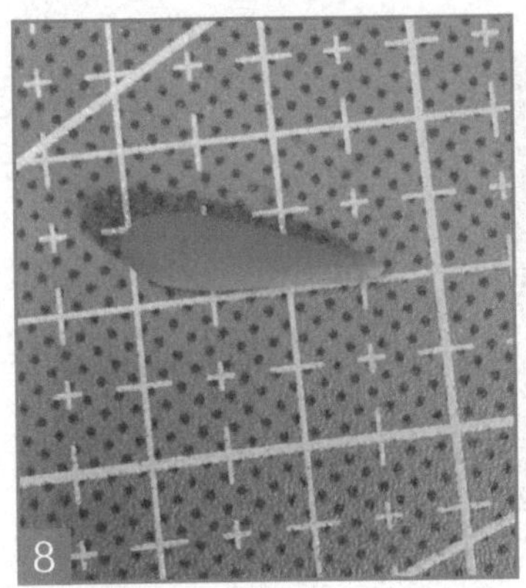


把第一步中的另一个球也搓成胡萝卜形。

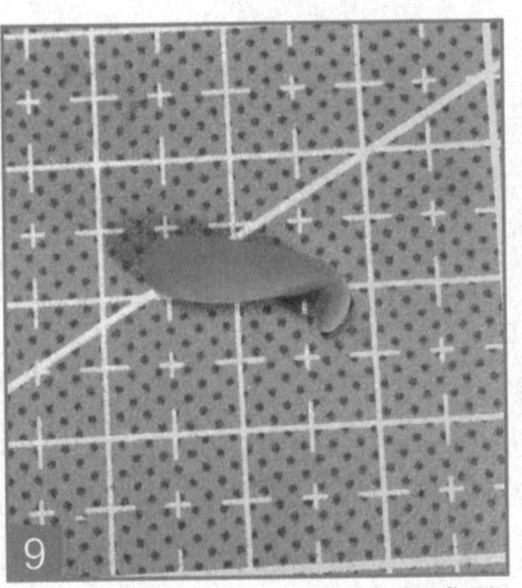


把尖的一端压扁并弯成图上的形状。

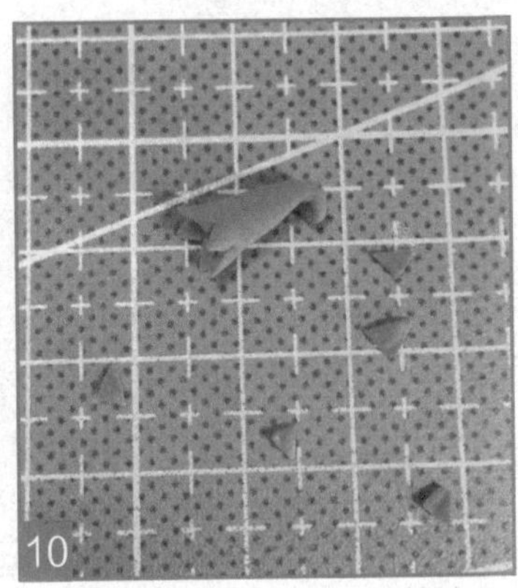


参照步骤 4、5 做出花边。

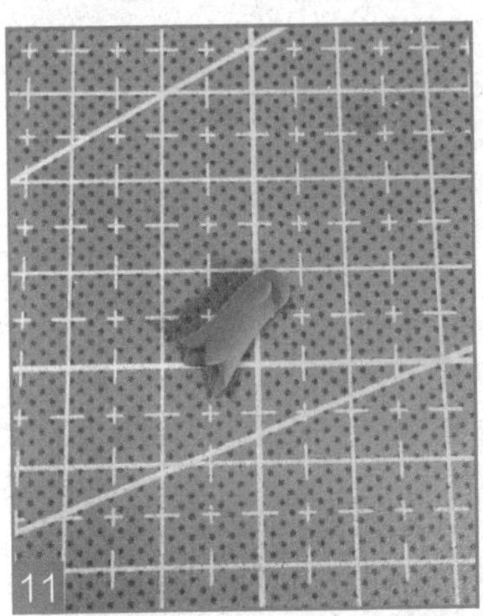


给手套加上手指，注意这只是左手，手指的方向不同哦 ^_^

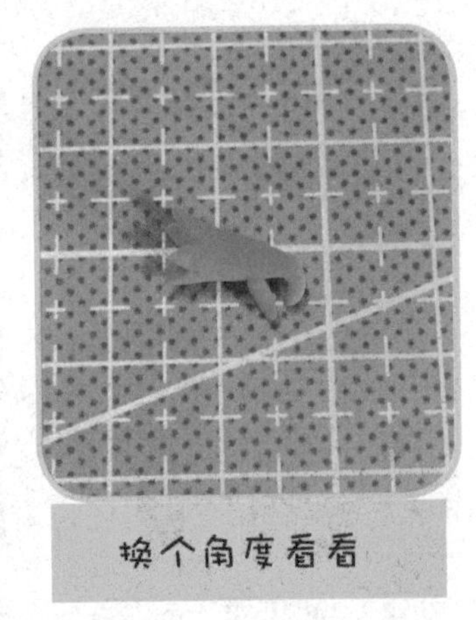

换个角度看看

大拇指和其余四指先不要合拢，因为之后这只手还要握住兔子的耳朵。

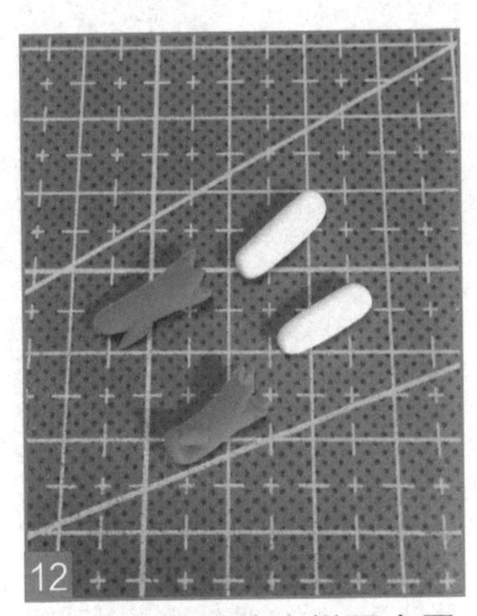


用肤色的粘土搓两个圆柱形，做雪初音的手臂。

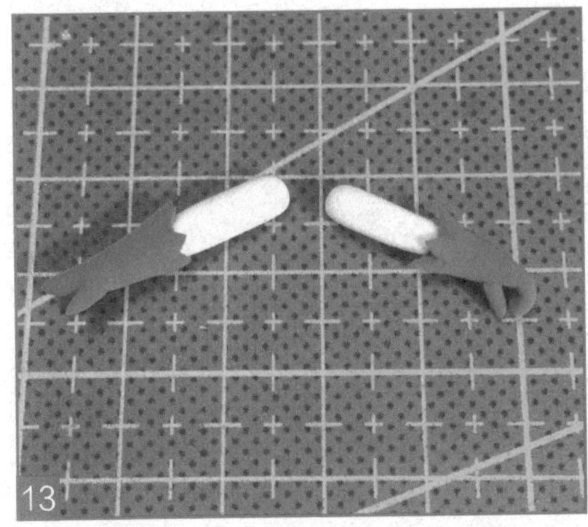


在手套上用浅蓝色颜料画出花边，手套就完成了！

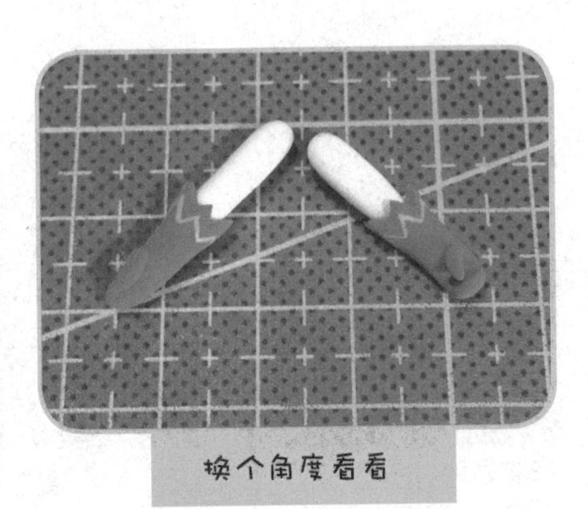

换个角度看看

## 3.3.8 制作整体细节

1

把一块蓝色的粘土揉成椭圆，并压扁。

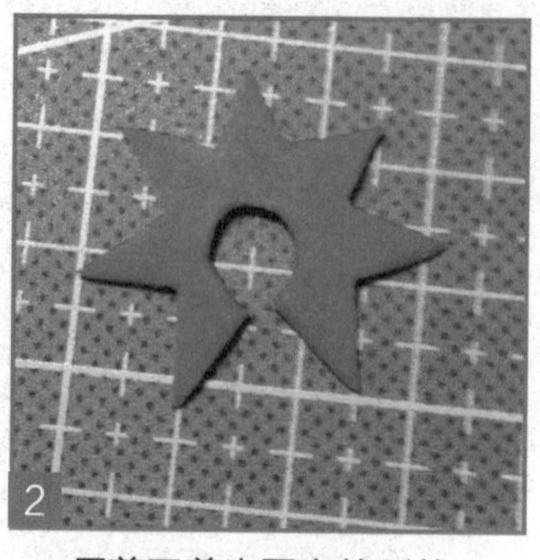
2

用剪刀剪出图上的形状。

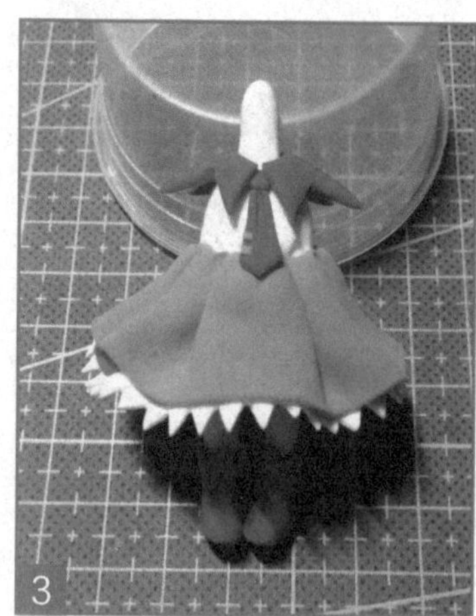
3

把刚才制作的所有小零件都粘在一起，身体差不多就完成啦！

4

在衣领和裙摆的地方用水粉或丙烯颜料画上花纹，注意衣领的尖尖还有十字形装饰哦~

5

最后把胳膊黏上，身体就制作完成啦！

### 3.3.9 制作兔子

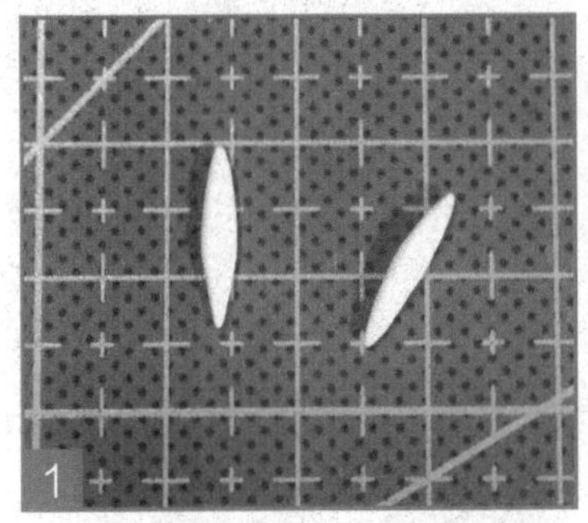

取白色的粘土，搓成梭形，用来做兔子的耳朵，注意兔子的耳朵是非常小的哦！

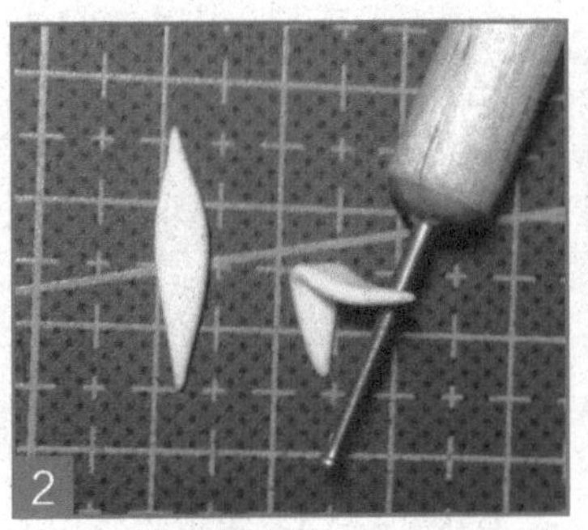

把梭形的粘土压扁，并把其中一个折一下，做出兔耳朵下垂的效果。

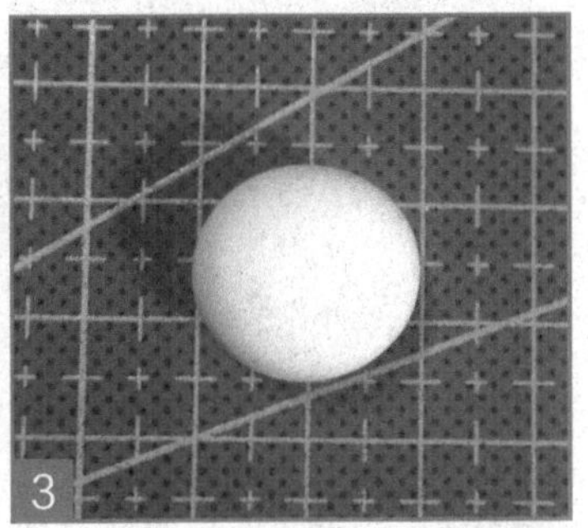

把一块白色粘土搓成椭圆形，用来做兔子的头。

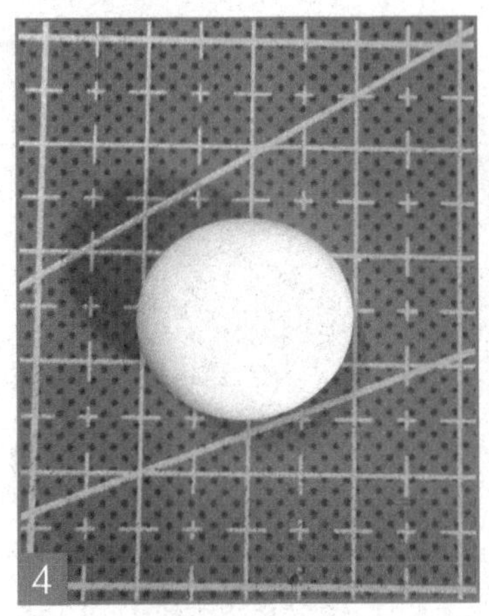

取一块比较小的白色粘土，搓成椭圆形（注意这个和刚才头部的不是同一个哦）。

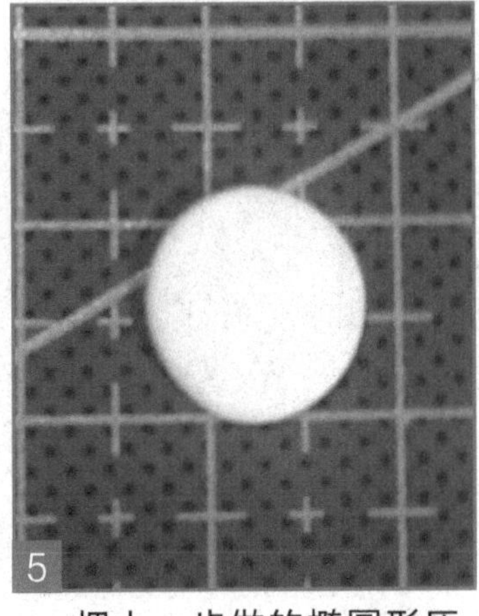

把上一步做的椭圆形压扁。

在压扁后的粘土边缘用工具压出花边，裙子的装饰就做好了。

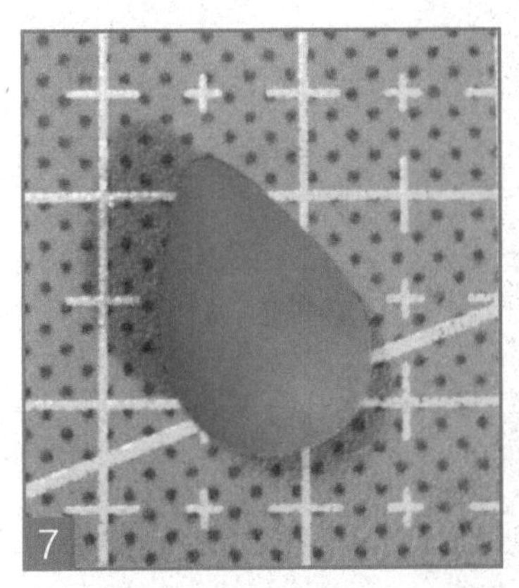

准备一块蓝色粘土，并搓成水滴形，用来做小兔子的裙子。

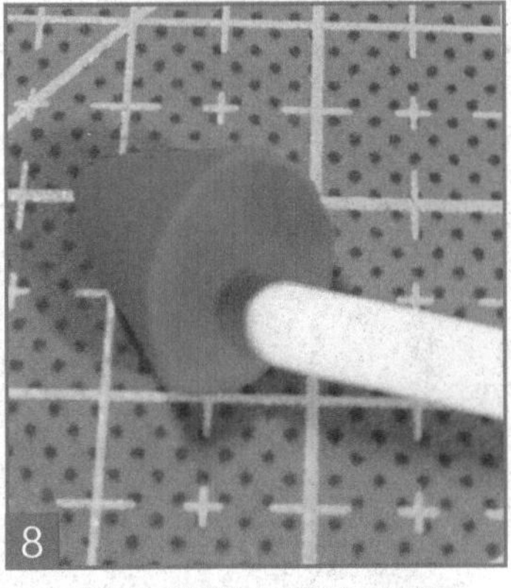

用工具把水滴形粗的一端做出一个凹坑。

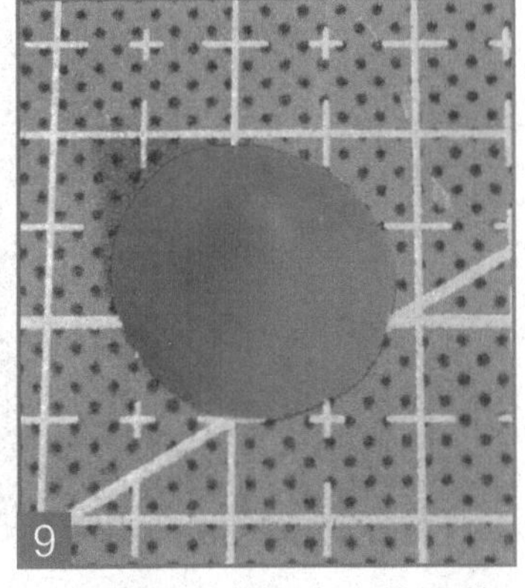

把裙子的整体形状调整成锥形。

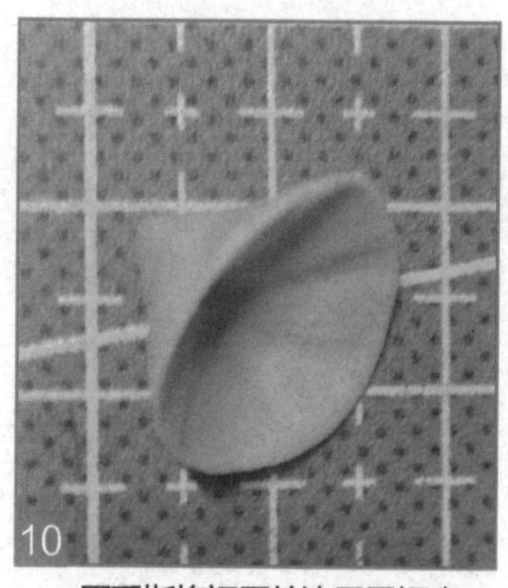

用手指将裙子的边尽量捏扁。

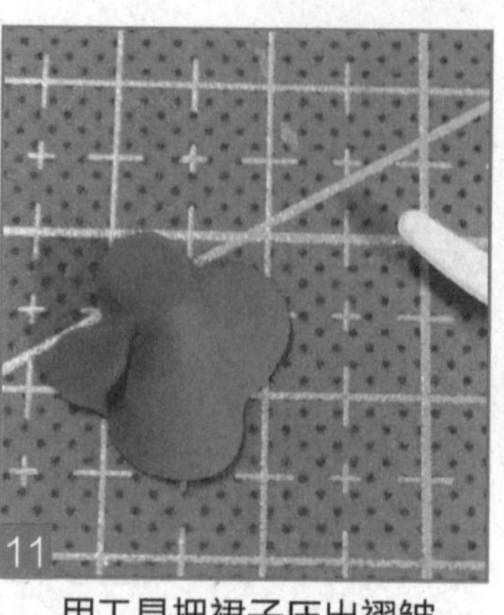

用工具把裙子压出褶皱。

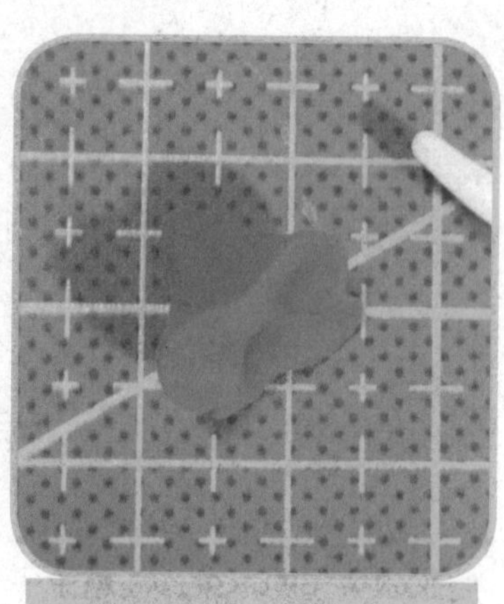
底下是这样的 ^_^

把裙子的装饰粘在裙子的上端，裙子就做好了。

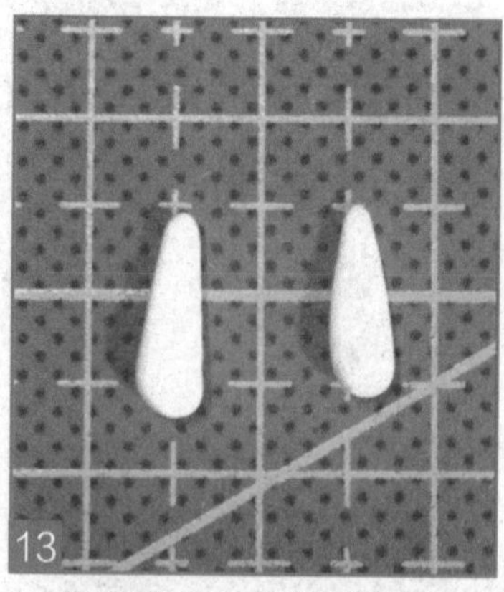

取两块白色的粘土搓成胡萝卜形，做小兔子的腿。

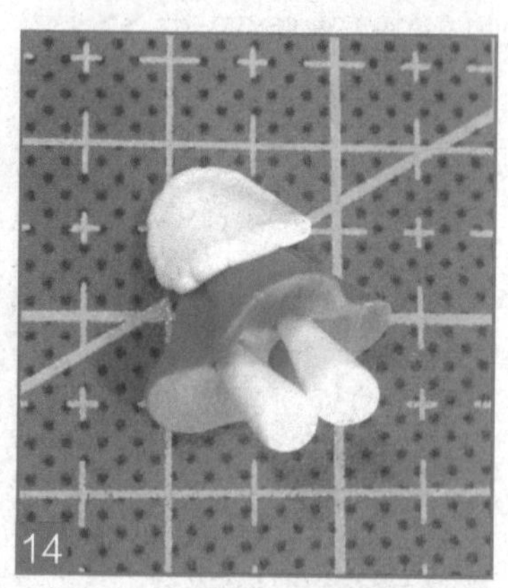

把小兔子的腿粘在裙子下方。

把之前做的头和耳朵装上。

最终效果图

给小兔子画上眼睛和腮红，戴上蝴蝶结，可爱的小兔子就做好啦（蝴蝶结的做法可以参考后面帽子的制作）！

## 3.3.10 整体组合

把刚才做好的小兔子的耳朵放进雪初音左手中，如果粘土已经干了，可以用蘸一点点水给粘上。

由于头部比较大，脖子比较细，所以需要在脖子里插上一根细铁丝辅助固定。

把雪初音的头插在刚才的铁丝上。

把前面做好的辫子粘在雪初音头部的两侧，可爱的雪初音已经大致完成啦！

## 3.3.11 制作帽子

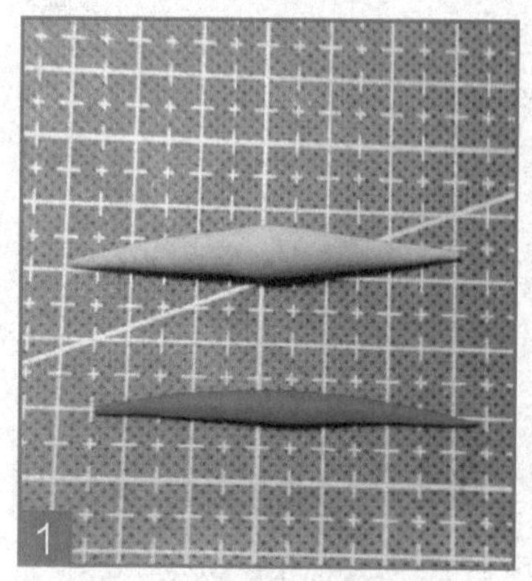


把一块浅蓝色粘土和一块深蓝色粘土分别搓成梭形，注意深蓝色的要比浅蓝色的略细。

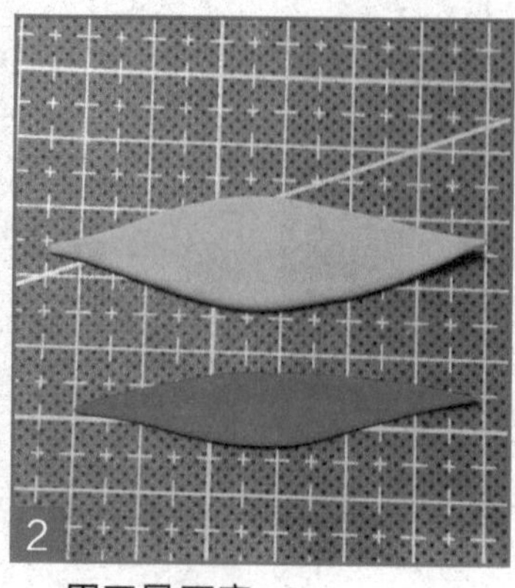


用工具压扁。

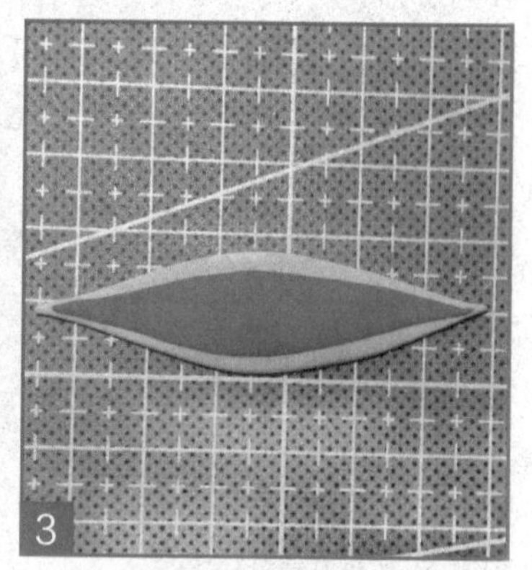


把两块粘土叠在一起，深蓝色的在上面，注意上下留出的部分要尽量一样多。

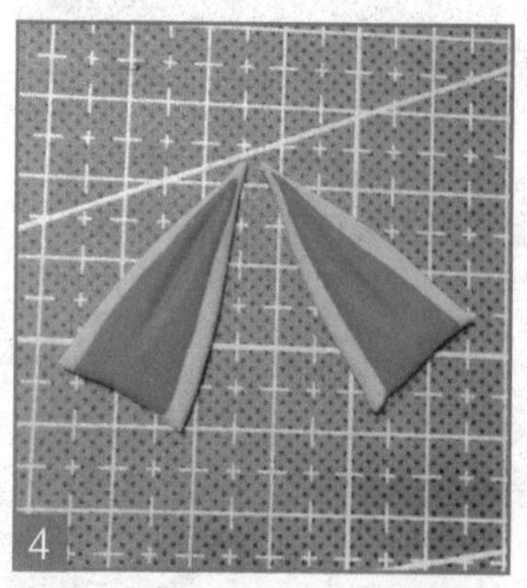


从中间剪开，并用工具压出褶皱，蝴蝶结的下摆就做好了。

重复步骤 1~ 步骤 3，做出两片步骤 3 中的零件，不过这次不用剪开，而是对折。

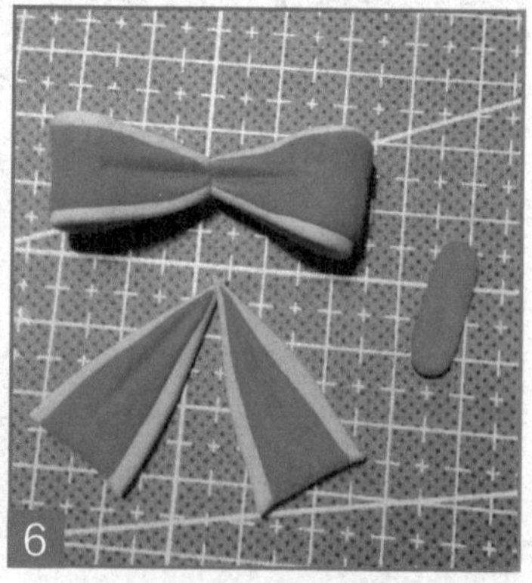


把对折的两个部件剪掉尖端拼在一起，并准备一小块长条形粘土，蝴蝶结的部件就齐了。

把这些部件组合在一起。

用工具在中间的部件上压出褶皱。

给蝴蝶结整体添加褶皱，让蝴蝶结更生动一些。

取一大块白色粘土，揉成球后压扁，用来做帽檐。

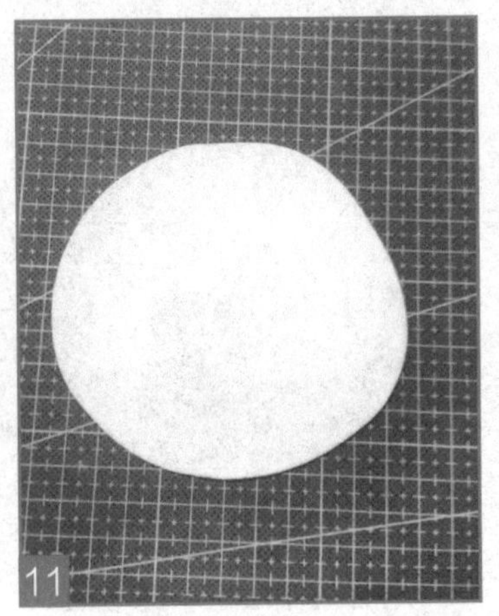

用工具把粘土擀成 0.5cm 厚度的圆形，就像擀饺子皮一样。

找一个直径约 10cm 的球形物体，把刚才擀的“饺子皮”放在上面，这样比较容易定型。

等“饺子皮”快干的时候，放到雪初音头上，捏出帽檐的大致形状。

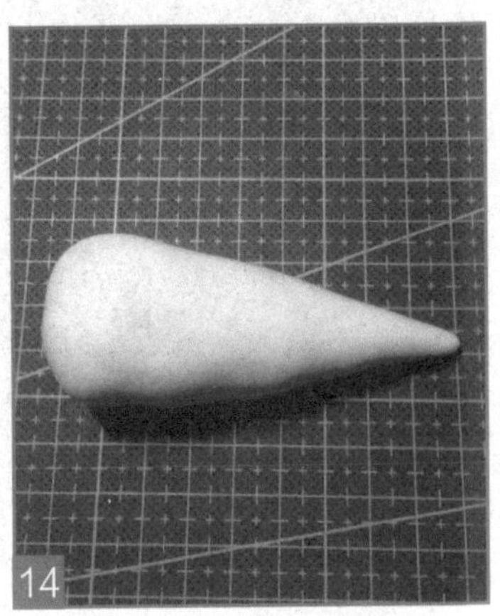

把白色的粘土搓成萝卜状。

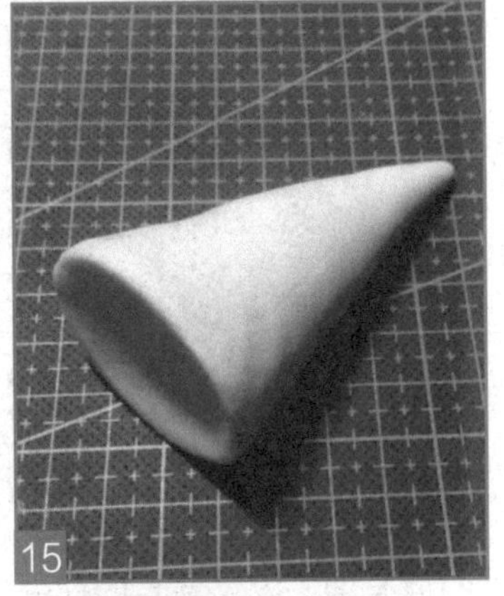

在底端捏出一个坑。

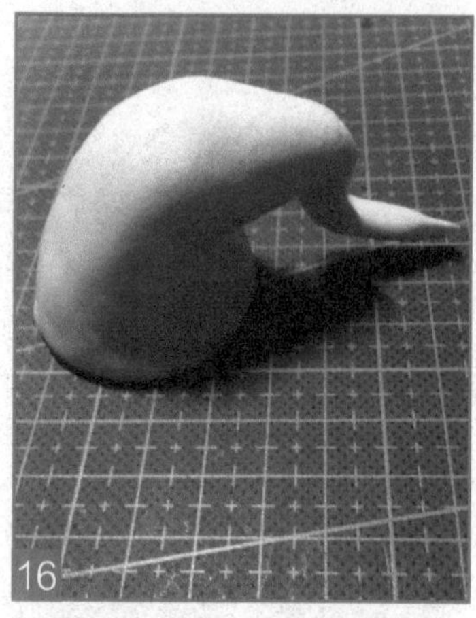


把半成形的帽子顶弯曲一下。

用工具做出帽子的褶痕。

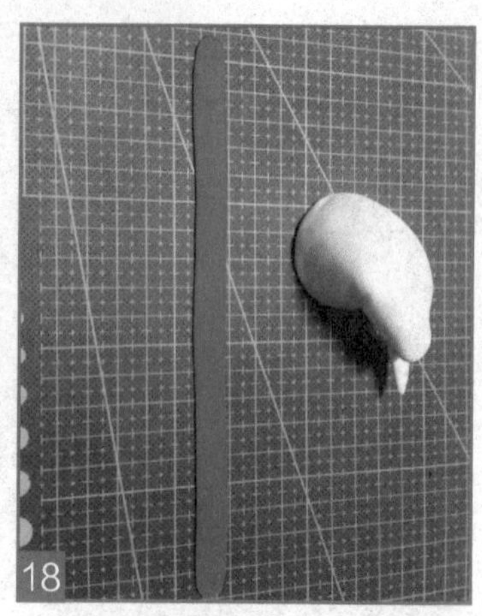


用蓝色的粘土搓成条，压扁。

用剪刀在边缘剪出花边。

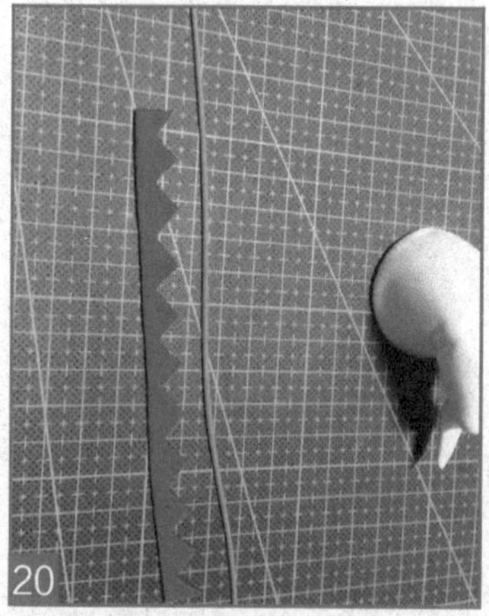


用一块浅蓝色的粘土，搓成很细的条。

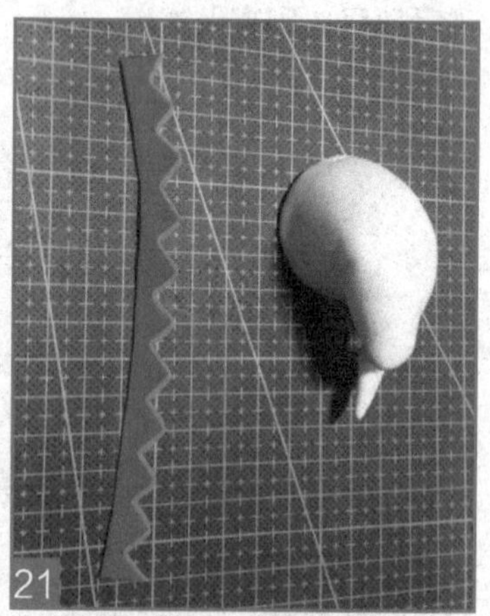


把浅蓝色的条贴在蓝色花边的边缘上。

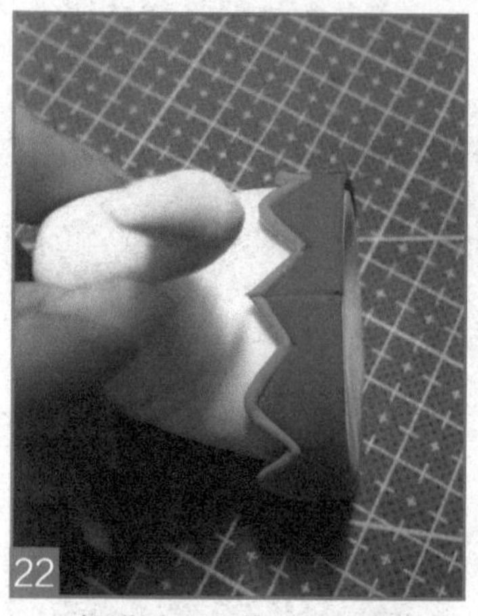


把做好的花边沿着帽子的底端围一圈，多余的部分剪掉并贴整齐。

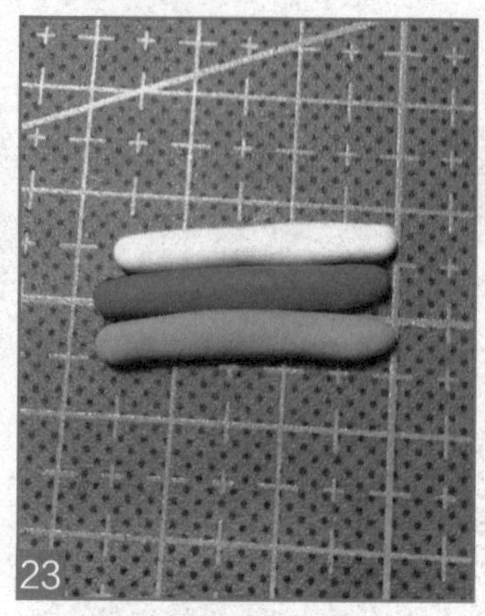


分别用蓝色、浅蓝色、白色的粘土搓成圆柱形。

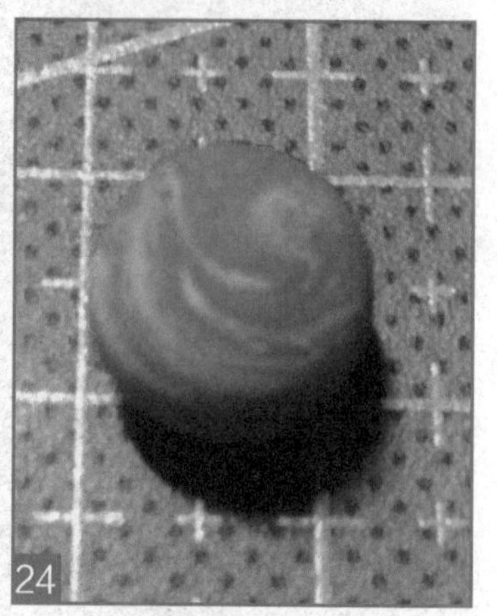


把三种不同颜色的粘土混成团，注意这里颜色不要调得太匀，这样球形表面会有自然的花纹，看起来是不是有点像魔法球?

把帽顶和蝴蝶结粘在帽檐上，并装上魔法球，大功告成！

顶视图是这样的 ^_^

## 3.3.12 制作底座

打印一张雪花的图片。

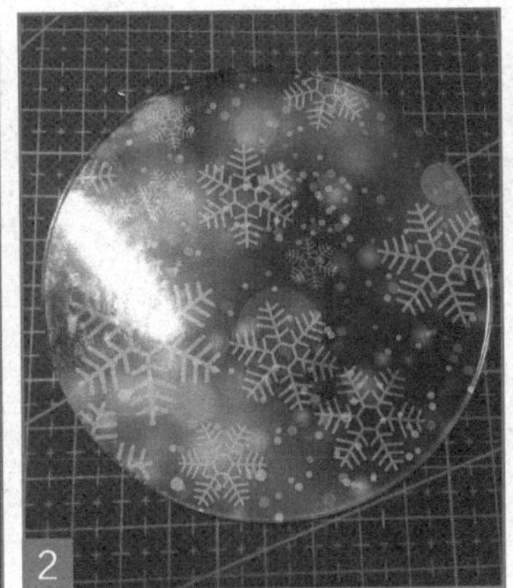

把雪花的图片剪成圆形，夹在透明的亚克力片之间。

在亚克力中间打两个孔，注意孔的间距要和雪初音的腿间距相等。

把雪初音和底座用细铁丝固定。

可爱的雪初音完成 ^_^

# 第4章

# 制作利威尔兵长

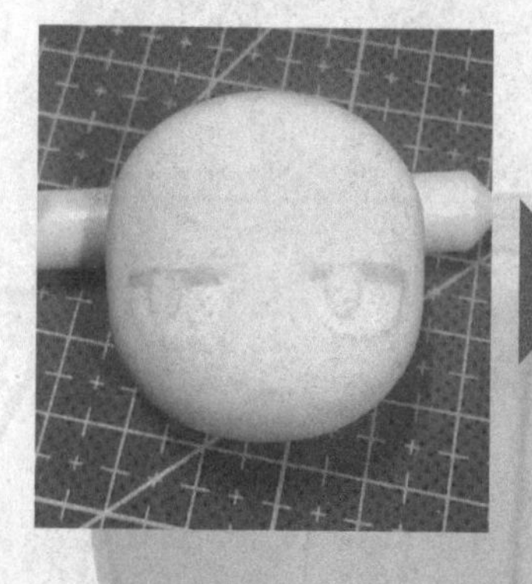

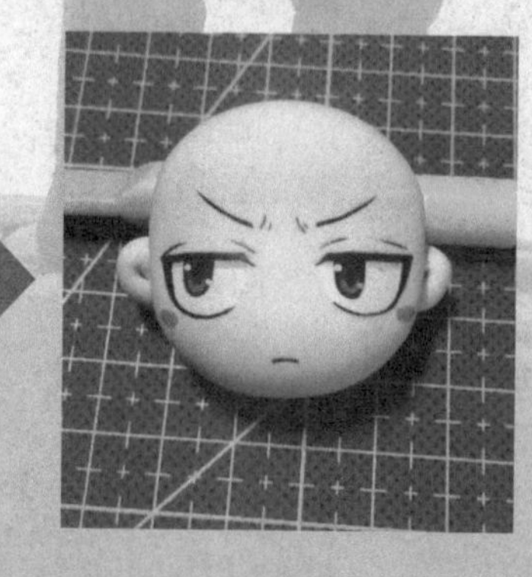

利威尔是动漫《进击的巨人》中的人物。利威尔身为调查兵团士兵长、特别作战班班长，所以也称为“利威尔兵长”。他原是王都地下街的混混，后被调查兵团第 13 代团长艾尔文·史密斯带回，成为调查兵团一员。

线稿是这样画的 ^_^

## 4.1 绘制利威尔兵长线稿

先画出刘海。

接着画脸型。

随后画出眼睛、嘴巴、眉毛及耳朵。

接下来画出衣服的轮廓。

再绘制衣服上的细节。

画出胸前的装饰。

接着画出整个上衣的轮廓。

然后添加皮带，为上衣添加细节。

画上穿着鞋子的腿。

加上刀具、绳索等可爱的道具，可以使可爱指数上升哦。

为刀具添加细节，为皮带绘制花纹，为上衣添加纽扣、为领巾添加褶皱等细节。

# 4.2 利威尔兵长配色步骤

# 4.3 具体制作步骤

## 4.3.1 制作面部

头部是整个手办很重要的一个部分，在制作时，要遵循线稿人物的实际特征，也要考虑到粘土的特性。制作时要考虑到头发的厚度，适当减少颅骨的用量。

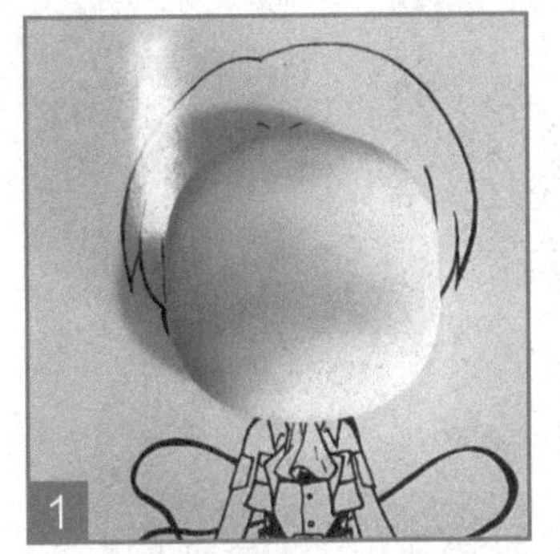

面部侧面图

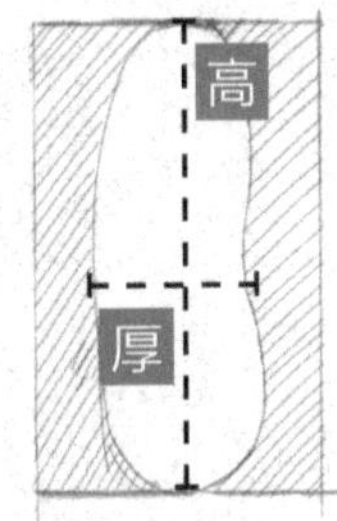


从侧面图看，高度 2cm，厚度 0.8cm，中间靠下的地方有横向的凹陷。

准备一块肤色的粘土，揉成球体然后压扁，因为线稿有刘海遮挡脸颊，所以脸与线稿相比，稍大一些。注意轮廓要圆滑，表面要尽量光滑平整。脸部晾干后才能画五官，晾干一般需要 1–2 天。

用铅笔在粘土上按照线稿轻轻画上五官。

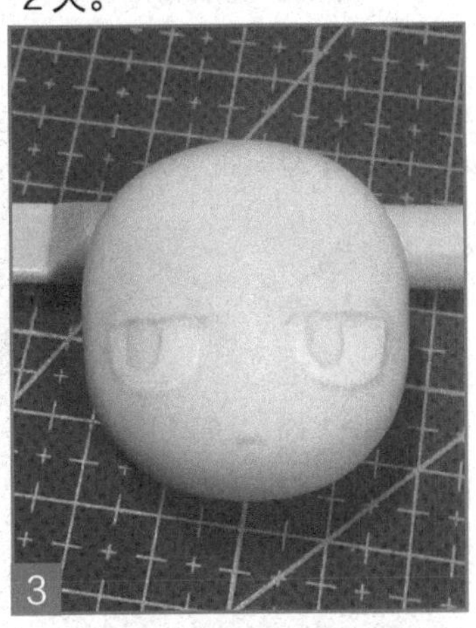

先用白色的颜料填充眼白的部分。

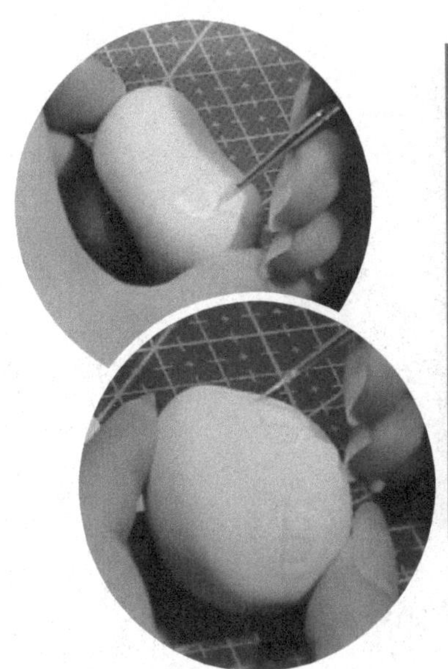

接着用浅灰色在靠近眼睑的部分画上眼白的暗部。

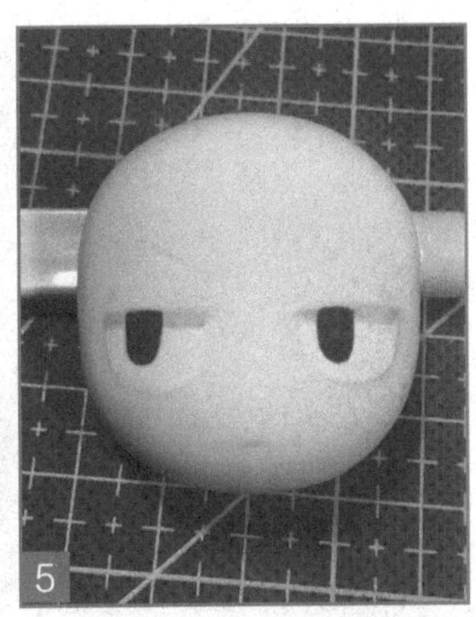

用咖啡色颜料画出眼睛的底色。

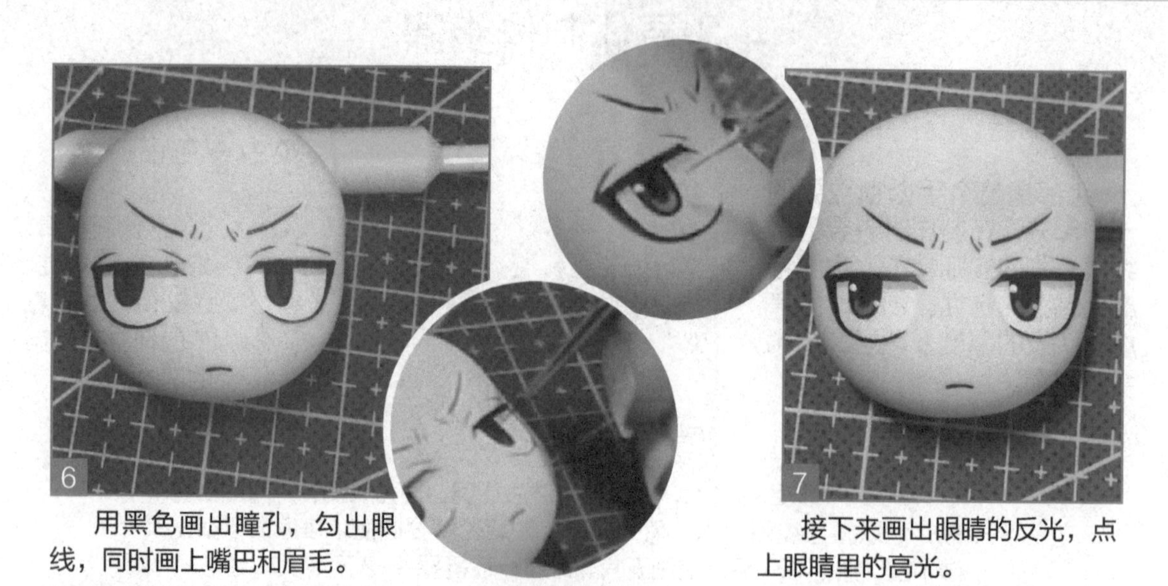

用黑色画出瞳孔，勾出眼线，同时画上嘴巴和眉毛。

接下来画出眼睛的反光，点上眼睛里的高光。

用粉红色画上腮红。

换个角度看看 ^_^

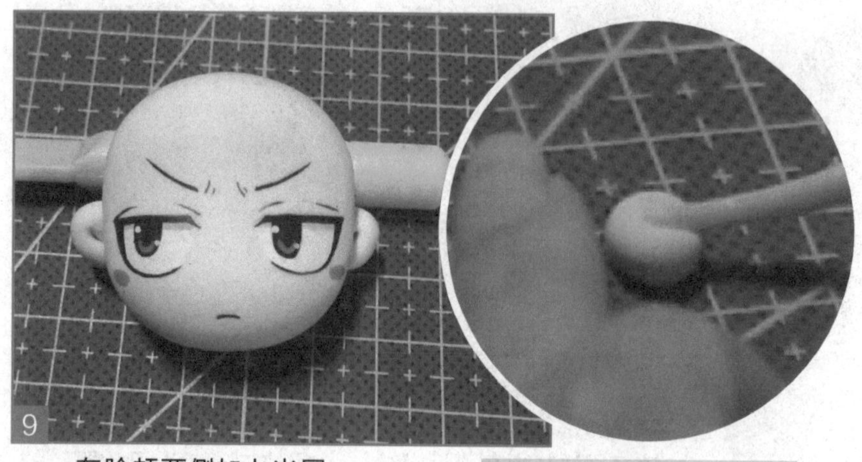

在脸颊两侧加上半圆形的耳朵，脸就完成啦！

耳朵是这样做的哦

## 4.3.2 制作头发

把黑色的粘土做成半球形，用来做人物的后脑勺。

将半球形的下方用剪刀剪成锯齿状。

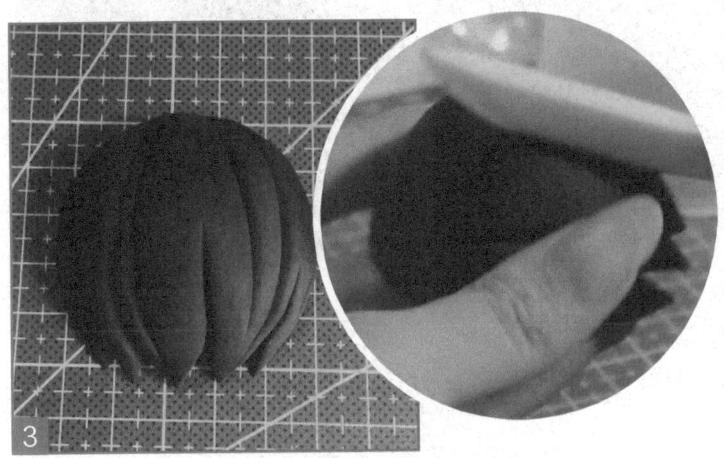

用工具沿着锯齿的凹槽压出头发的印子。

注意后脑勺要和设计图上的一样大哦！

把做好的脸粘在后脑勺上。

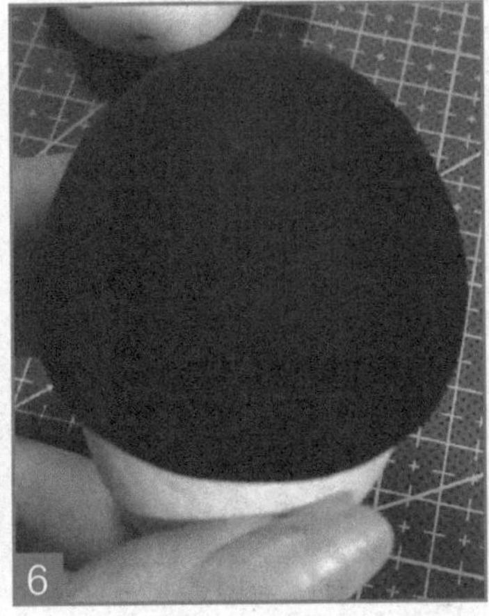

把一块黑色的粘土压在球状物的上方，用手压薄，用来做刘海。

用工具在刘海上刻出印子。

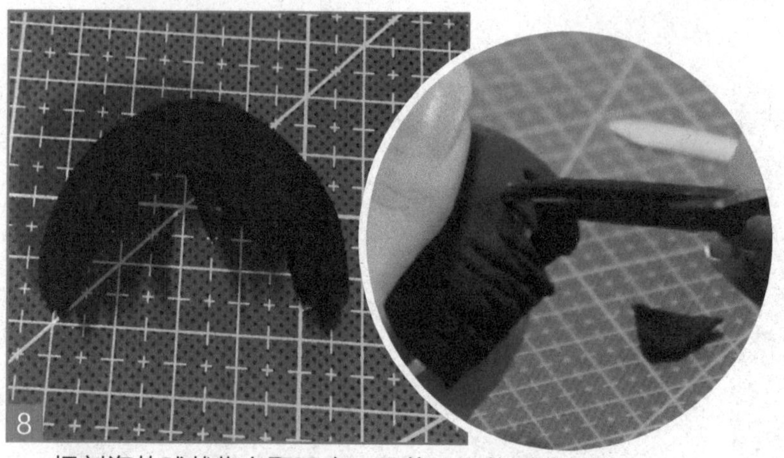


把刘海从球状物上取下来，用剪刀沿着刚才刻的印子剪掉多余的部分。

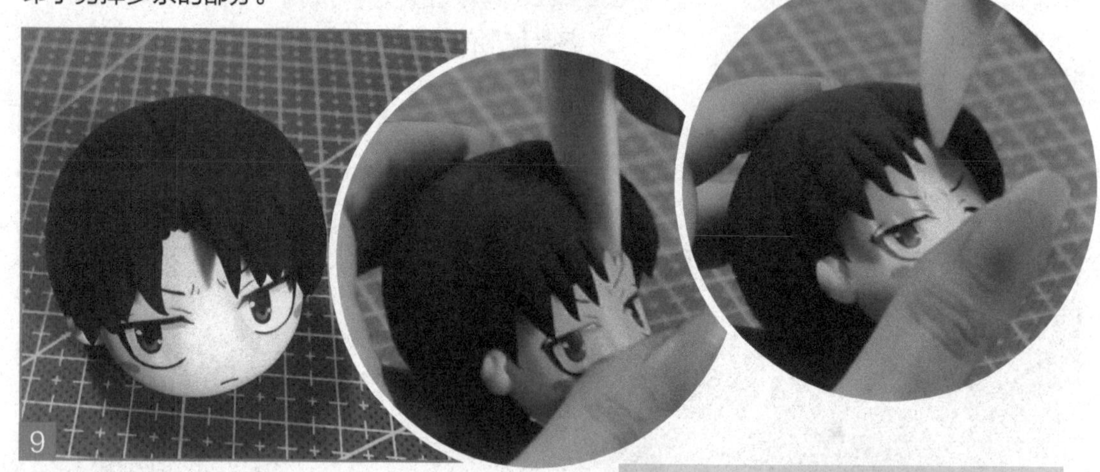


粘在人物头上，并压出头发的分线。

用工具把头发做出型来

在刘海和后脑勺的接口处粘两根细发丝。

再继续添加两根翘起的发丝。

在头顶粘一根呆毛。

头部做好了哦，换不同角度看一下吧！

### 4.3.3 制作腿部

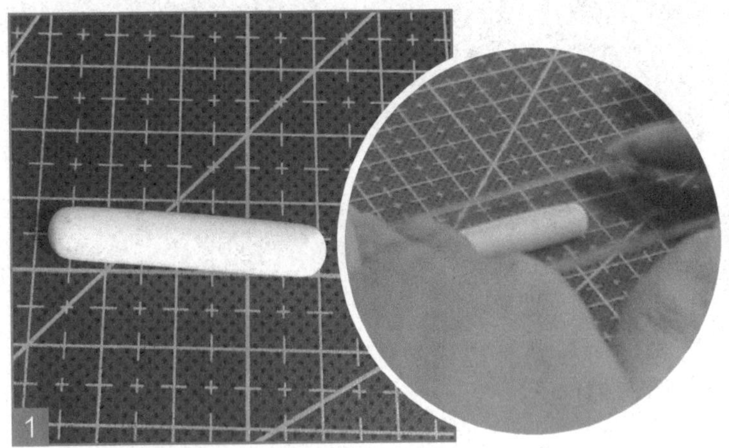

搓一条白色的粘土，用来做人物的裤子。

是用尺子搓出来的噢!

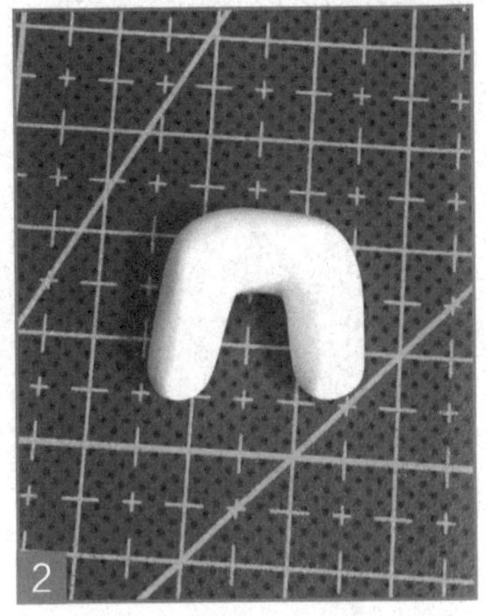

把白色粘土长条弯成门字形。

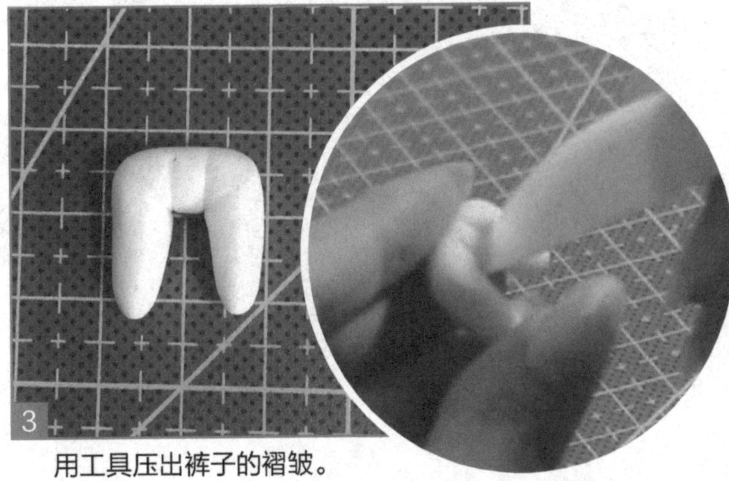

用工具压出裤子的褶皱。

用深咖啡色粘土做一条很细的长条，并压扁，做成带子。

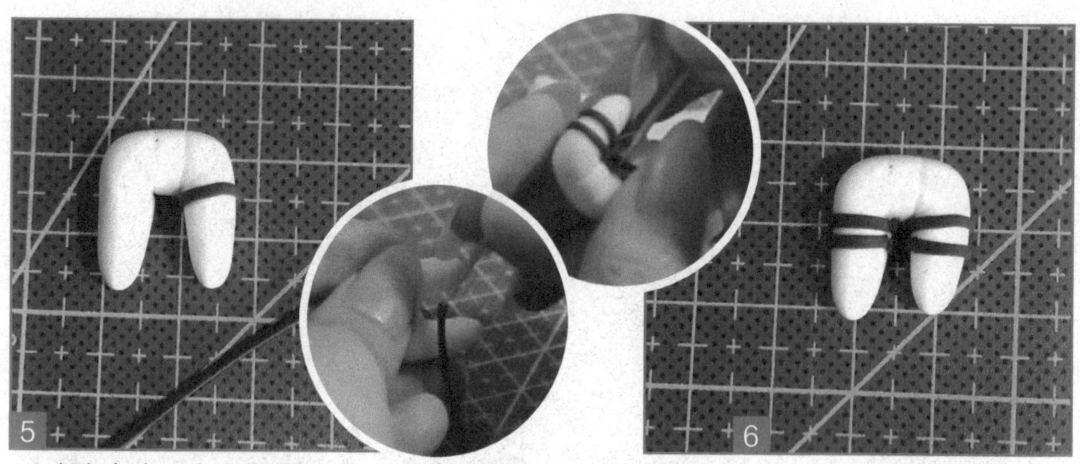

把细长条围在人物腿上，多余的部分剪掉。

由于线很细，所以用牙签扎上去会很方便哦~

围好四圈。

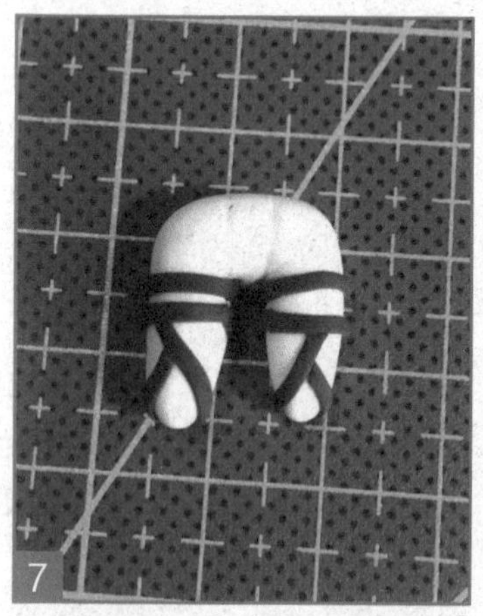

继续在腿上贴长条粘土做皮带。

用咖啡色粘土搓成圆柱形，用来做靴子。

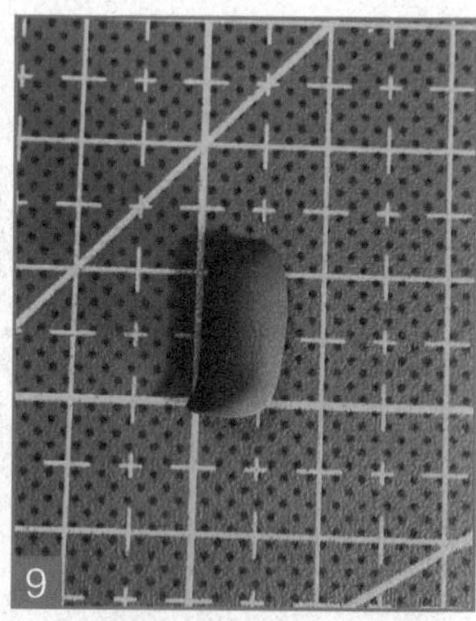

把圆柱形一端捏出一个脚尖。

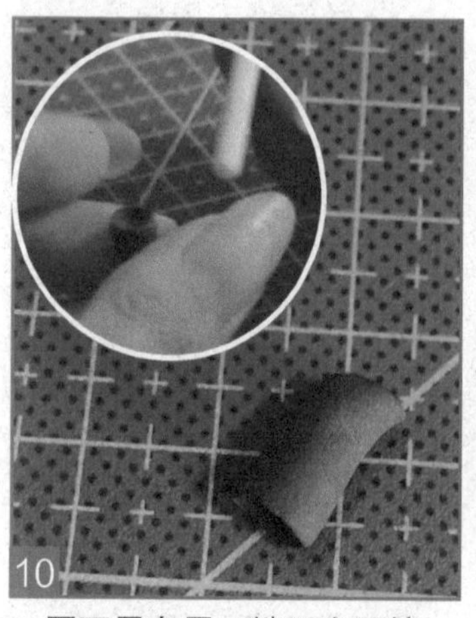

用工具在另一端压出凹坑。

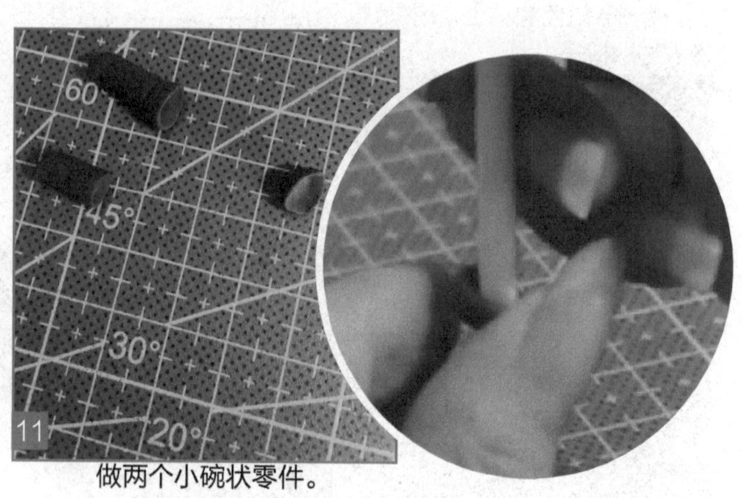

做两个小碗状零件。

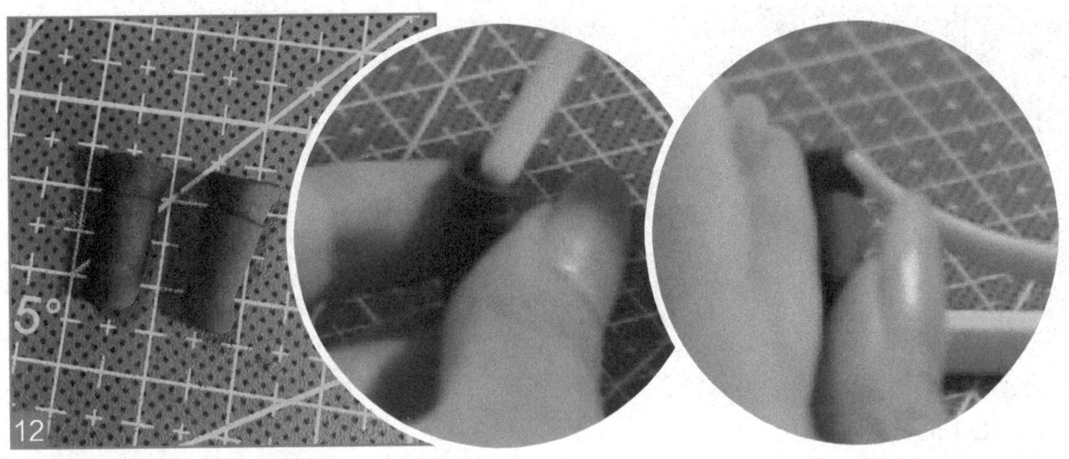


把小碗状零件粘在靴口，靴子就做好了。

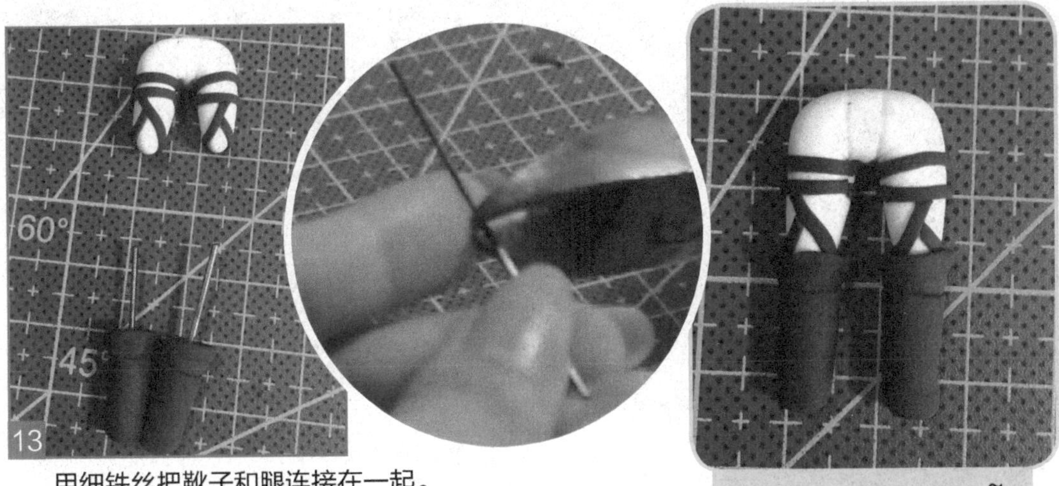


用细铁丝把靴子和腿连接在一起。

正面的最终效果~

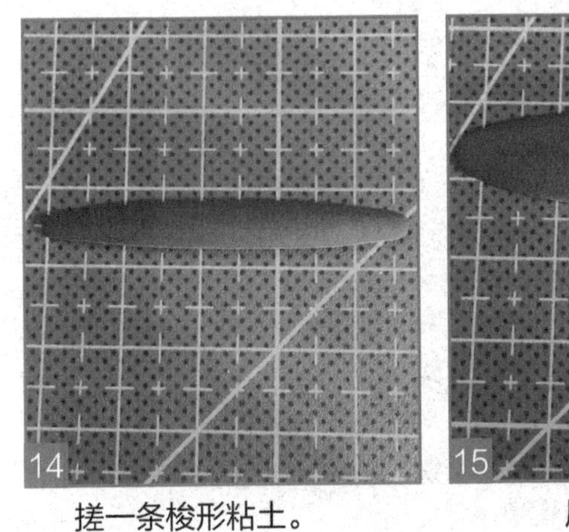


搓一条梭形粘土。

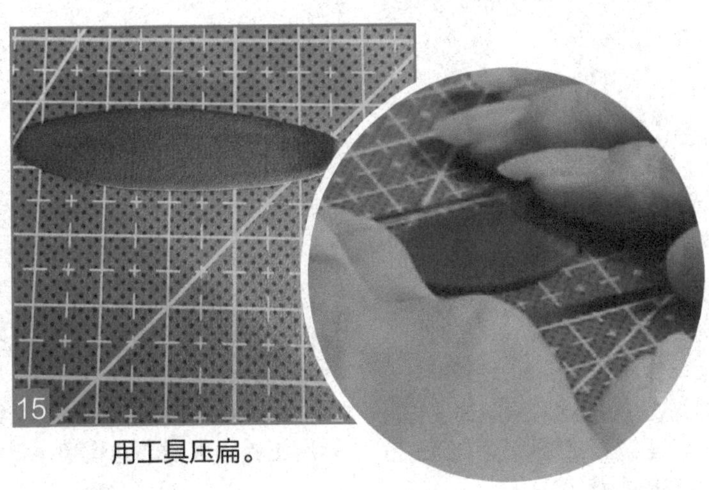


用工具压扁。

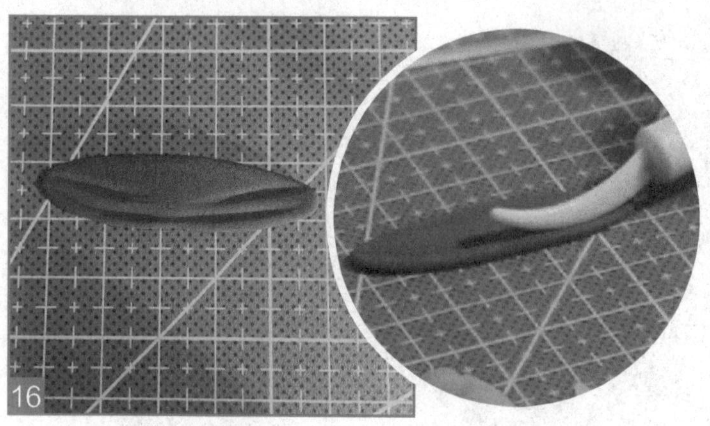

在上面压出褶皱。

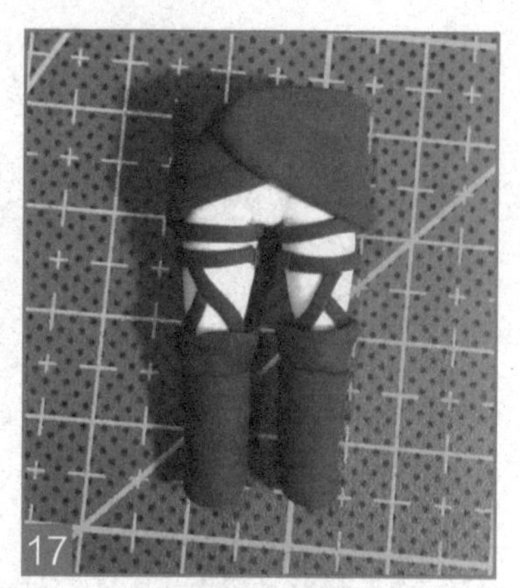

围在裤子腰部。

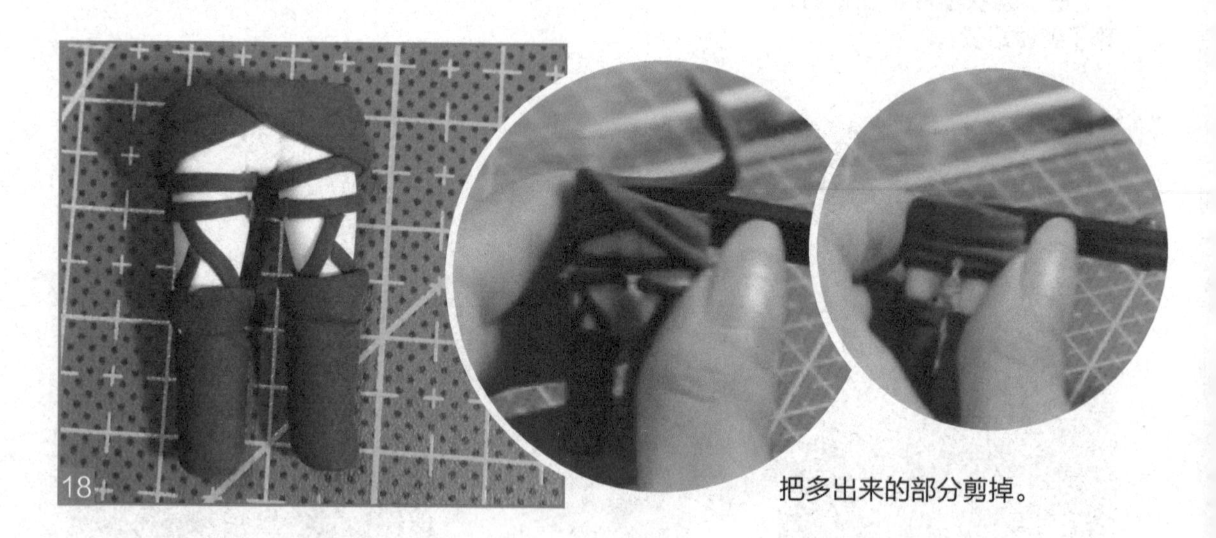

把多出来的部分剪掉。

### 4.3.4 制作身体

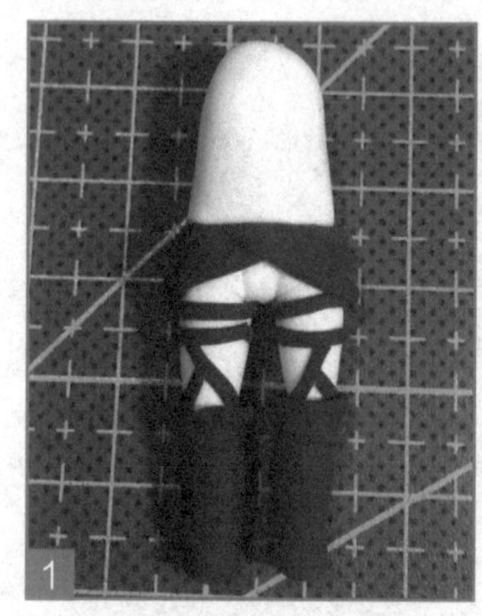

在做好的腿部上方粘上一块白色粘土。

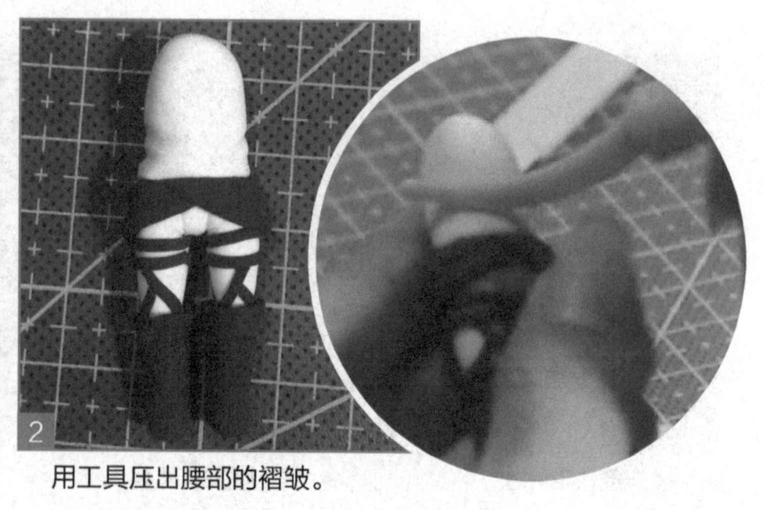

用工具压出腰部的褶皱。

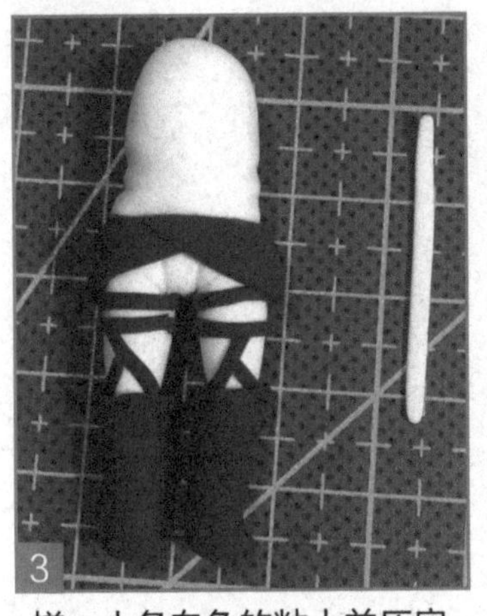

搓一小条白色的粘土并压扁。

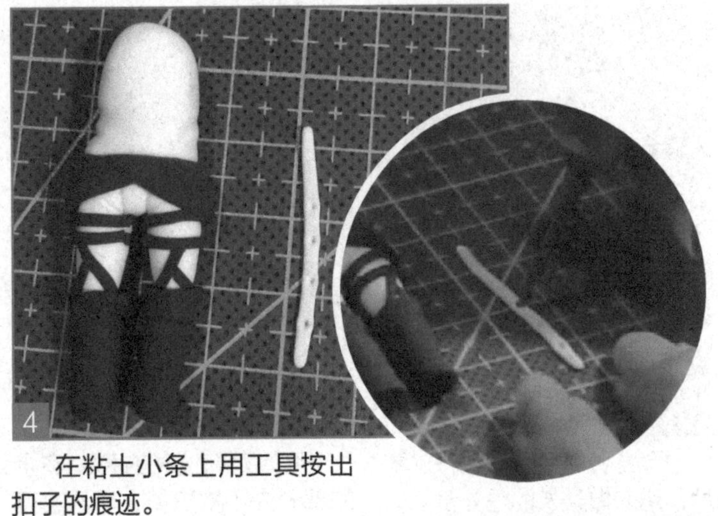

在粘土小条上用工具按出扣子的痕迹。

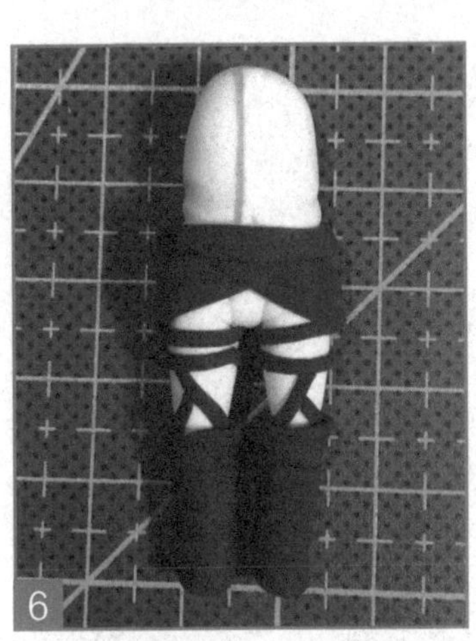

把白色小条粘在身体中间，多余的部分剪掉。

在腰部围上一圈咖啡色粘土做人物的腰带。

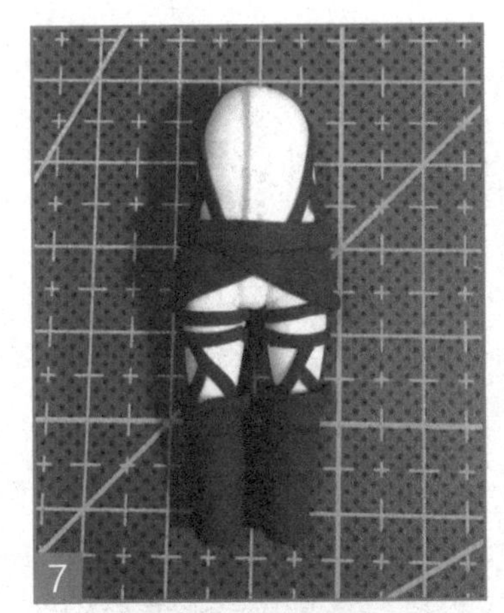

用咖啡色搓成细条粘土，在身体两侧粘上皮带。

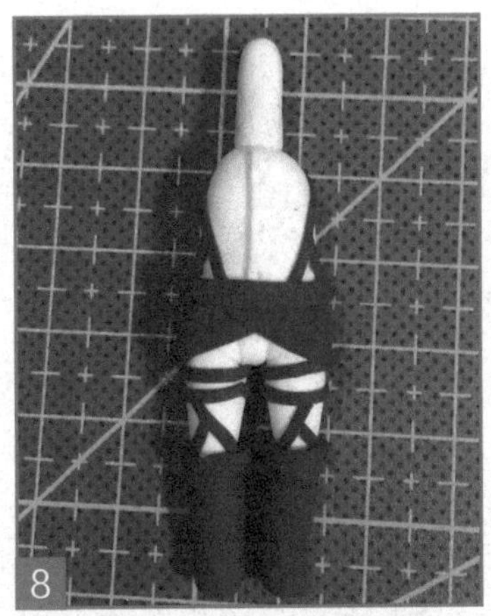

用肤色的粘土做成圆柱形，粘在身体顶端，做人物的脖子。

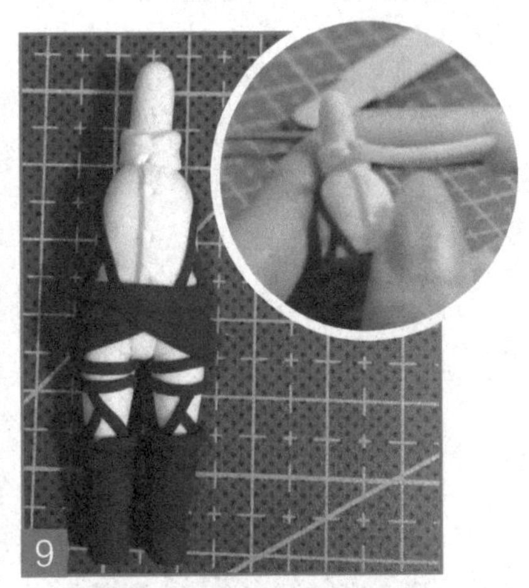

在脖子上围一圈白色的粘土，做人物的领子。

把浅咖啡色粘土擀成薄片，用来做兵长的短外套。

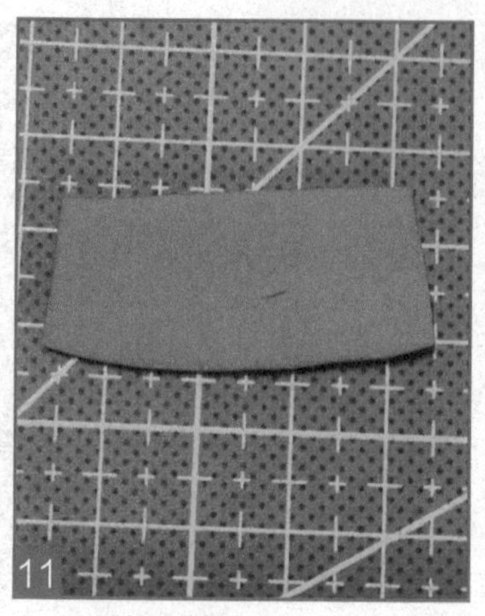

用剪刀剪成长方形，多余的部分先不要毁掉，后面还可以剪出口袋和领子。

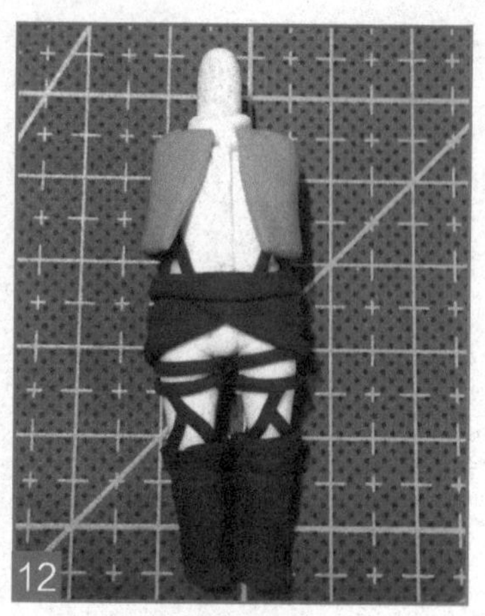

把长方形围在兵长上半身。

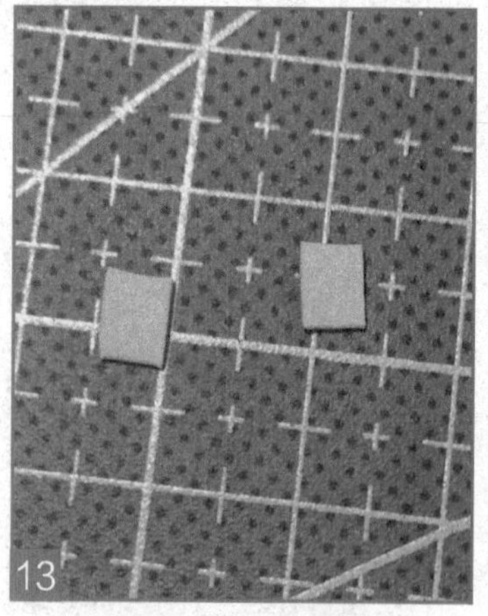

再剪出两个小小的长方形，用来做外套的口袋。

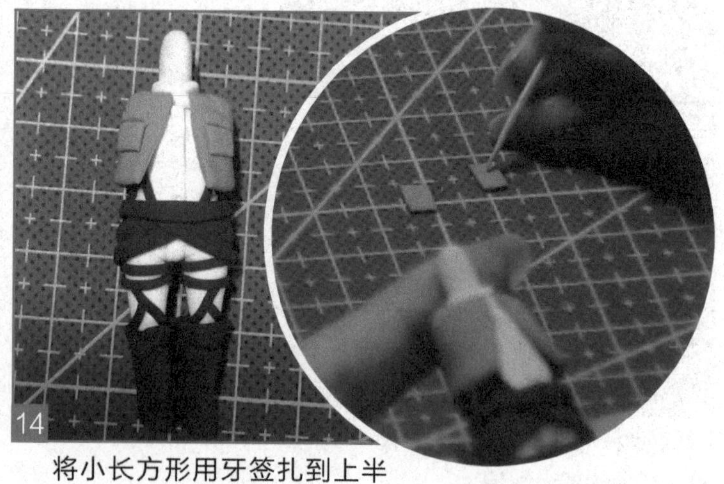

将小长方形用牙签扎到上半身，用工具压出口袋的印子。

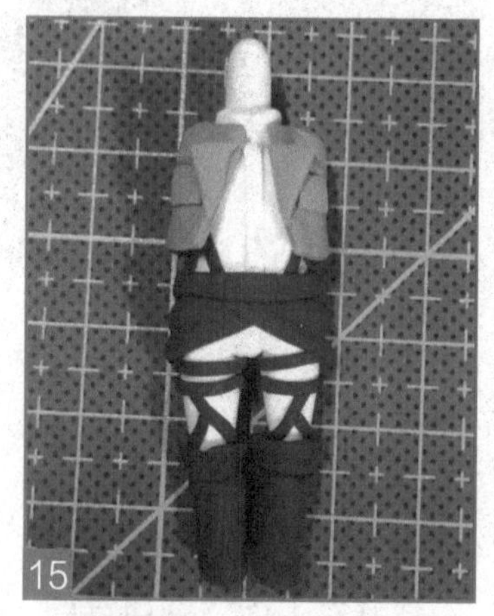

再剪两个三角形贴在衣襟上，用来做领子的下半部分。

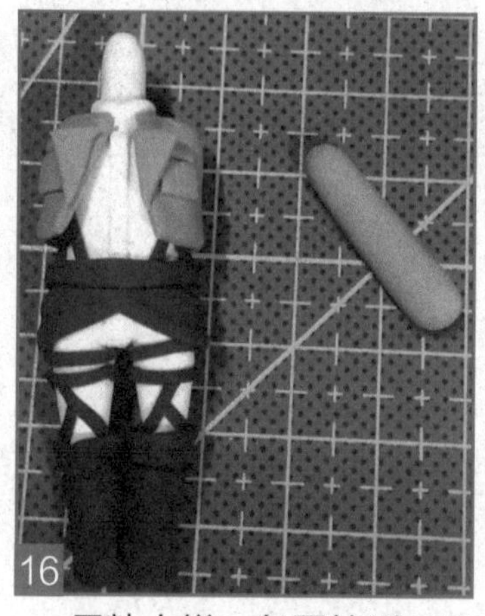

用粘土搓一条圆柱形，下端稍微粗一点，用来做人物的手臂。

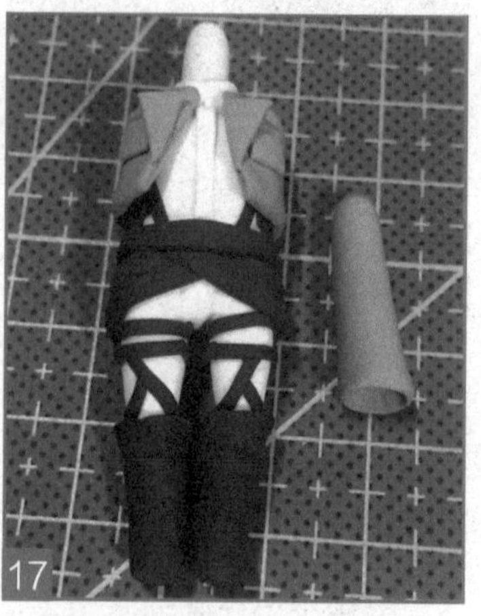

用工具在粗的一端压出凹坑。

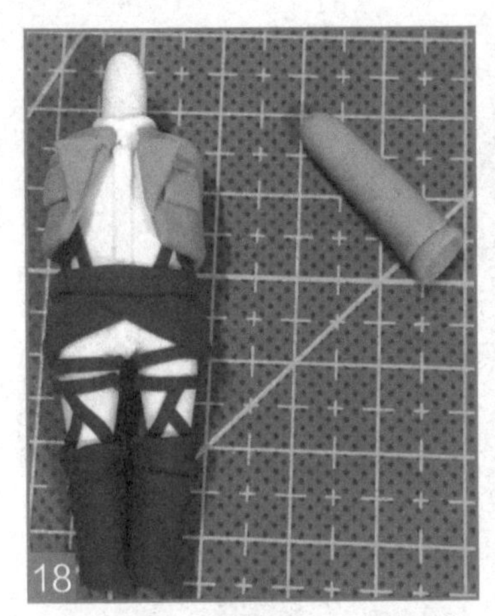

在袖口的位置压出一圈细线。

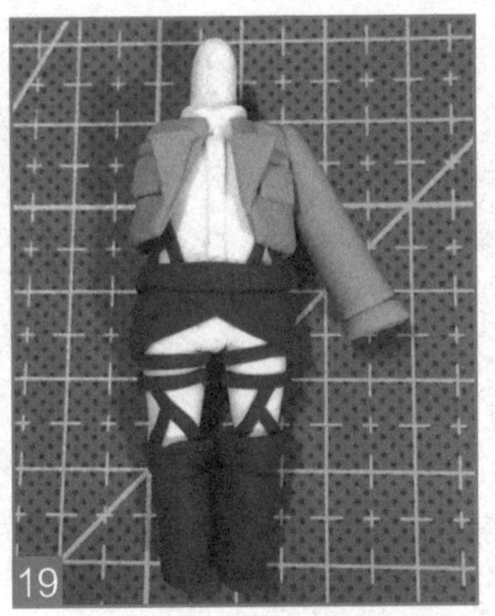

把做好的手臂粘在人物身体上，肩膀的位置按紧，手臂大约和身体呈 30° 角。

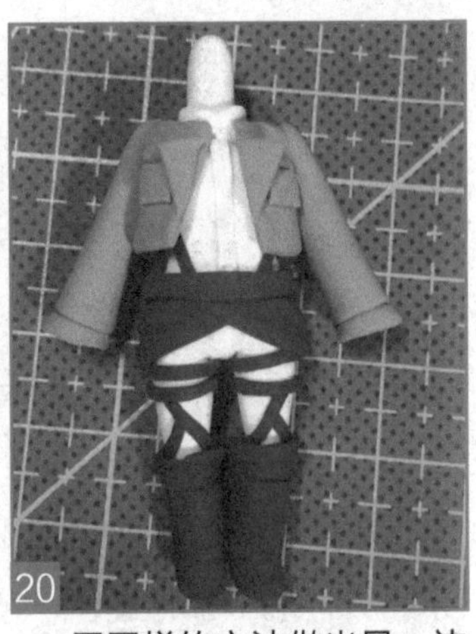

用同样的方法做出另一边的手臂。

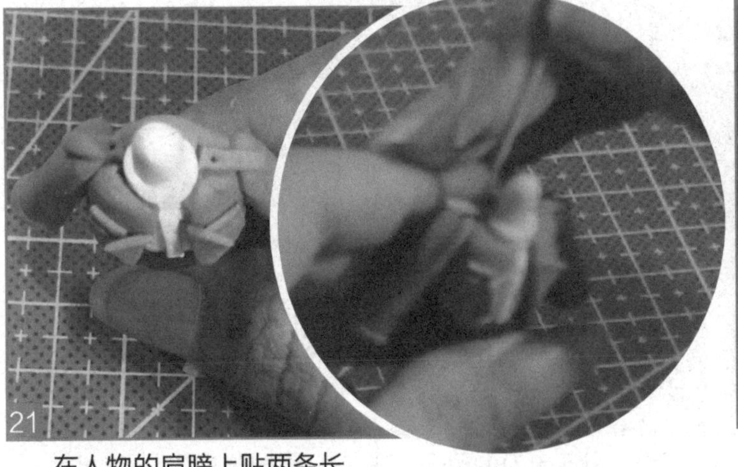

在人物的肩膀上贴两条长条形粘土，用来做兵长的肩章。

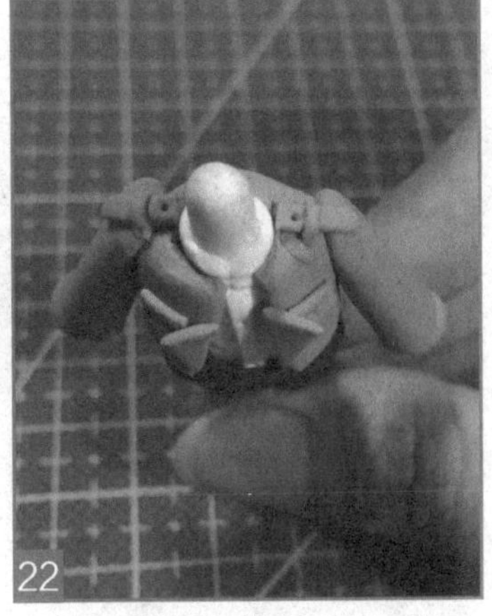

在两边的肩章上分别加一条更细的粘土。

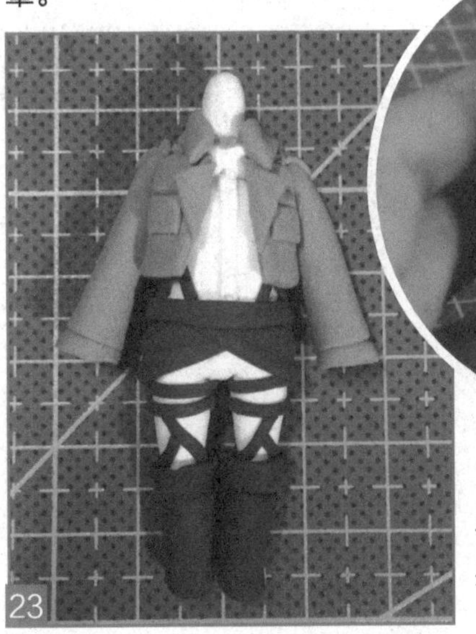

最后在兵长的脖子上围上一圈领子，身体就大致完工了。

## 4.3.5 制作配件

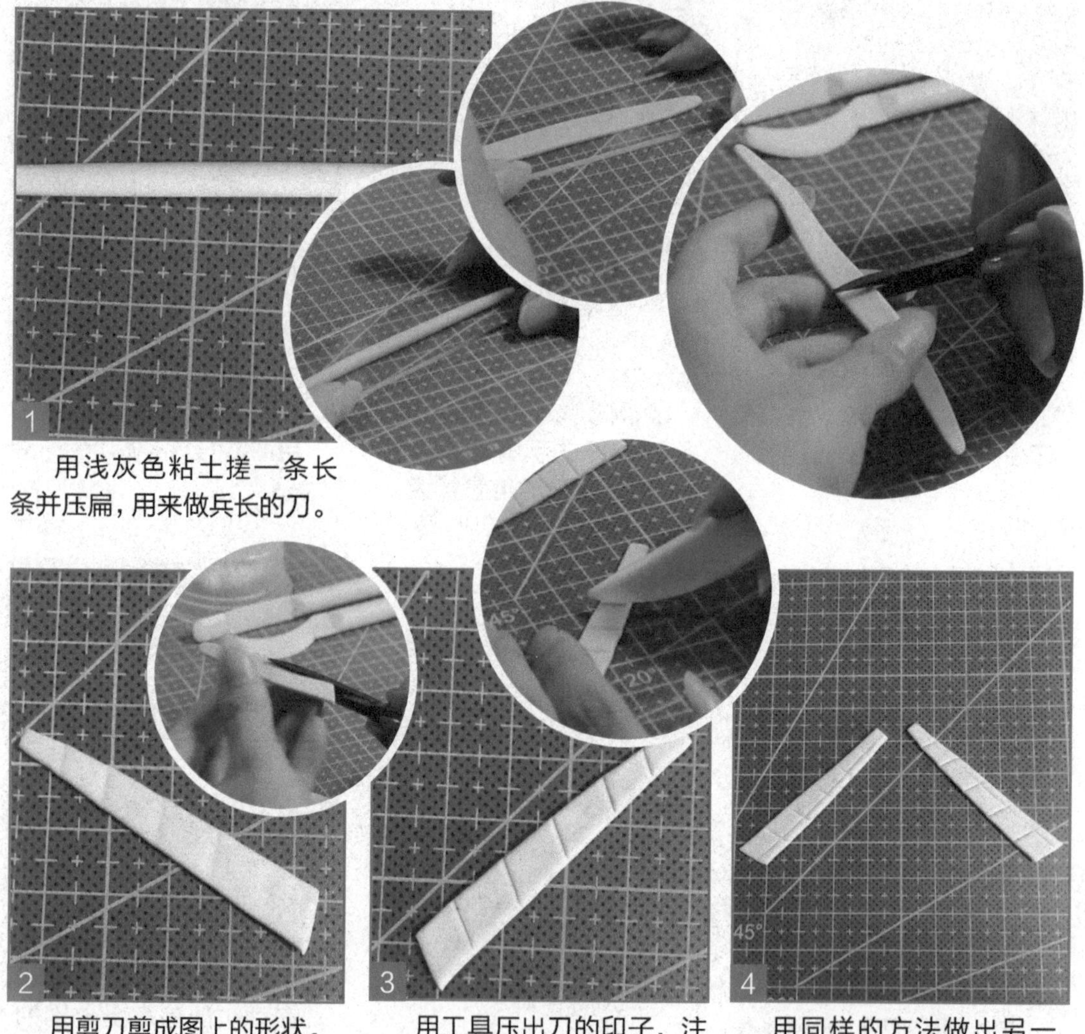

用浅灰色粘土搓一条长条并压扁，用来做兵长的刀。

用剪刀剪成图上的形状。

用工具压出刀的印子，注意印子互相之间要平行。

用同样的方法做出另一把刀，注意方向是相反的。

用黑色粘土做两个长方形小薄片，用来做刀的镡。

在镡上加上两个小圆柱体做刀柄。

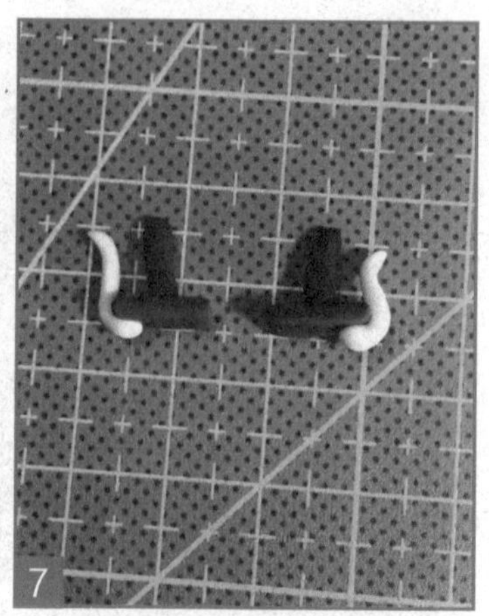

用白色粘土做两个小小的S形粘上。

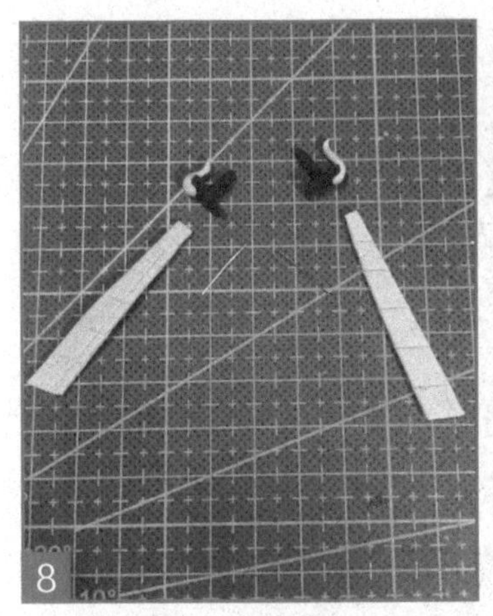

刀的零件都做好了，为了连接得更牢固，需要一小段细铁丝。

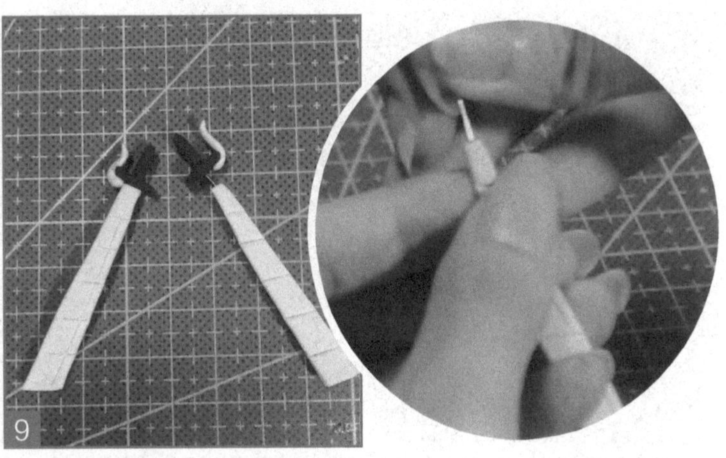

把刀用细铁丝组装起来，刀就做好了！

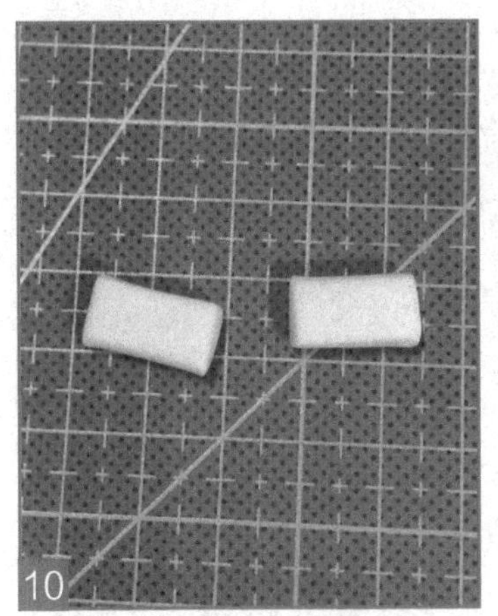

用浅灰色粘土做两个长方体，用来做立体机动装置。

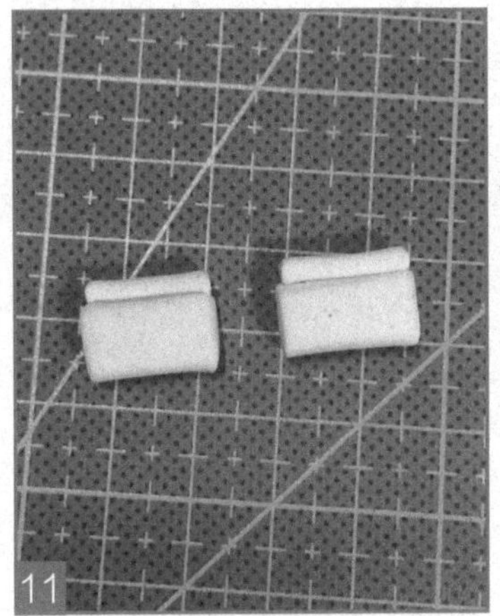

在长方体上端再粘上两条粘土，比长方体略短。

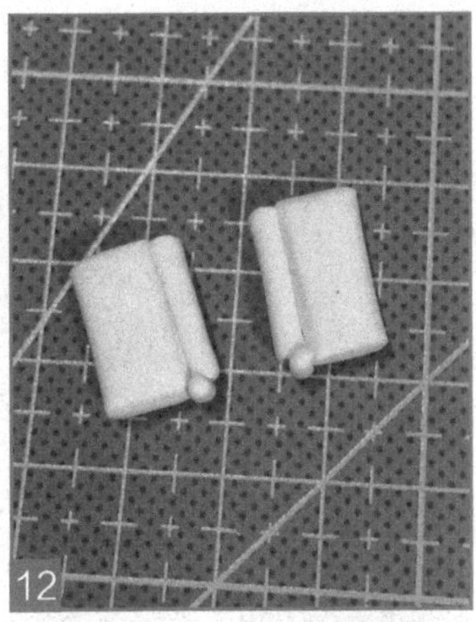

做两个小小的圆柱体粘在接口处。

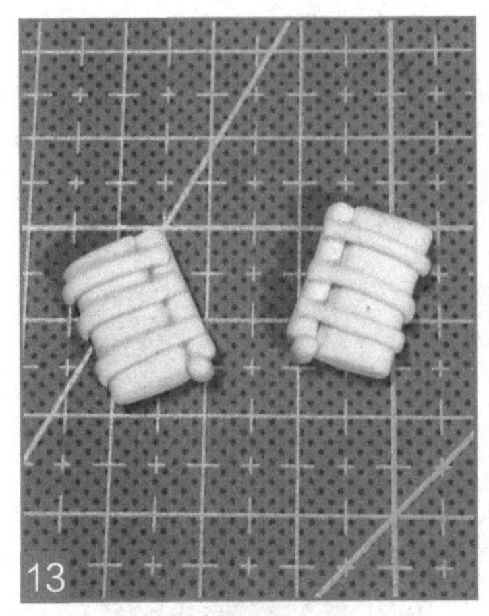

分别用三条细长条粘土围在立体机动装置上。

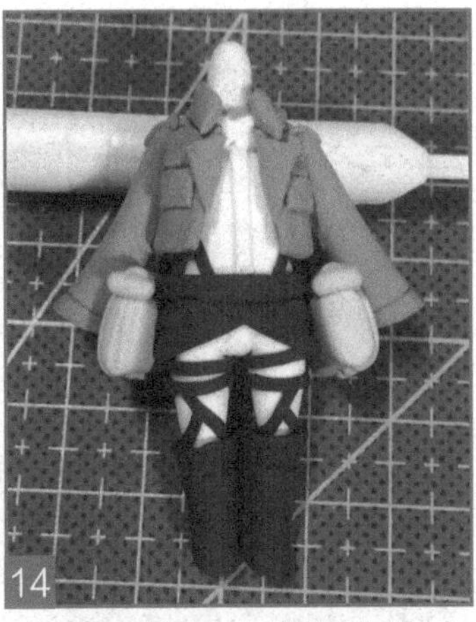

把立体机动装置粘在兵长手臂下面。

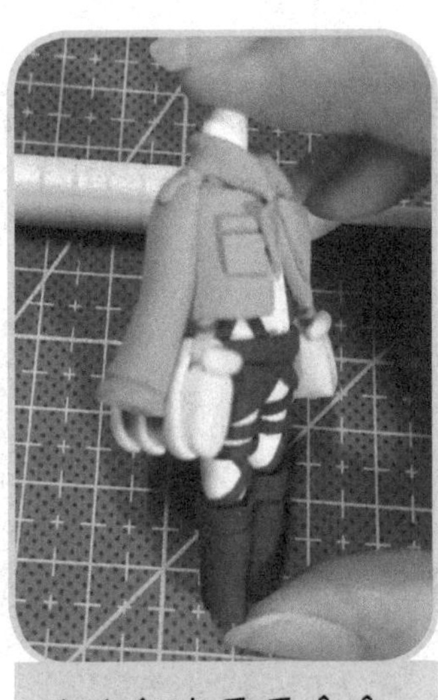

换个角度看看 ^_^

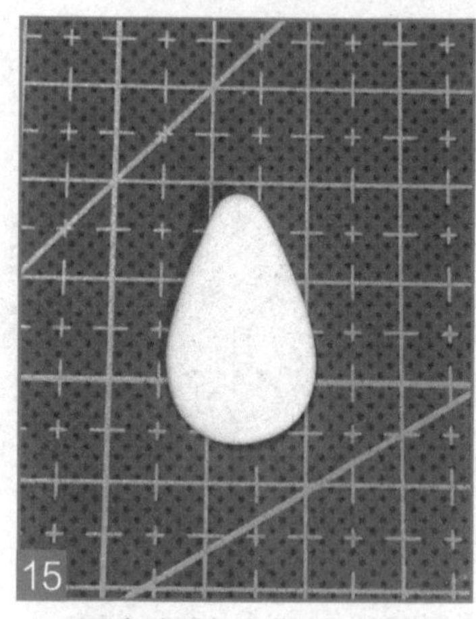
15

用白色粘土做成水滴状并压扁，用来做兵长的领巾。

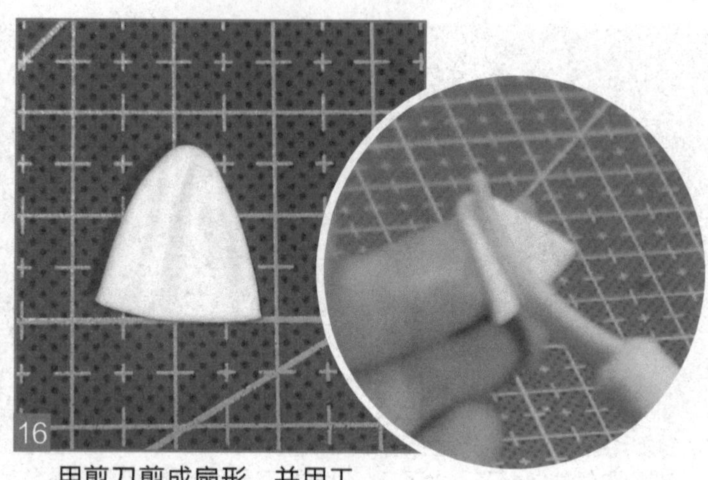
16

用剪刀剪成扇形，并用工具压两条印子。

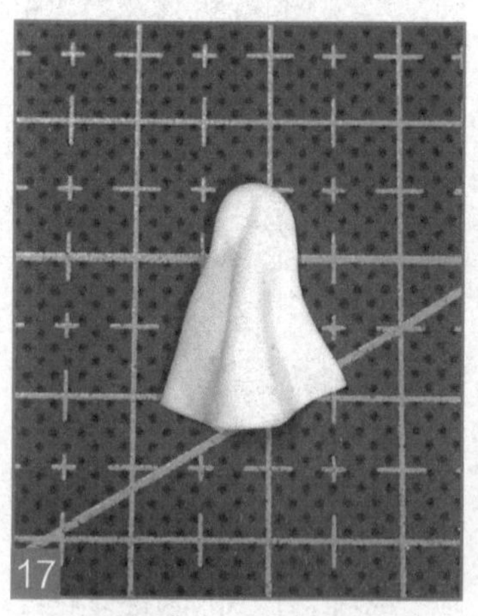
17

沿着刚才压的印子把领巾捏出褶子。

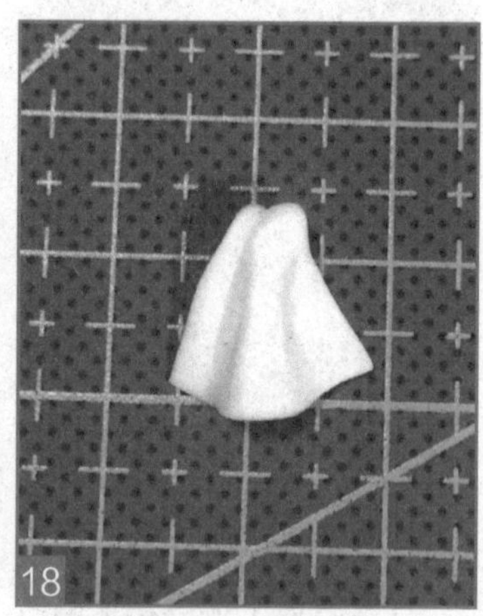
18

把领巾的上方往后折。

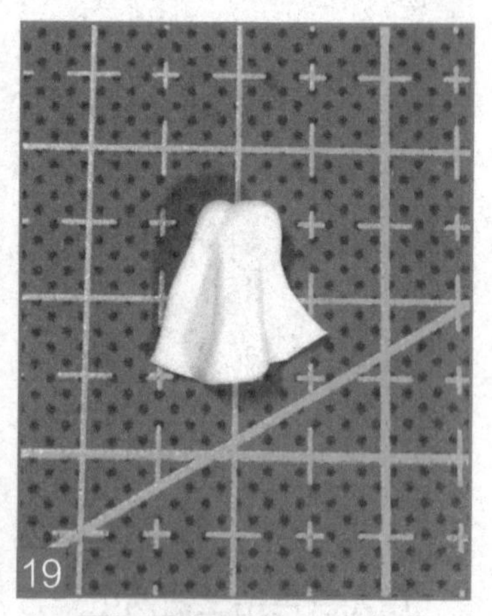
19

用工具再调整一下细节，让领巾有飘逸的感觉。

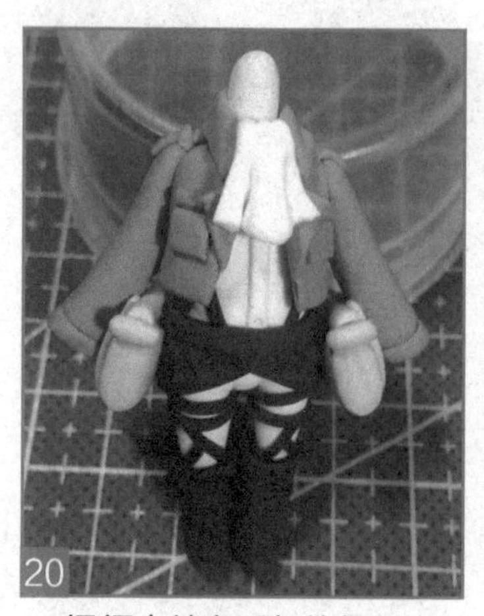
20

把领巾粘在兵长的领口上。

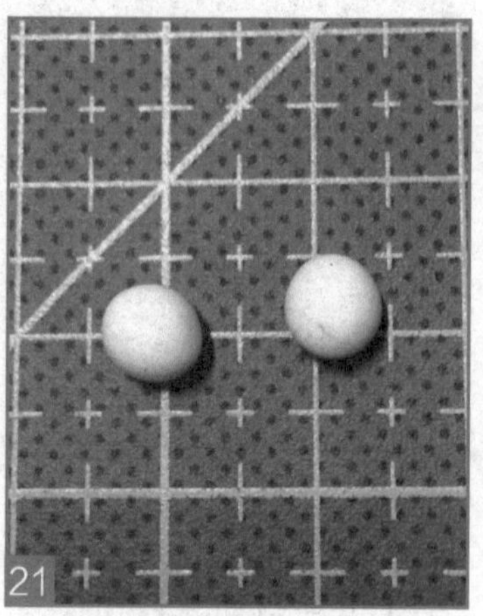
21

取两小块肤色粘土搓成小球，用来做兵长的手。

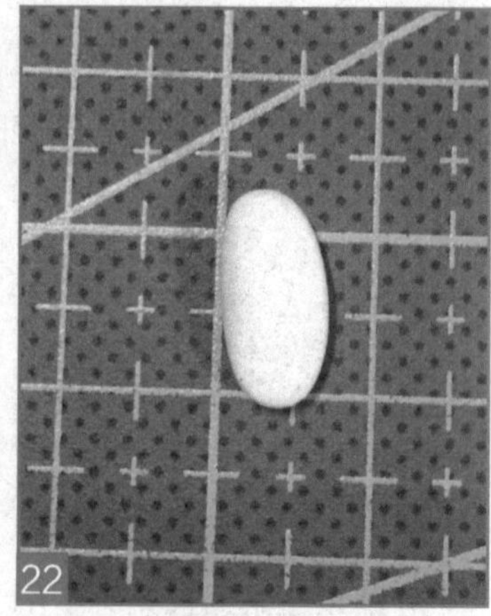
22

把小球搓成椭圆形并稍稍压扁。

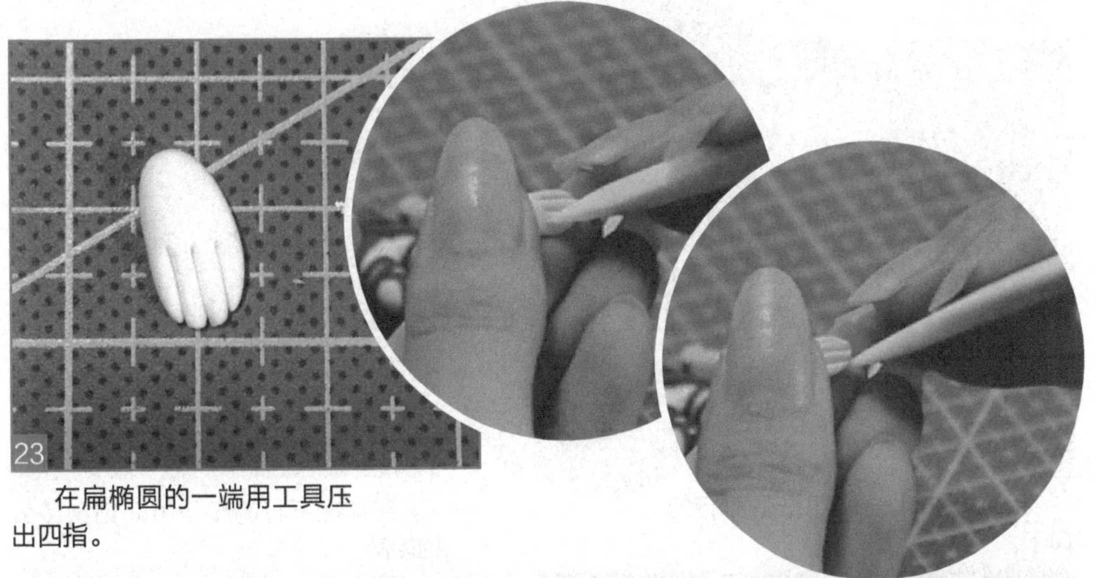

在扁椭圆的一端用工具压出四指。

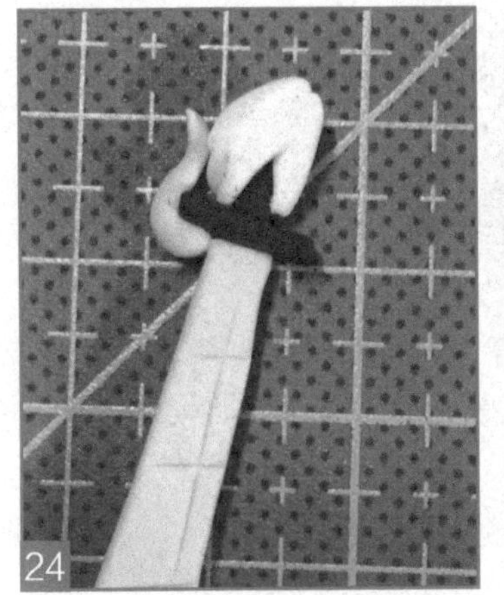

把手粘在刀柄上，并在反方向加一条粘土做成大拇指。

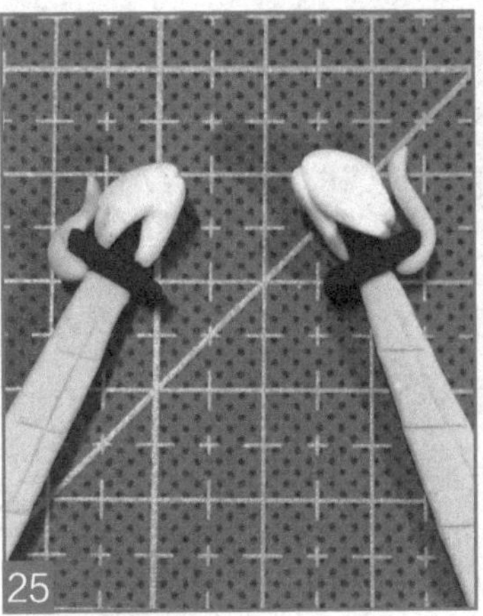

用同样的方法做出另一只手，注意方向是相反的。

把手粘到袖口上，身体就做好了。

## 4.3.6 制作底座

取一大块深灰色粘土，揉成球形后压扁，用来做人物的底座。

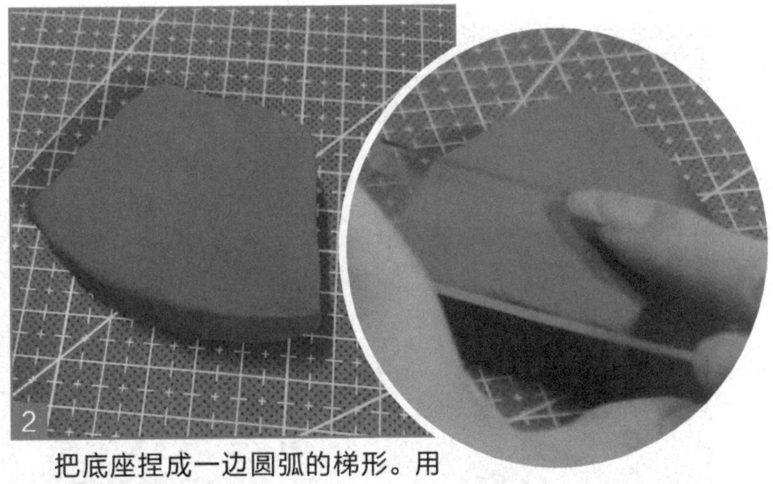

把底座捏成一边圆弧的梯形。用尺子把面压平。

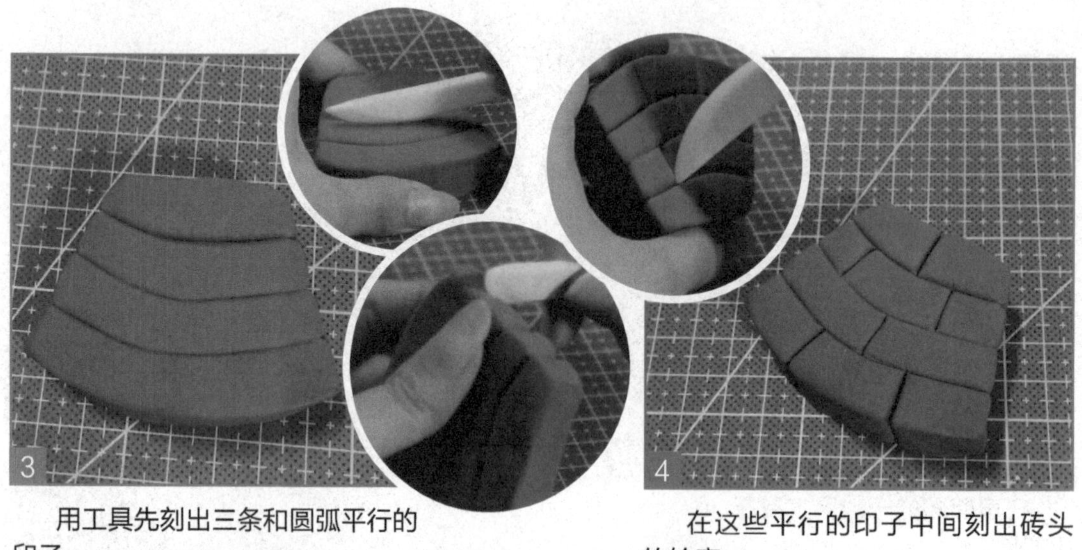

用工具先刻出三条和圆弧平行的印子。

在这些平行的印子中间刻出砖头的轮廓。

再加上一些细碎的印子，让砖头看起来更逼真，底座就做好了。

## 4.3.7 整体组合

把兵长的头用细铁丝插在脖子上，并在脚底也插入细铁丝。

把兵长插在底座上。

用银色金属漆给刀刃和立体机动装置涂上银色。

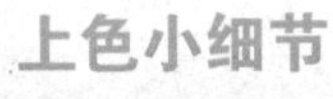

## 上色小细节

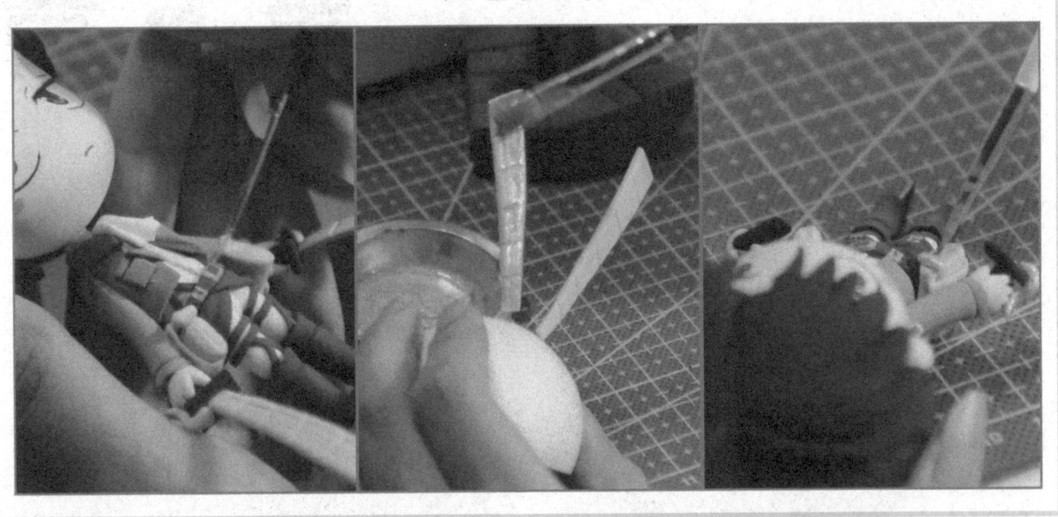

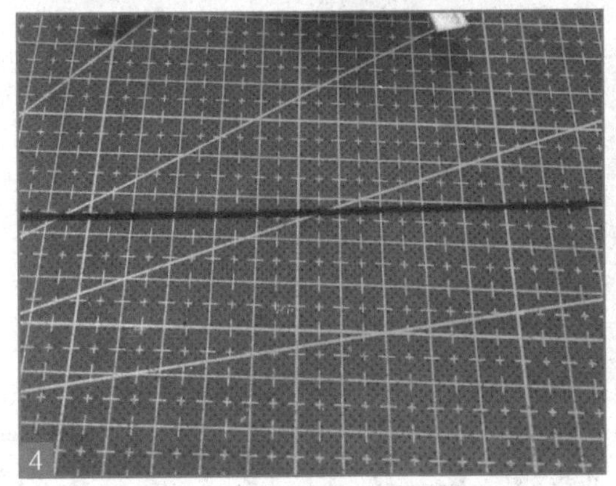


用黑色粘土搓一条细细的黑线，用来做立体机动装置的线。

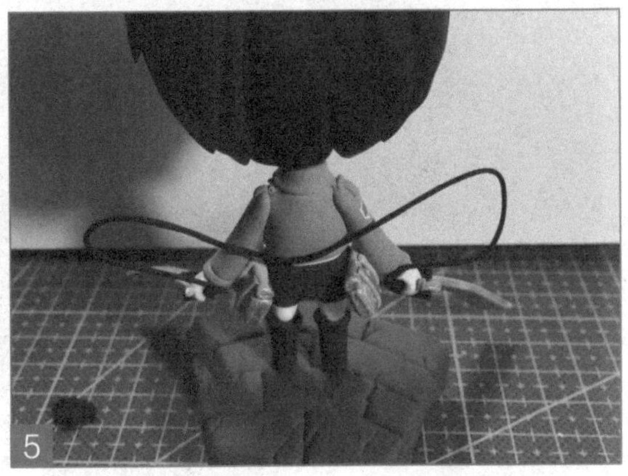


把黑线粘在人物后面，注意弧度要自然。

再加一条线，注意线的起止都在腰部的立体机动装置上。

兵长就大功告成了！

# 第5章

# 制作森系兔女郎

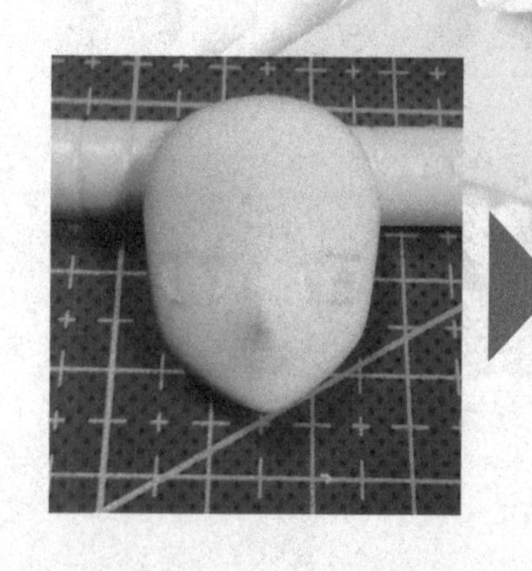

# 兔女郎手办

森系最早来自于“森林系女孩”。森系有清新、自然、脱俗的意思，既是一种时尚潮流，也是一种拥抱大自然的态度。

兔女郎带着兔子耳朵和兔子尾巴，穿着性感，是可爱、性感女郎的代名字。

# 5.1 绘制森系兔女郎线稿

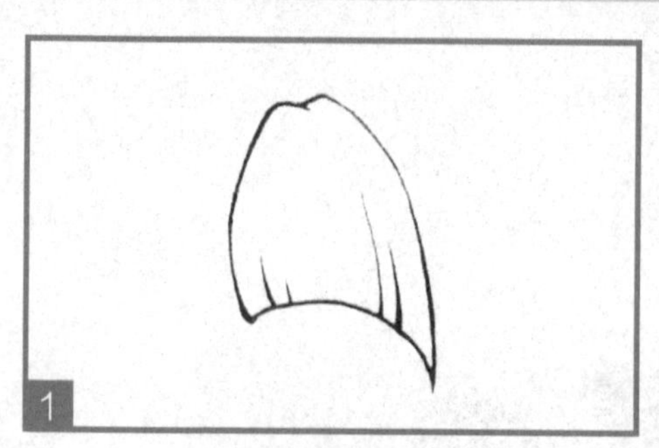

先画出刘海。

接着绘制出脸两侧的头发。

随后画出脸型和眼睛、嘴巴和眉毛。

接下来绘制出兔耳朵配饰和头发上的蝴蝶结。

再画上两边的大长辫子!

接下来画出兎女郎的上半身轮廓及蝴蝶结装饰。

画出细节，包括肩膀上的吊带和衣服上的装饰。

画出下半身的裙子轮廓。

接下来画出腿及身后的裙子，画出鞋子及鞋上的装饰物。

最后，画出衣服及装饰品的细节，美丽的兎女郎就完成啦!

## 5.2 森系兔女郎配色步骤

# 5.3 具体制作步骤

## 5.3.1 制作头部

头部是整个手办很重要的一个部分，在制作时，要遵循线稿人物的实际特征，也要考虑到粘土的特性。制作时要考虑到头发的厚度，适当减少颅骨的用量。

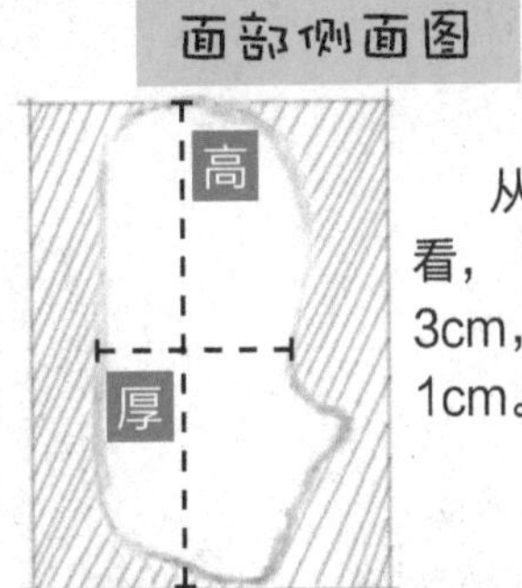


从侧面图看，高度约 3cm，厚度约 1cm。

准备一块肤色粘土，揉成球体后压扁，用来做脸部。

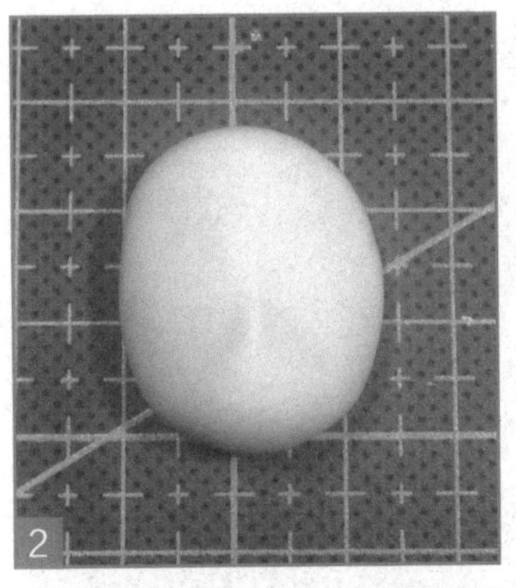

在面部中下方捏出鼻子的形状，注意粘土要尽量湿一些暖一些，这样才比较容易捏起。

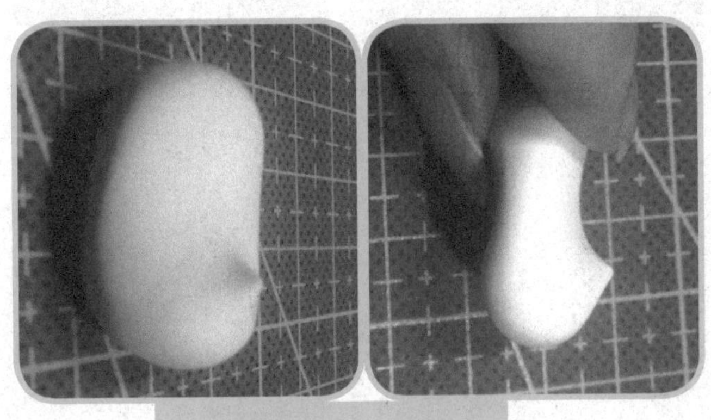

换个角度来看看

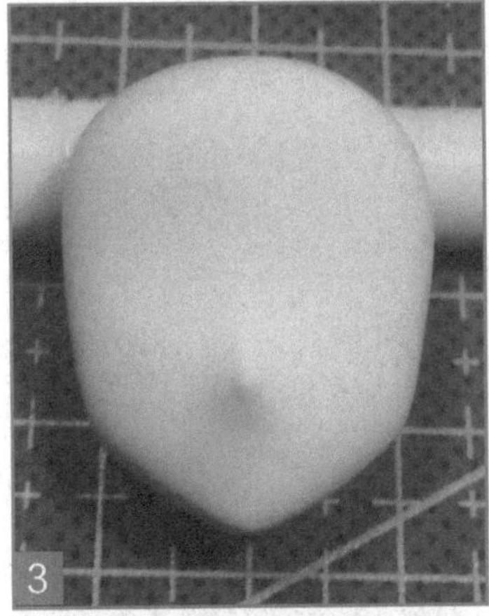

捏出脸的轮廓，下巴要尖一些。脸部晾干后才能画五官，晾干一般需要 1-2 天。

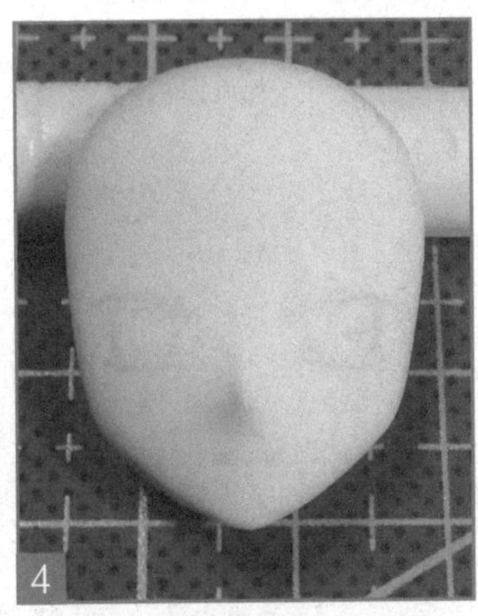

用 2B 铅笔在粘土上按照线稿轻轻画上五官。

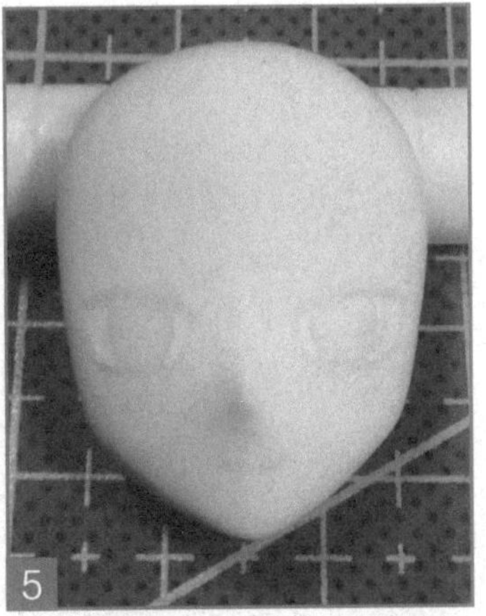

先用白色的颜料填充眼白的部分。

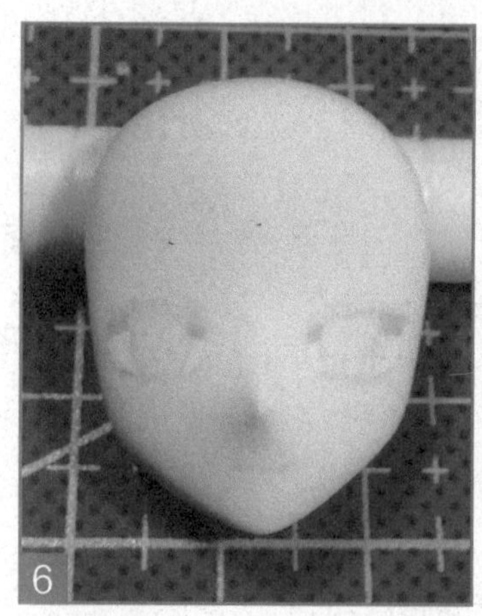

接着用浅灰色在靠近眼睑的部分画上眼白的暗部。

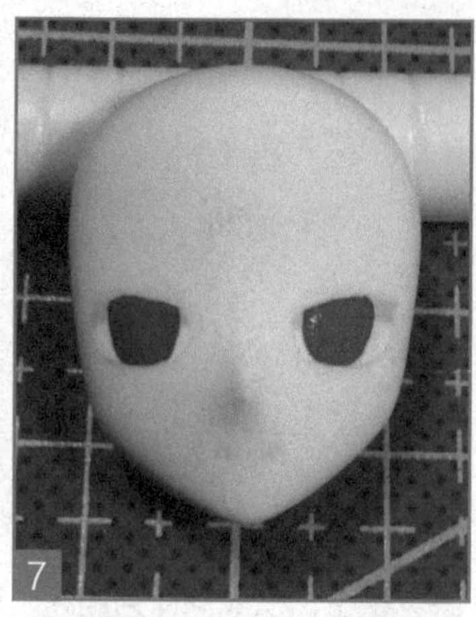

用红色颜料画出眼睛的底色，注意两边尽量对称哦。

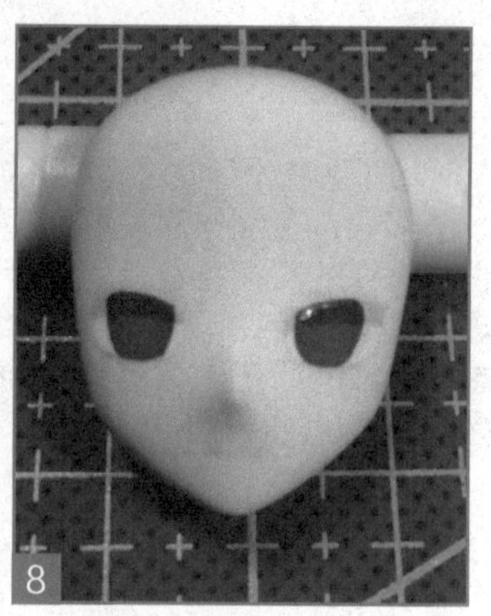

用较深的红色画出眼球的暗部。

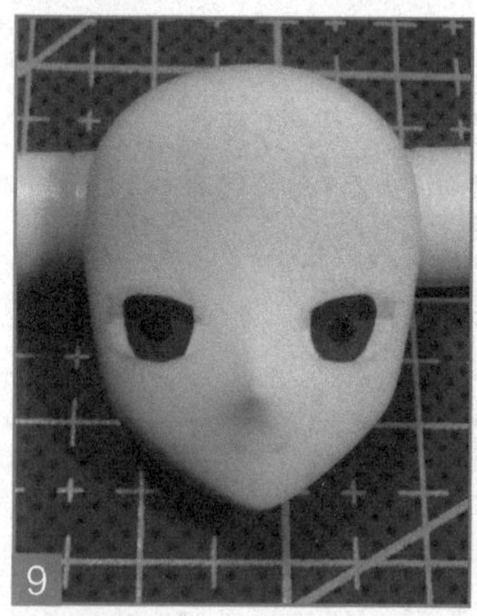

用黑色画出瞳孔。

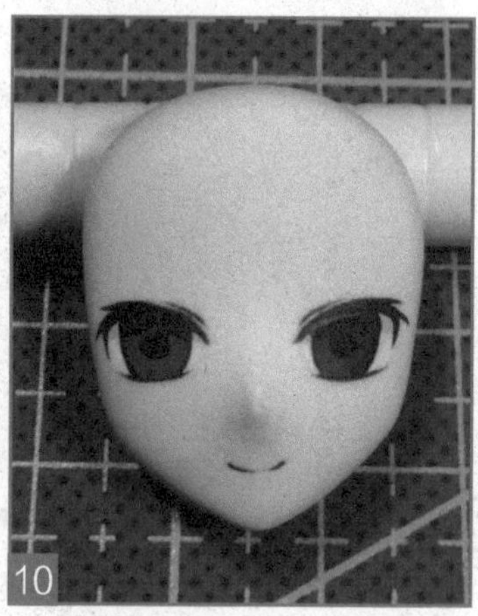

用黑色勾出眼线，同时画上嘴巴。因为人物设计是刘海遮住眉毛，为了防止染色，所以这里不画眉毛。

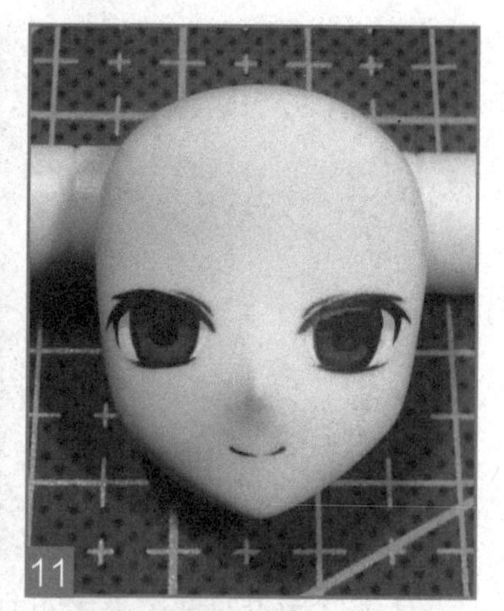

接下来画出眼睛的反光，颜色要略浅于底色，为了让眼睛有看起来温暖的感觉，这里选择了橙色。

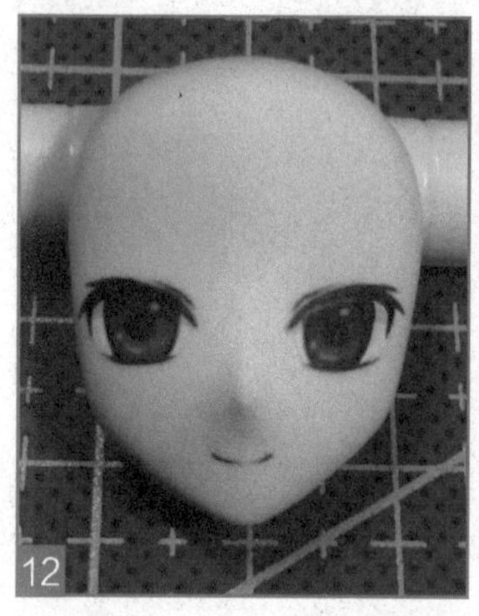

用比上一步中更浅的橙色，以增加眼睛的透光感。

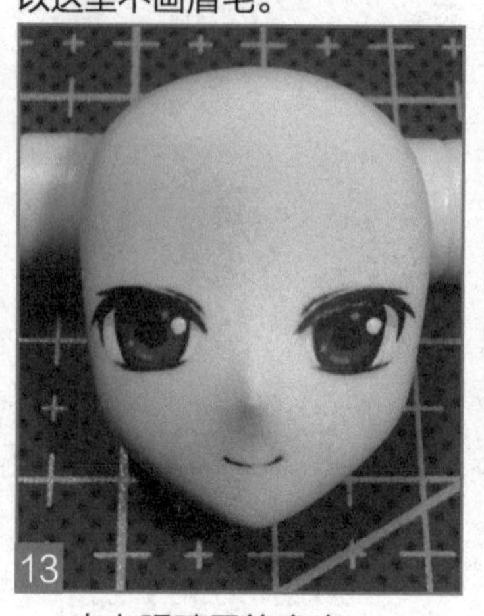

点上眼睛里的高光。

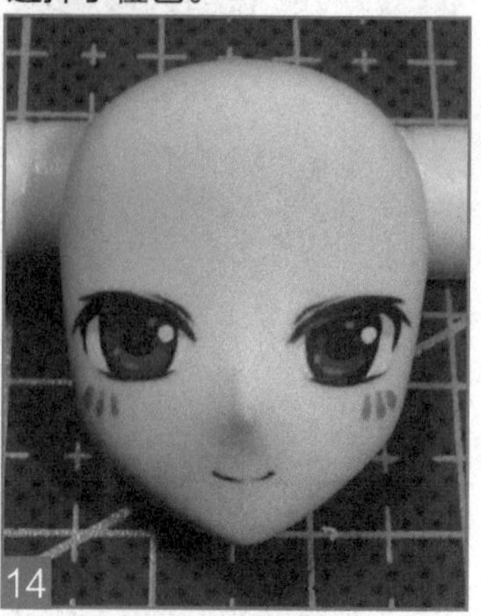

画上腮红，脸就完成了！

## 5.3.2 制作头发

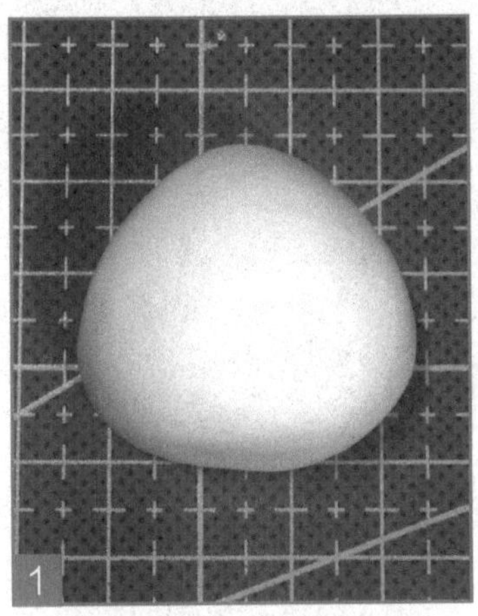

把浅黄色的粘土揉成圆，捏出三角形。

用工具分出头发的缝隙。

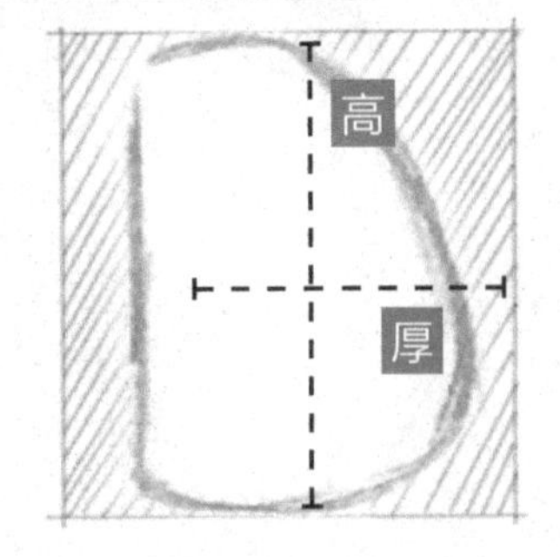


从侧面图看，高度4.5cm、厚度2.5cm，中间为凸起的半球体。

把之前做好的脸部和后脑勺粘起来，下方对齐。

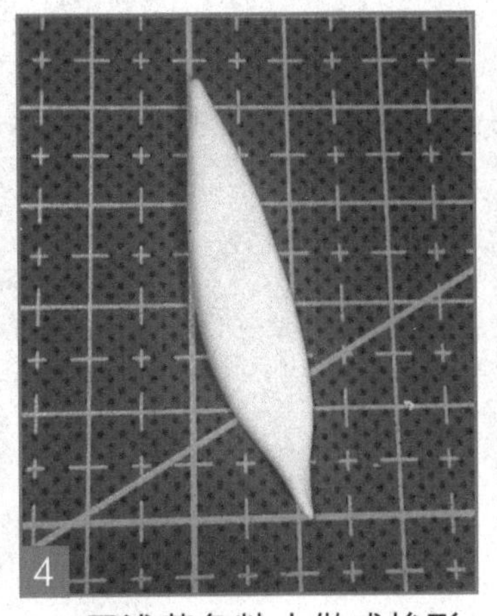

用浅黄色粘土做成梭形并压扁，用来做两边的头发。

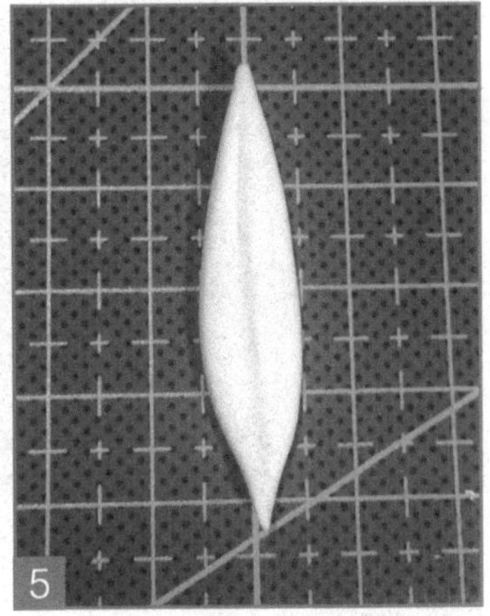

用工具压出头发的纹理。

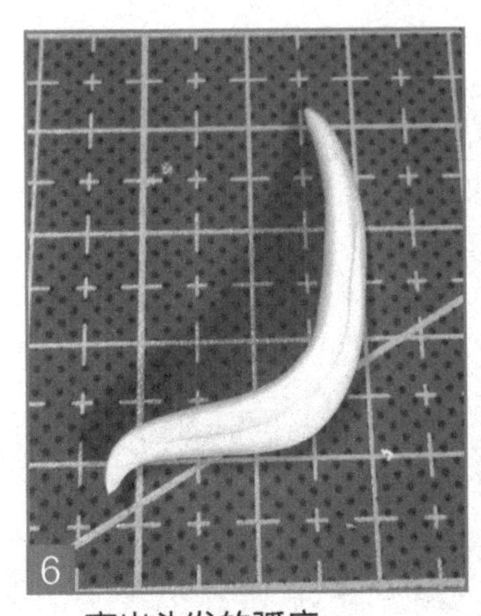

弯出头发的弧度。

用同样的方法做出另一条头发，贴在脸颊两侧。

在头发上可以加一些小发丝，增加头发的动感。

在头部两侧加上两条发丝。

找个球状物体，把浅黄色粘土放上去，用来做刘海。

用工具压出头发的线条。

剪掉不需要的部分。

把刘海粘在脸部的上方。

在头的两侧增加发丝，完善发型，注意头发的层次感。

换个角度来看看

## 5.3.3 制作兔耳头饰

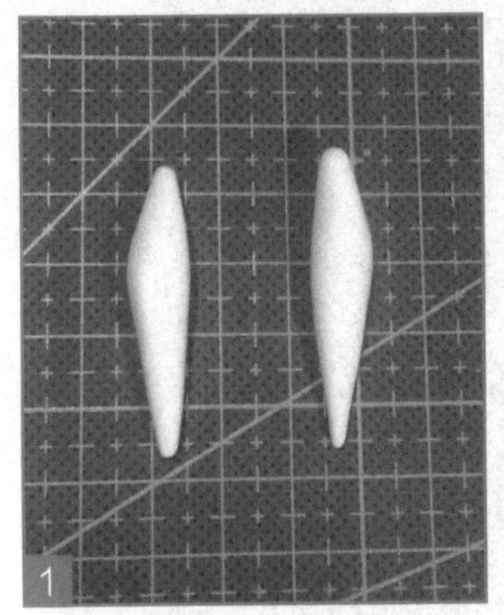


取白色的粘土，搓成梭形，用来做兔子的耳朵。

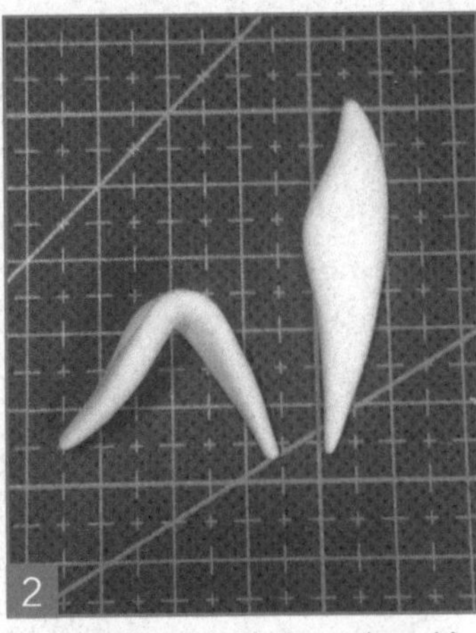


把梭形的粘土压扁，并把其中一个折一下，做出兔耳朵下垂的效果。

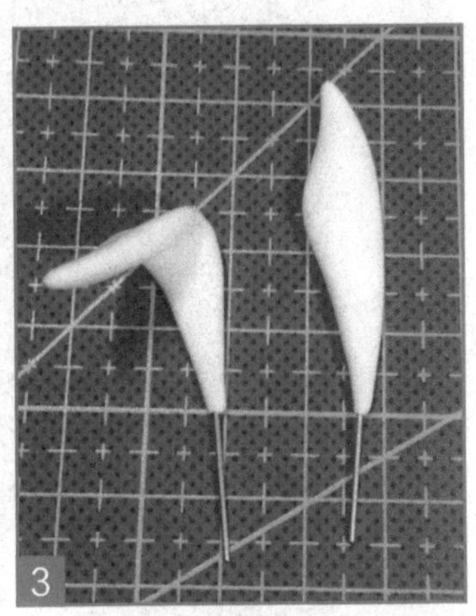


在兔耳底端插上细铁丝。

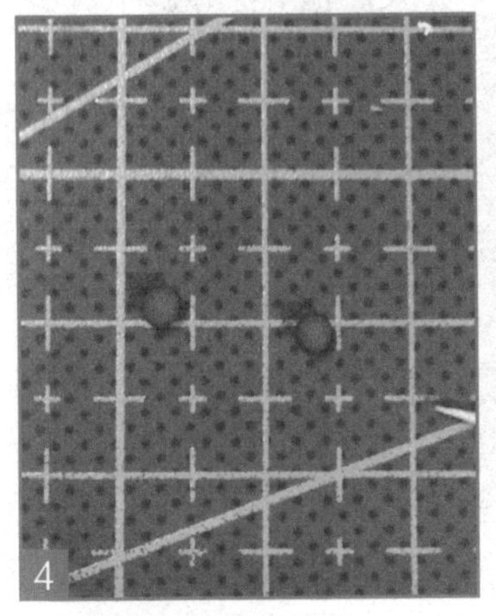


取两小块红色粘土。

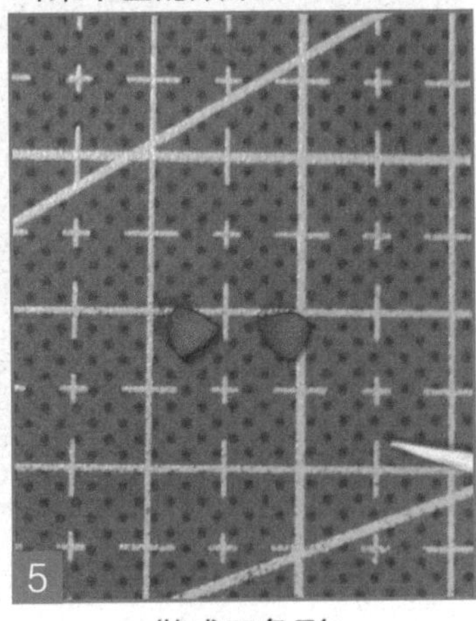


做成三角形。

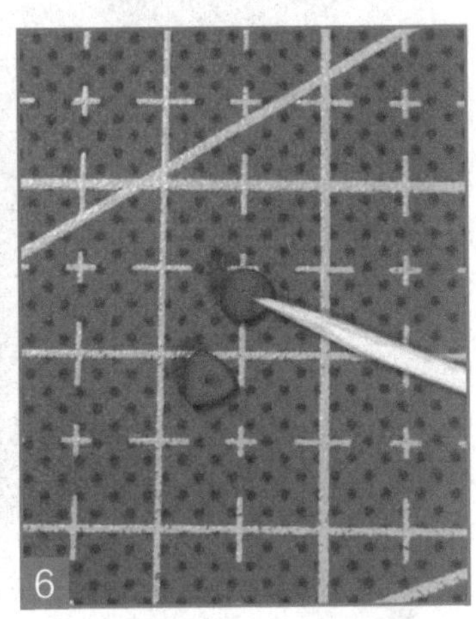


在三角形的一端压出印子。

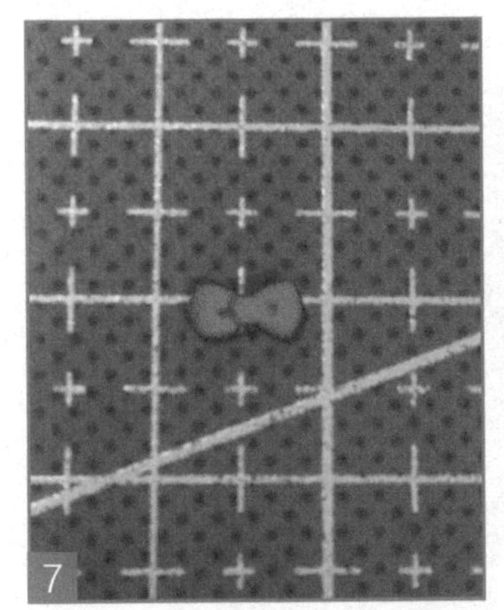


用一块红色的粘土把两个三角形连接在一起，小蝴蝶结就做好了。

把小蝴蝶结粘在刘海上。

两边都要露出来哦

头部基本上完工了!

## 5.3.4 制作辫子

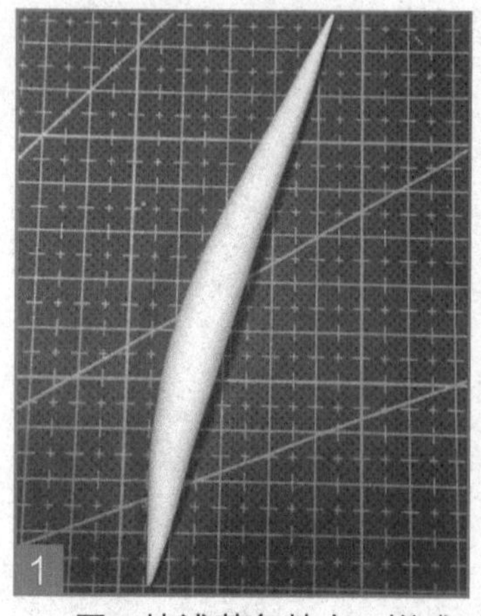

用一块浅黄色粘土，搓成梭形，用来做辫子的主体。

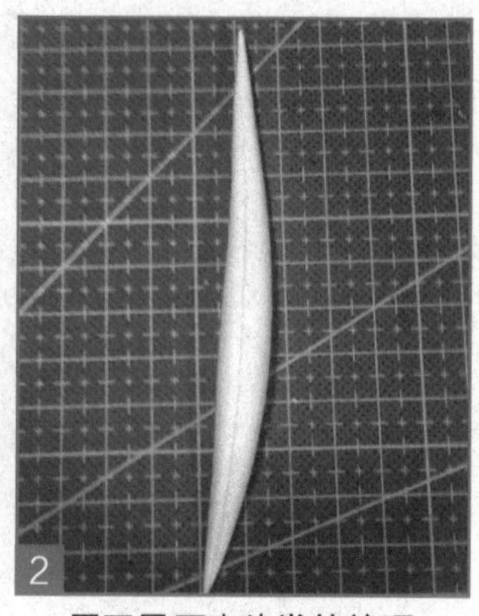

用工具压出头发的纹理。

小提示：辫子的制作要注意飘逸感和层次感，头发的线条弯曲要柔和，既富有变化，又不杂乱。

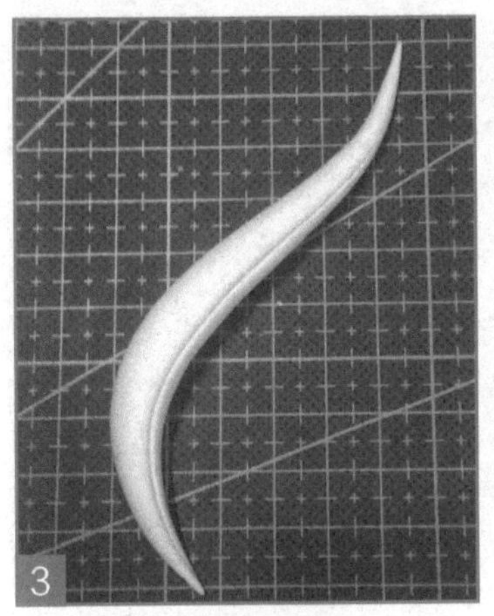

弯出头发的弧度。

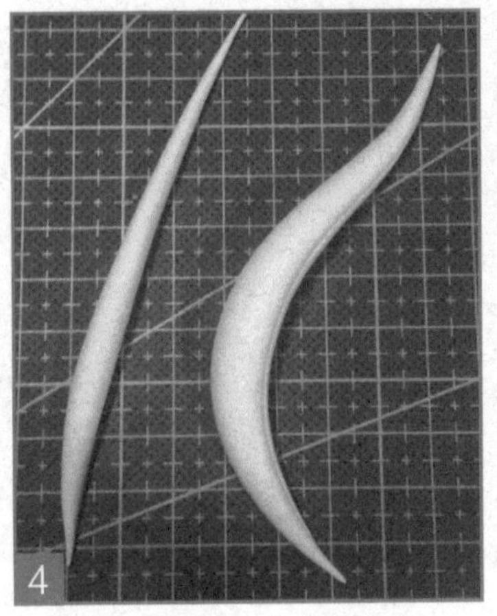

做一条稍细的发丝。

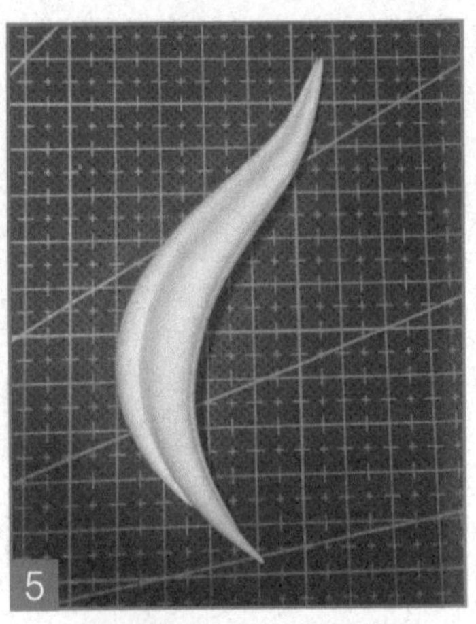

沿着头发主体的弧度把发丝粘上。

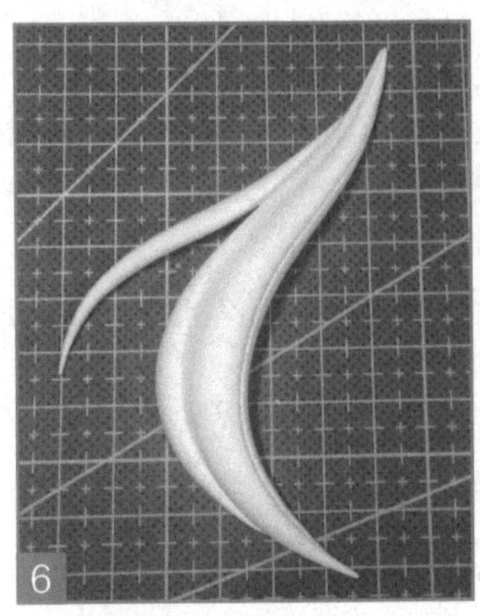

增加一条弯曲的粘土发丝，增加头发的飘逸感。

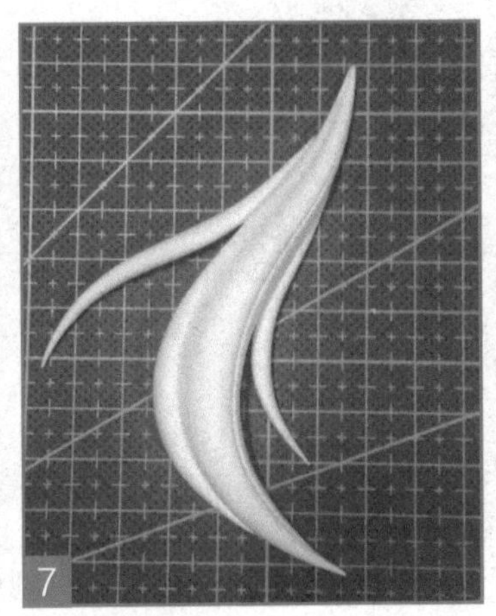

不断增加发丝。

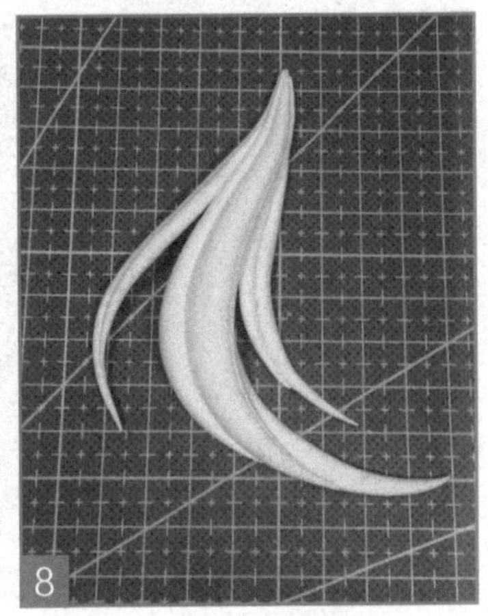

在主体下端也接上一条粘土，这条辫子就做好了。

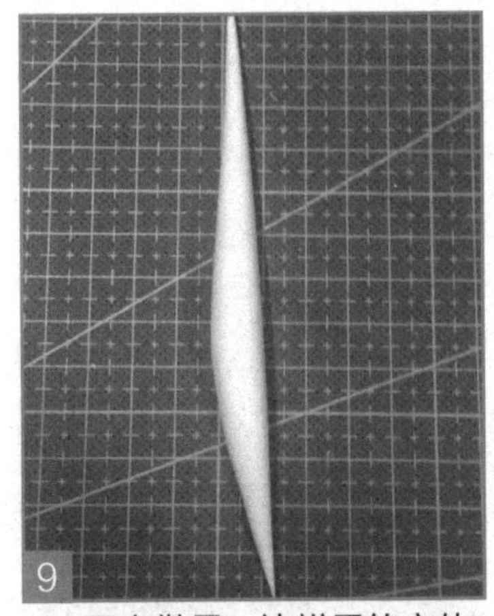

再来做另一边辫子的主体。

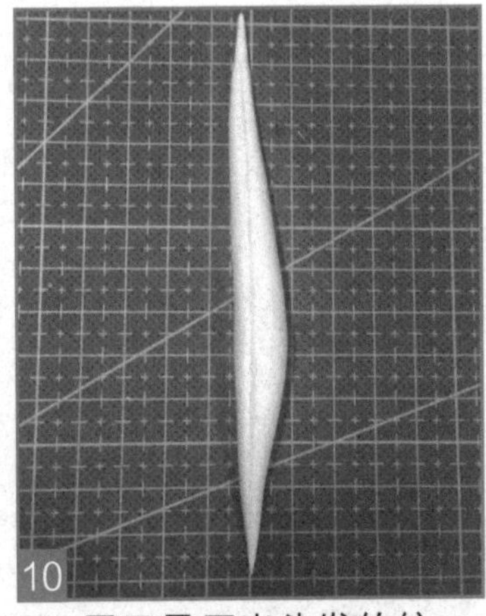

用工具压出头发的纹理。

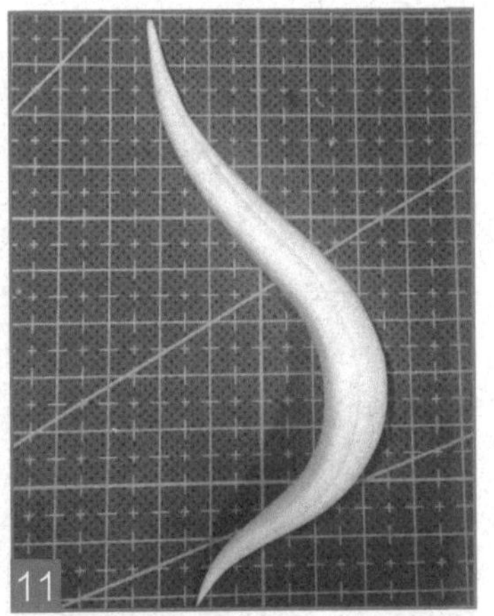

弯出头发的弧度，和另一边弧度大致一样，但也要有一点变化。

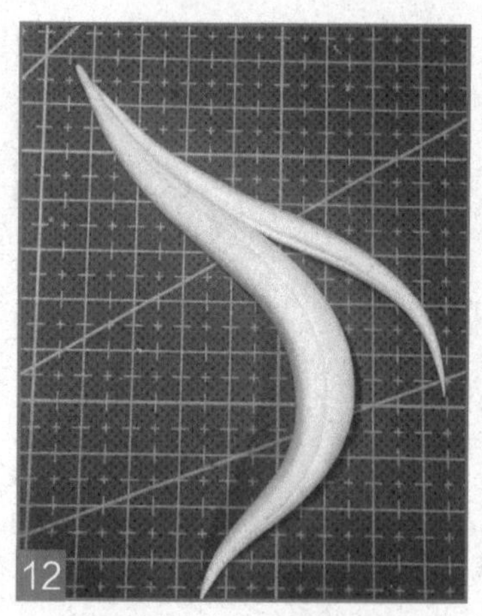

在主体边上继续贴弯曲的发丝。

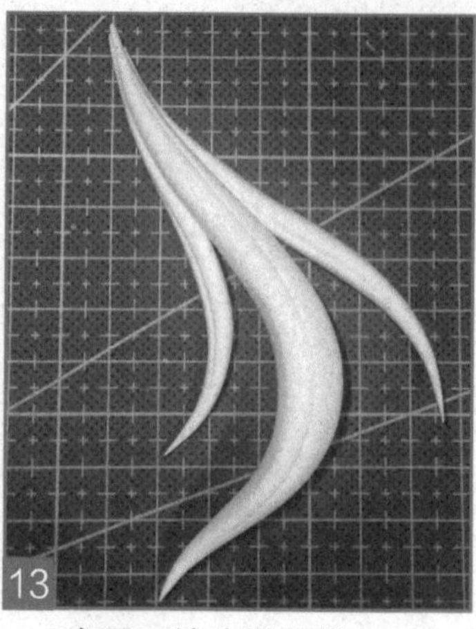

在另一边也贴上发丝。

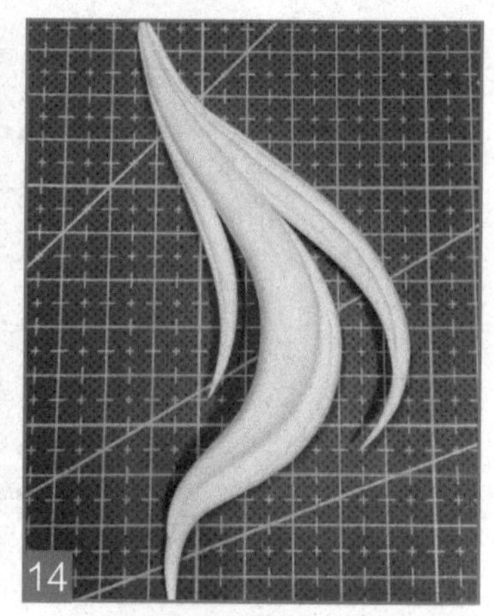

不断地增加发丝，完善辫子。

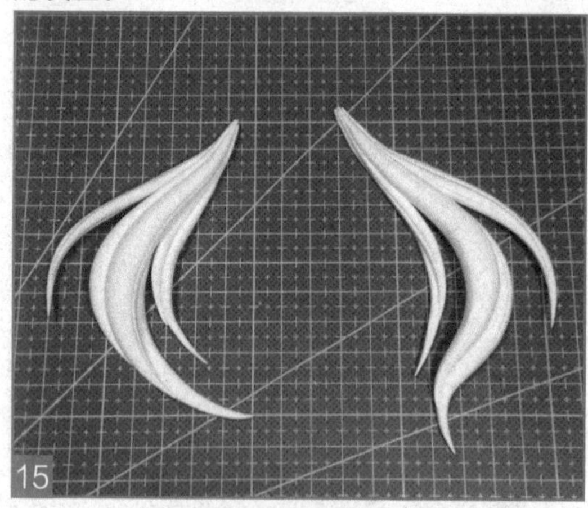

两边的辫子都做好了。

制作头发的时候要注意，两边在体积大致对称的前提下也要做出一些变化，不然会太死板。

## 5.3.5 制作腿部

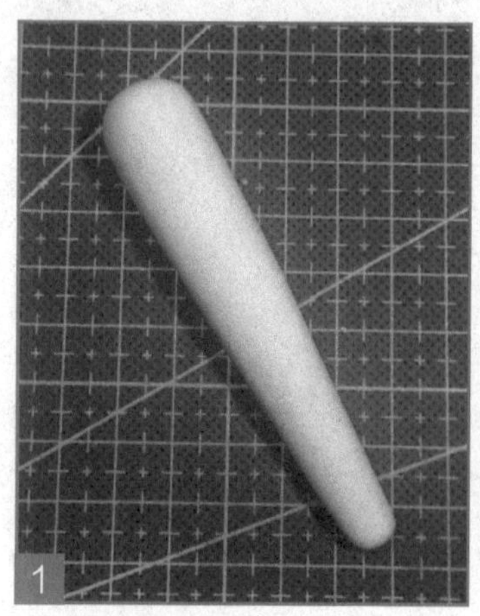

取一块肤色粘土搓成图上的形状，用来做腿。

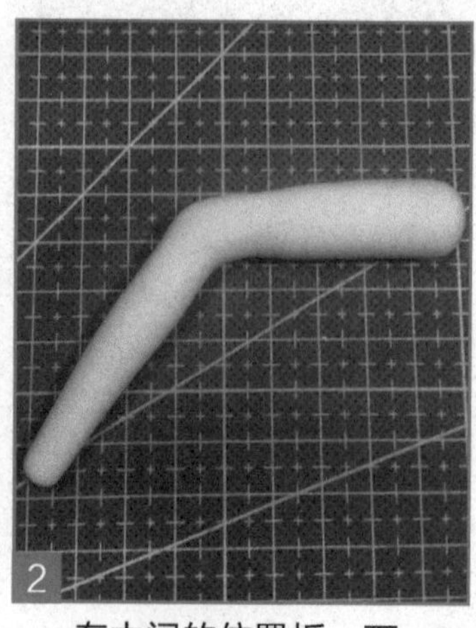

在中间的位置折一下，做出人物的膝盖。

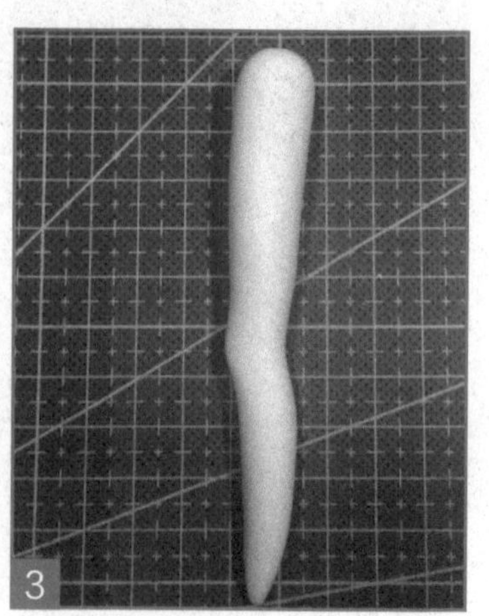

做出腿部的线条，脚踝要稍细一些。

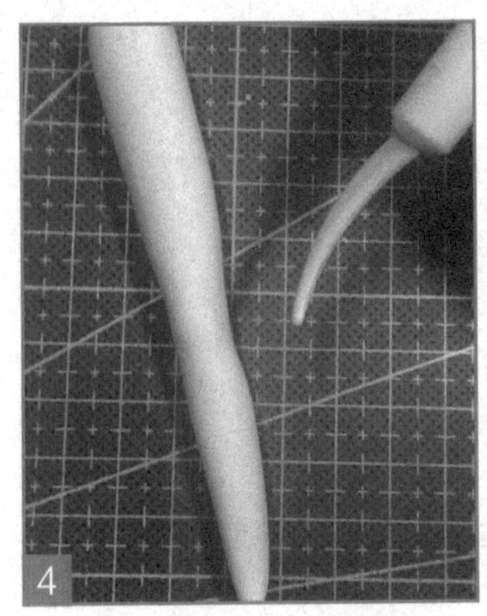


用工具压出膝盖的形状。

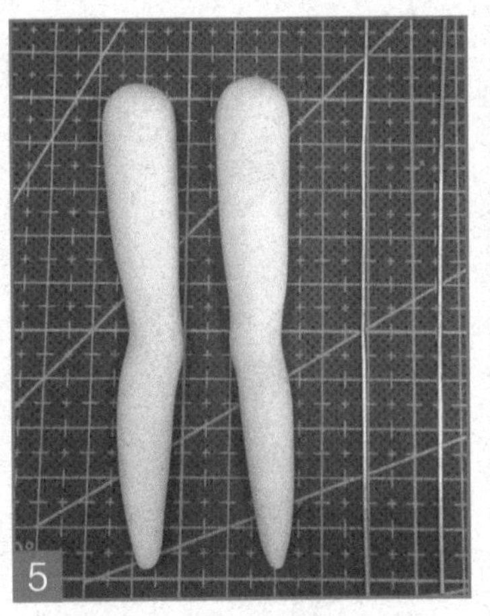


用同样的方法做出另一条腿。

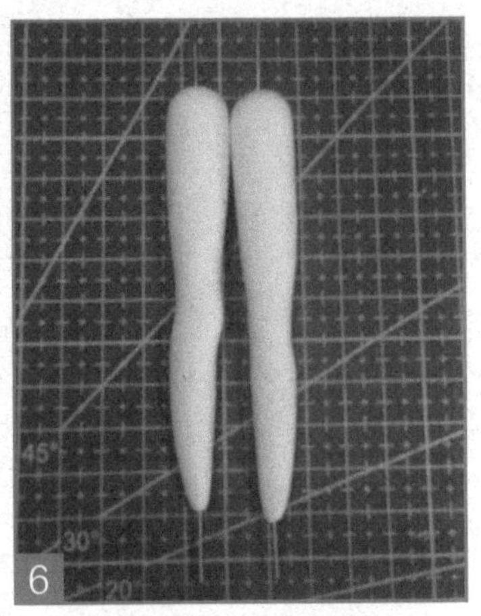


在腿里面穿入铁丝。

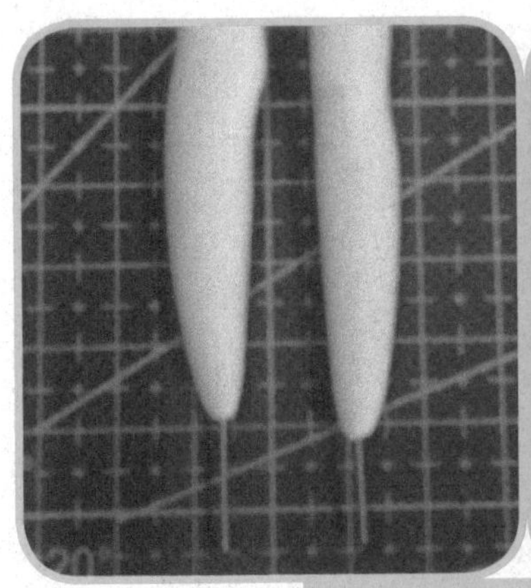

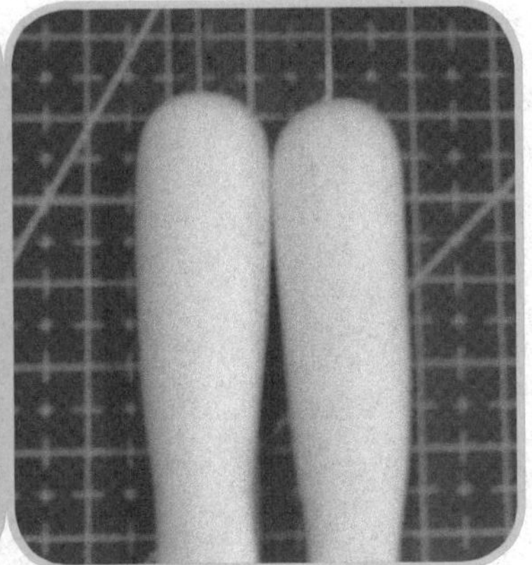

两边都要露出来哦

因为粘土比较软，支撑力不足，比较细长的部件最好能够穿上铁丝，以增大强度。

## 5.3.6 制作靴子

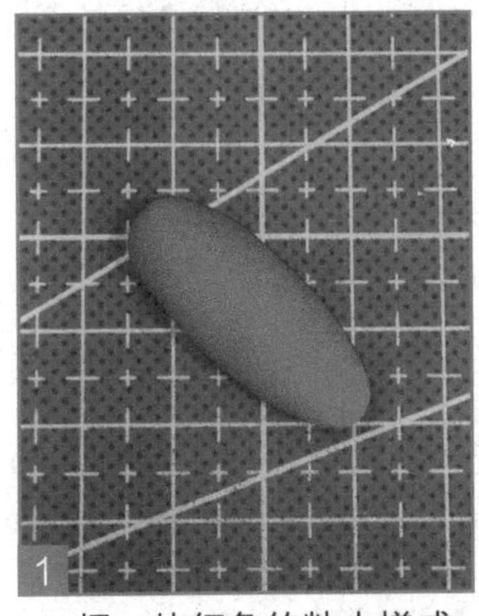


把一块红色的粘土搓成长条形，用来做人物的靴子。

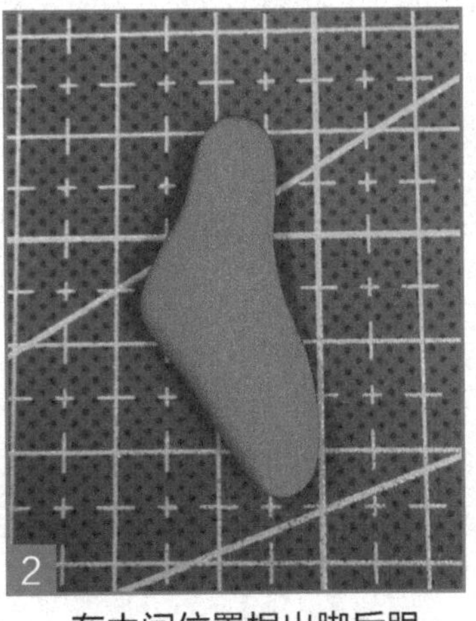


在中间位置捏出脚后跟。

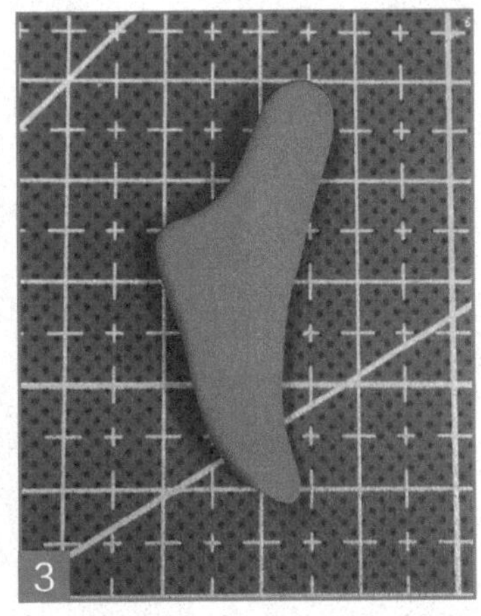


在一端捏出脚尖，脚尖微微上翘一点。

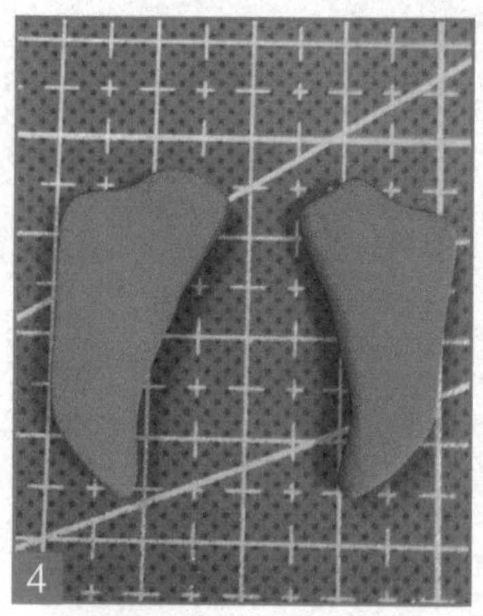


把不需要的部分剪掉，并用同样的方法做出另一只脚。

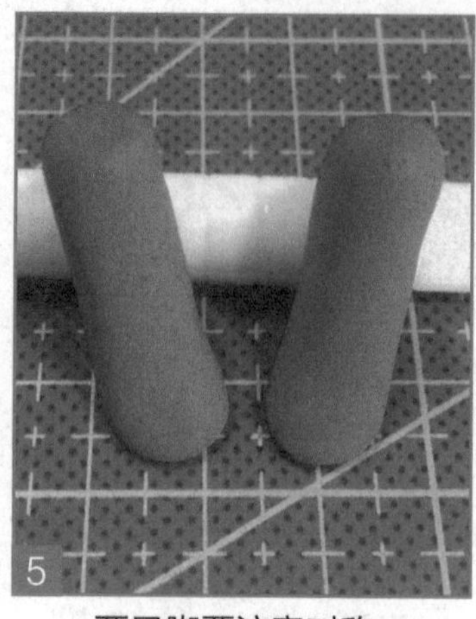


两只脚要注意对称。

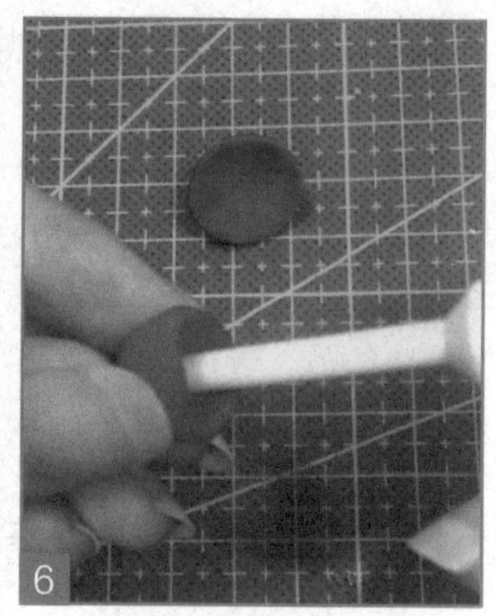


用工具做两个碗状零件。

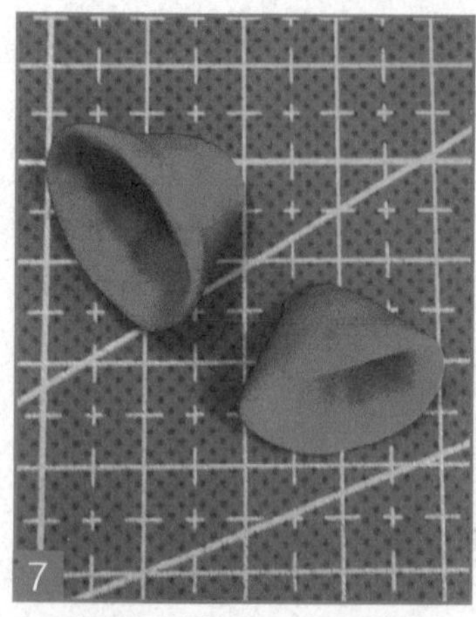


把碗状零件的边缘压薄，变成喇叭形。

用工具在底部压出褶皱。

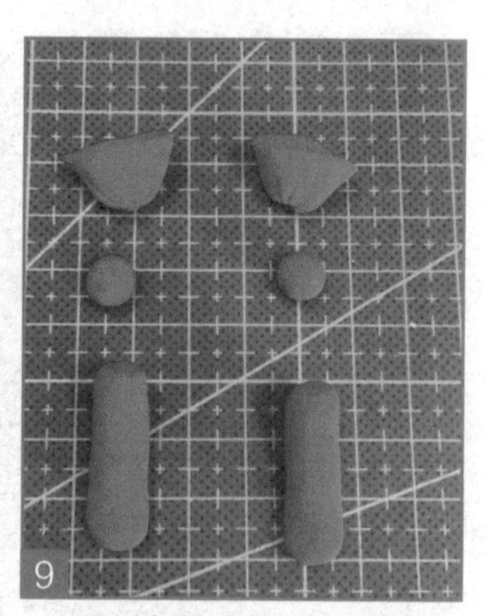


用红色粘土做两个圆球。

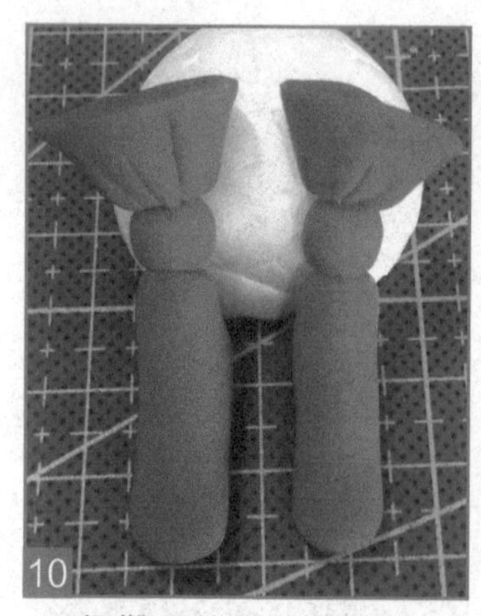


把靴子的零件组合在一起。

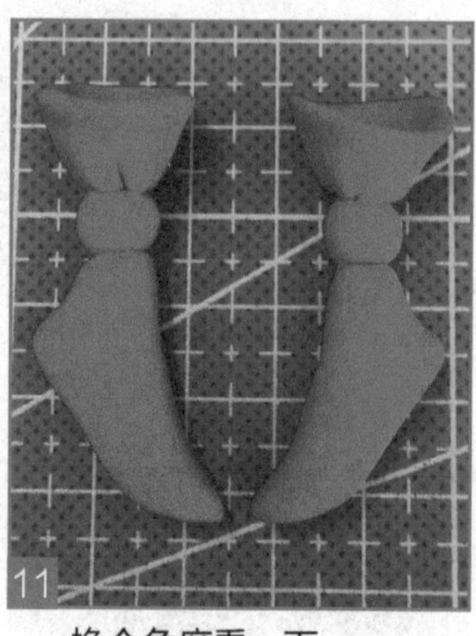


换个角度看一下。

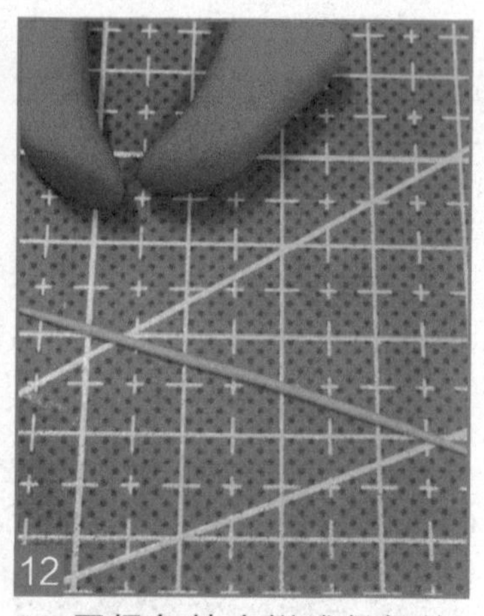


用绿色粘土搓成很细的细条并压扁。

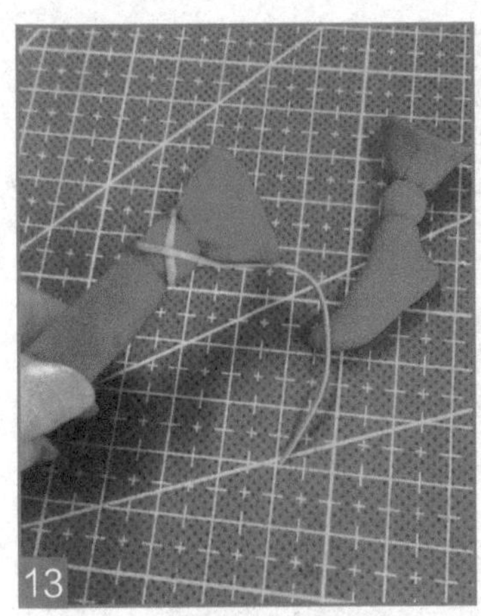

把绿色细条缠在靴子中段。

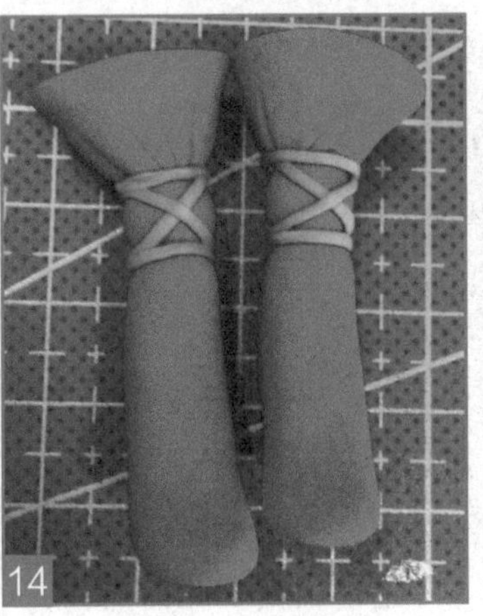

缠好之后的样子。

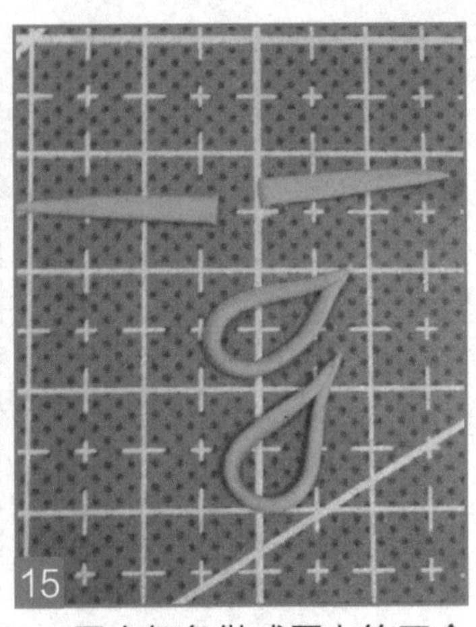

用小细条做成图上的四个小零件。

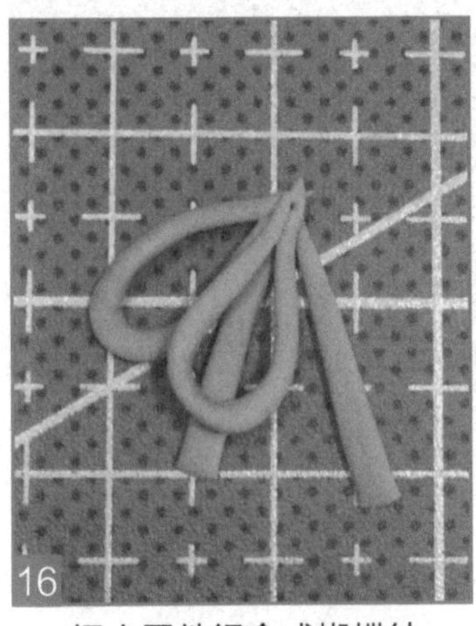

把小零件组合成蝴蝶结。

把蝴蝶结粘在靴子上。

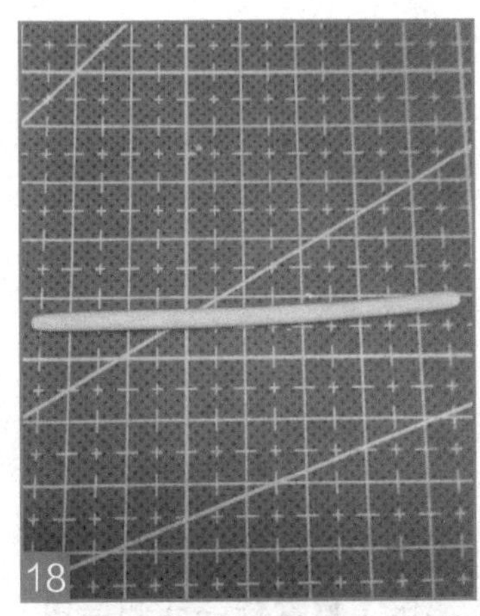

取一块卡其色粘土搓成细条。

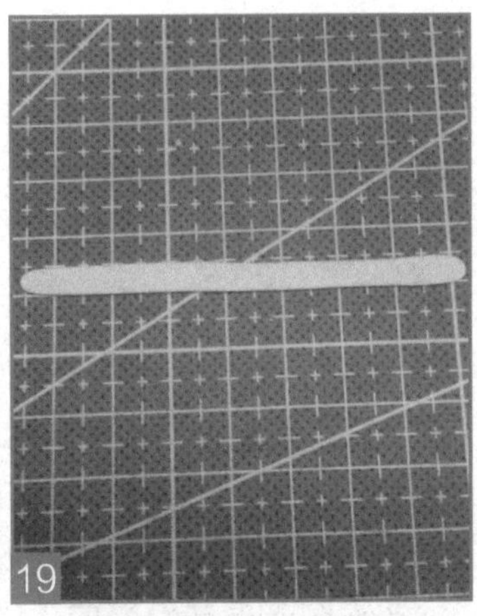

把细条压扁成带子状，注意这里是做花边用的，需要压薄一点。

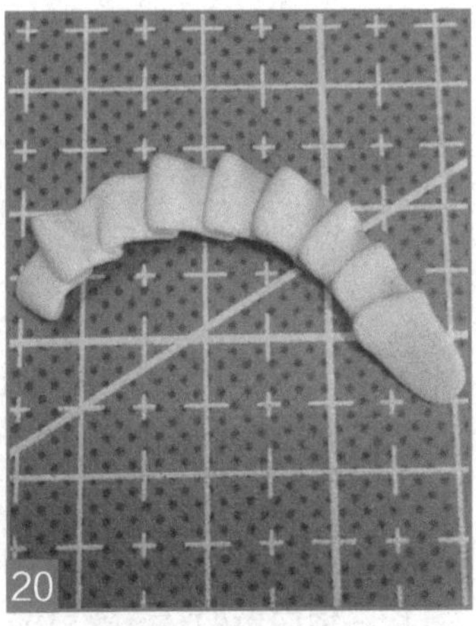

把带子一层一层地交叠起来，注意间距要均匀一点。

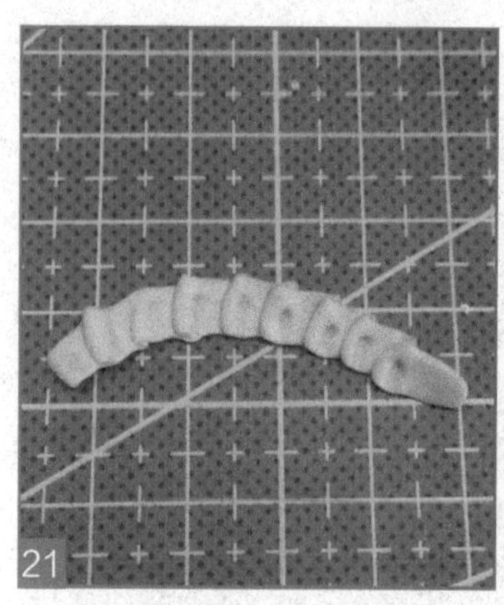

用工具在花边上压出褶皱。后面的制作过程中还有很多需要花边的部分，方法和这里的一样，就不再重复。

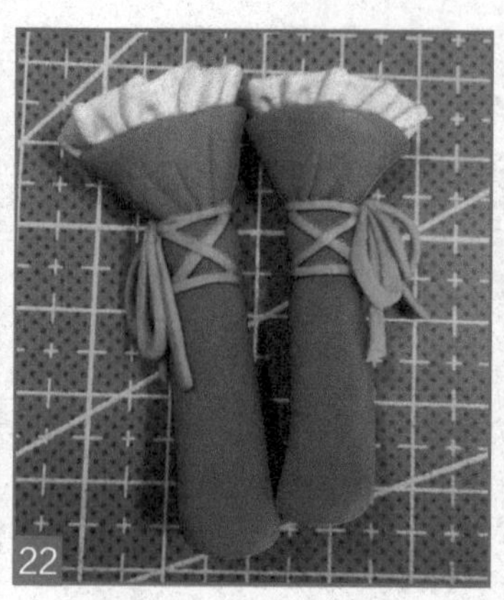

把花边粘在靴口的内侧，压紧，并让花边也呈喇叭状。

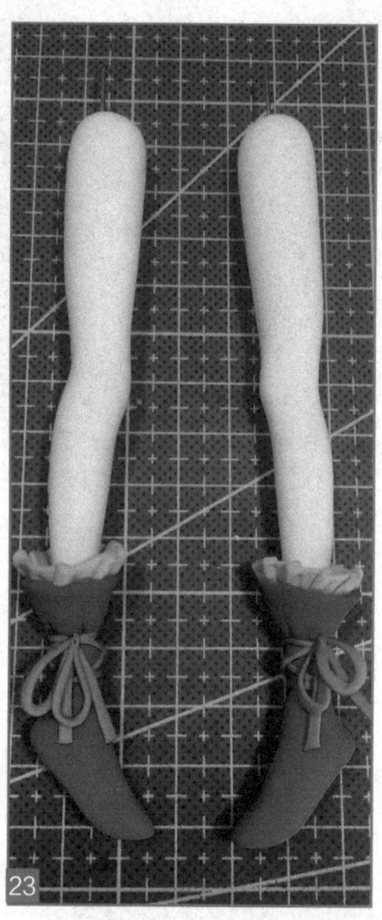

把腿插上靴子上，腿部就大功告成啦！

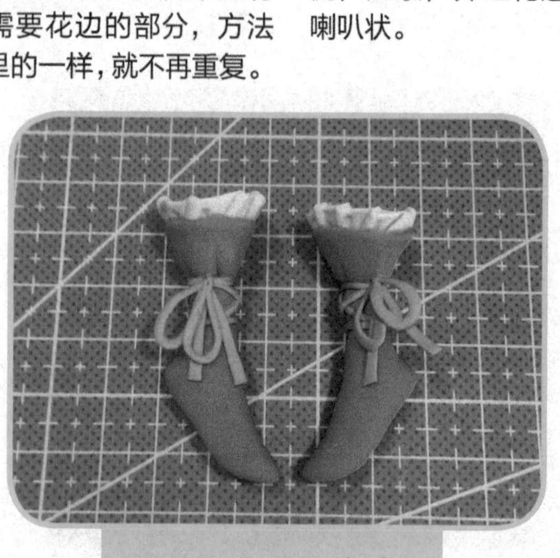

换个角度看看 ^_^

## 5.3.7 制作下身

取一块白色的粘土揉成椭圆形，用来做人物的小裤裤。

把椭圆形捏成倒着的等腰三角形。

用工具在底端两侧做出凹坑。

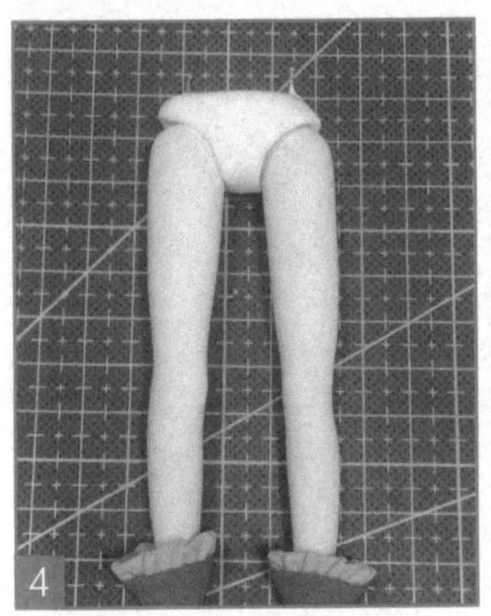


把之前做好的腿粘在两个凹坑里。

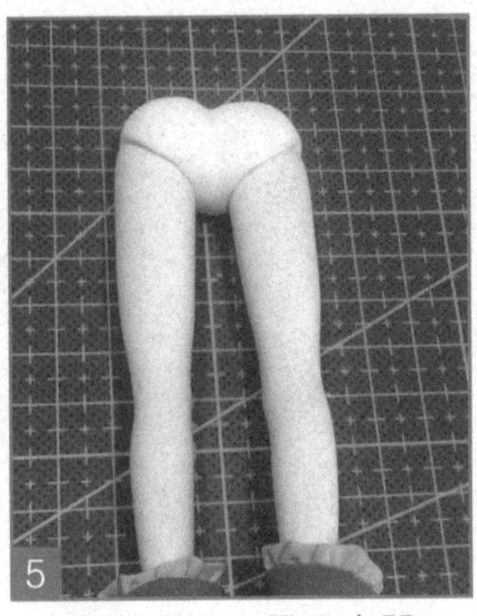


在背面用工具压出凹槽。

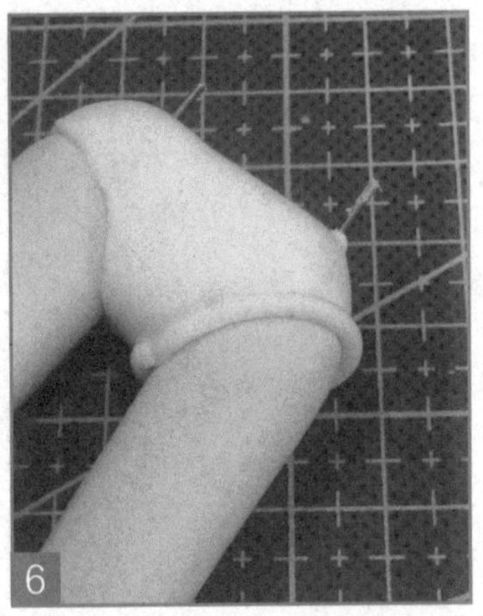


在小裤裤和腿的接口处围一圈白色的粘土细条。

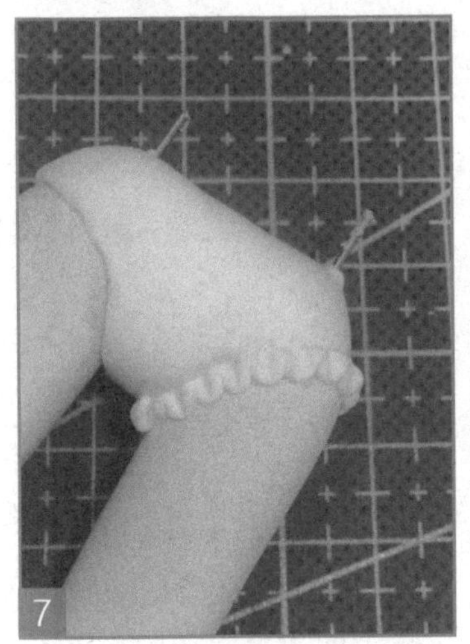


用工具在粘土细条上压出花边，注意要压得均匀一点。

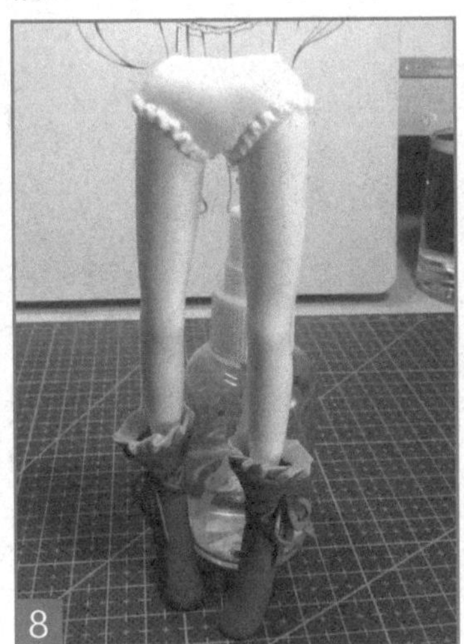


用同样的方法做另一边的花边。

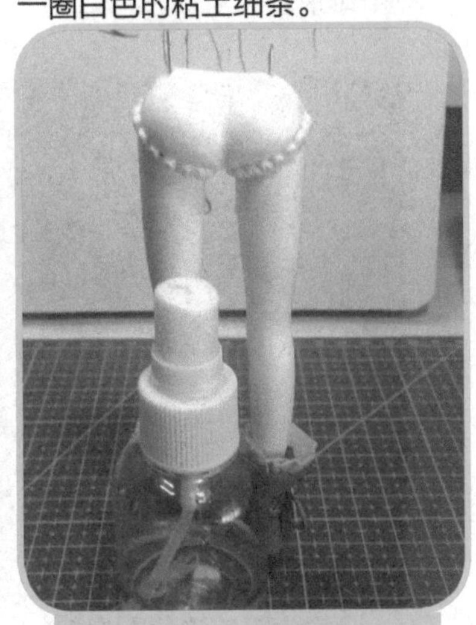

换个角度看看 ^_^

## 5.3.8 制作身体

取一块绿色的粘土，并稍稍压扁，用来做裙子。

找一个球形物体，把粘土压上去。

取下来之后就变成了碗形。

把碗型的边缘捏扁，做成一个伞形。

把伞形的一边稍微折叠一点，捏成裙子的样子。

把一块卡其色粘土用工具擀成薄片，厚度约 1mm，用来做人物的围裙。

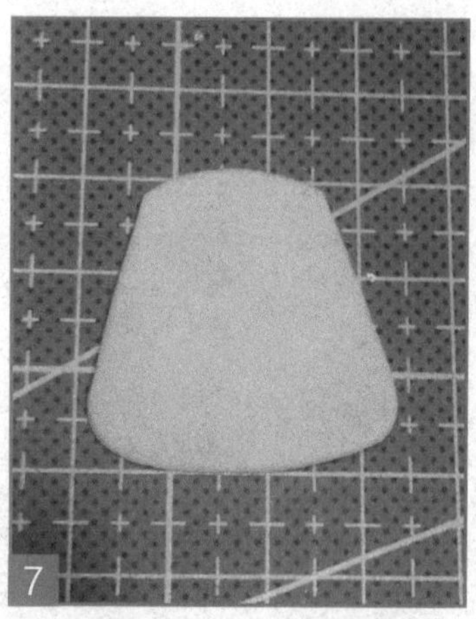

把薄片剪成边角圆滑的梯形。

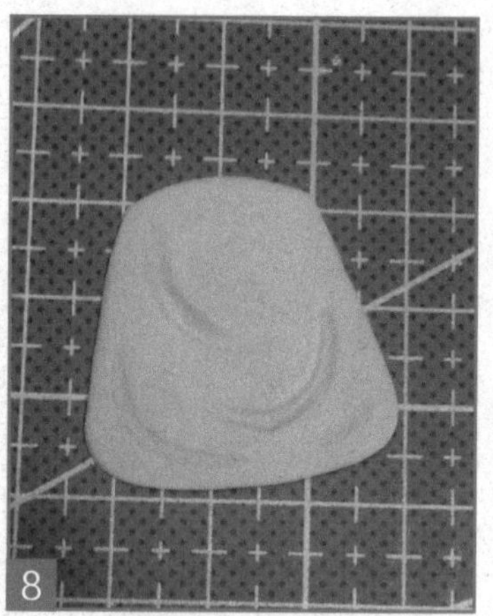

给围裙压出褶皱。

给围裙装上花边，花边的制作方法和前面做靴子花边的方法一样。

把围裙贴在之前做好的裙子上。

给裙子也装饰上花边。

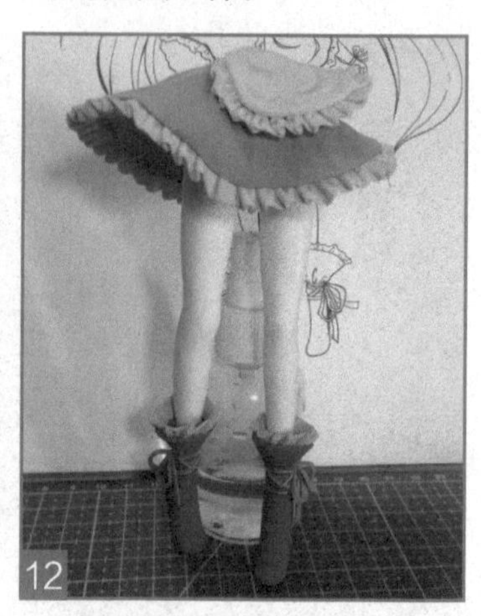

把之前做好的下身和裙子组合在一起。

取一块绿色的粘土做成方形，用来做人物的上衣。

用工具压出身体的线条。

在底端压出衣褶。

做两个绿色的小球，用来做袖子。

在袖子上压出衣褶。

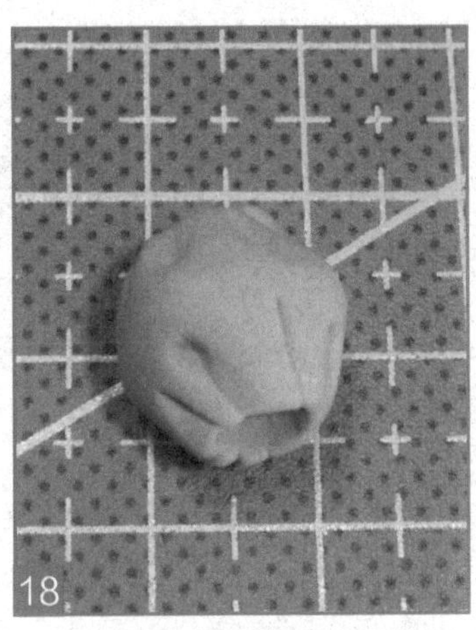

用工具在两端压出凹坑。

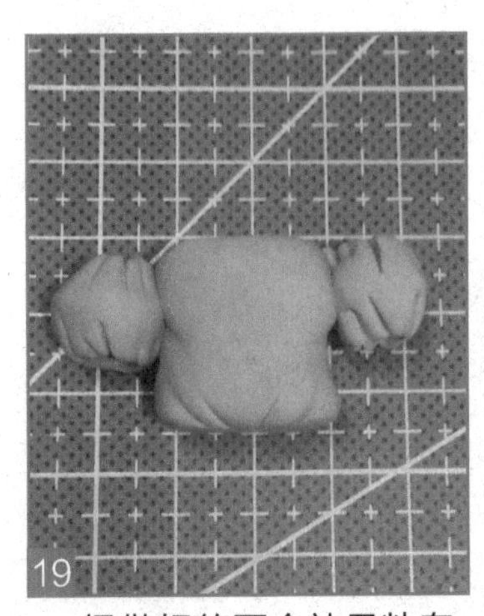

把做好的两个袖子粘在身体两侧。

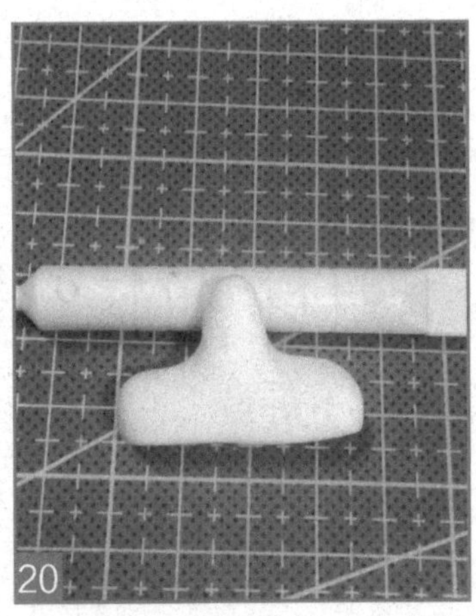

用肤色的粘土做出人物的肩膀和脖子。

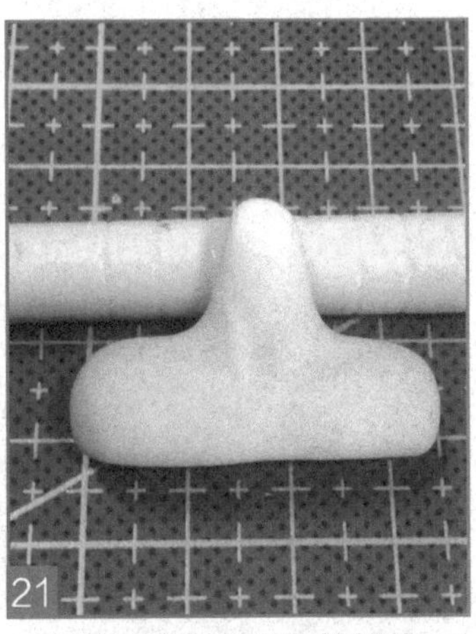

用工具压出锁骨的起伏。

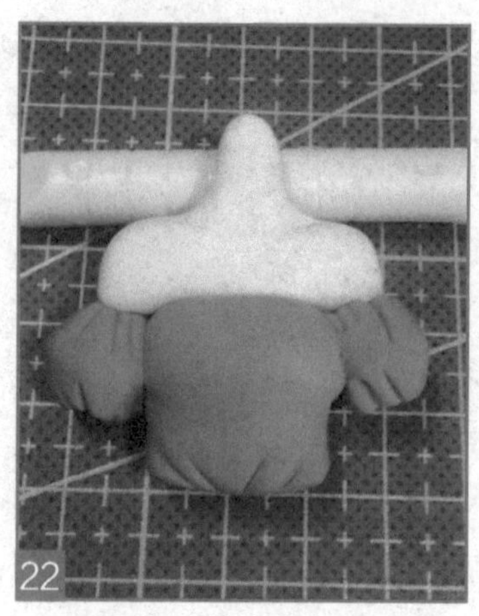


把肩膀粘在做好的上衣上面。

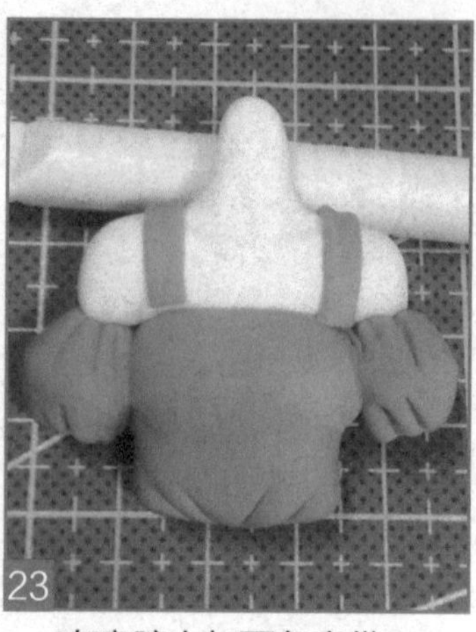


在肩膀上加两条肩带。

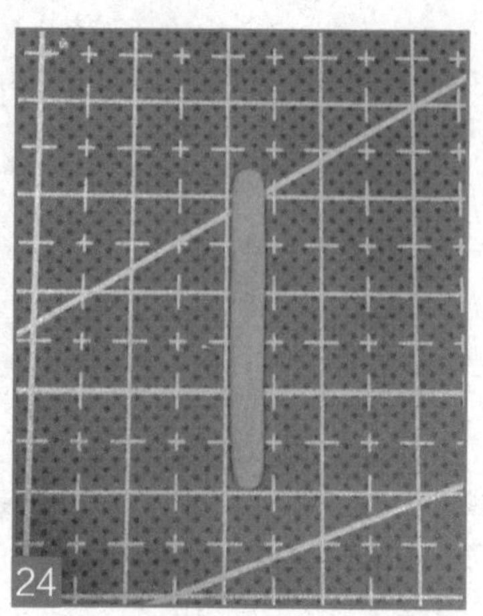


搓一条细长的粘土并压扁做成带子。

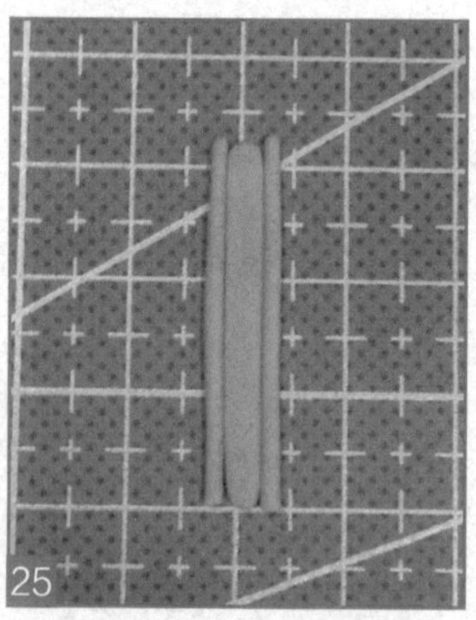


在带子两边加两条细细的粘土。

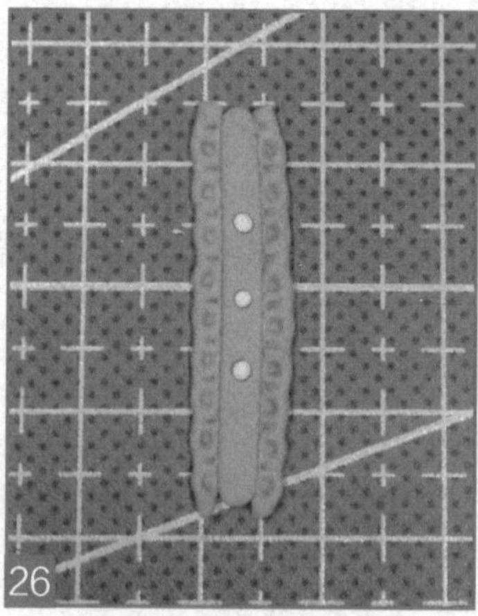


用工具在两边压出褶皱，并在中间加上三个小扣子。

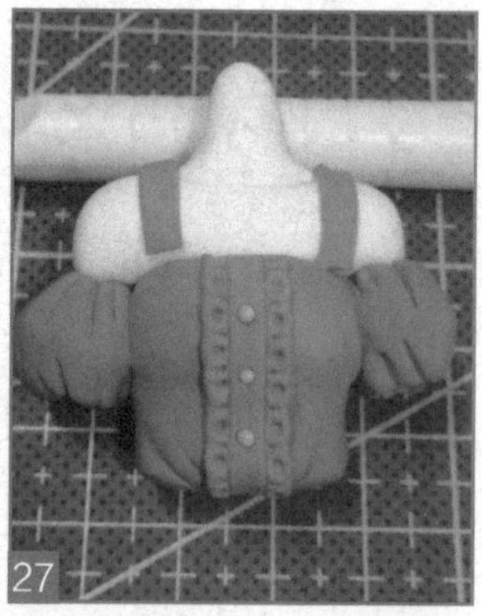


把刚才制作的部件贴在衣服中间，两边多余的部分剪掉即可。

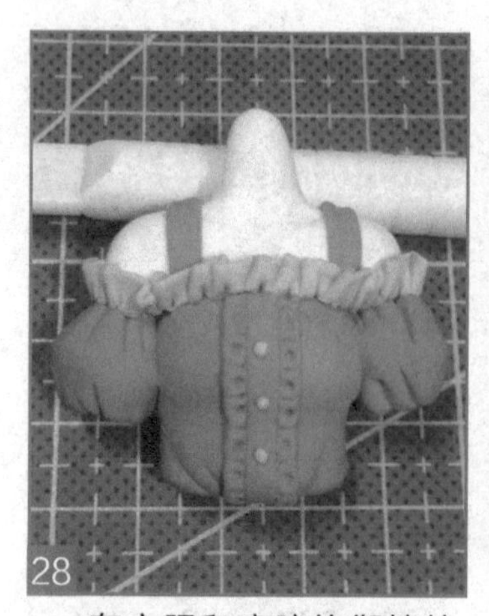


在衣服和肩膀的衔接处加上花边，上半身就做好啦！

在裙子上加一块椭圆形卡其色粘土，并压扁，做人物的腰。

把上半身和裙子粘在一起。

31

用工具在腰上压出浅浅的凹痕，看上去更自然。

最终效果 ^_^

## 5.3.9 制作手臂

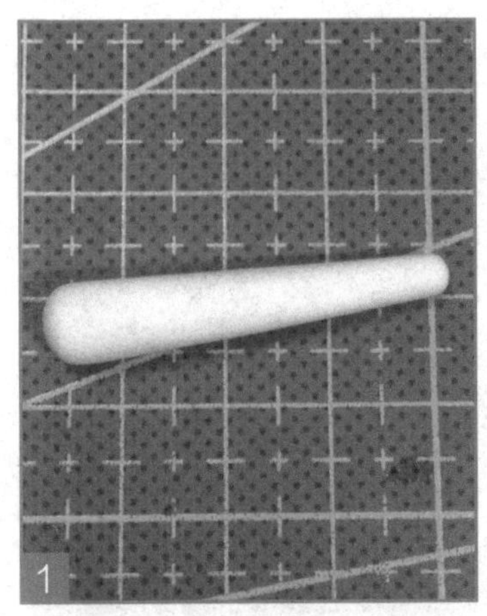

1

取一块肤色粘土搓成图上的形状，用来做手臂。

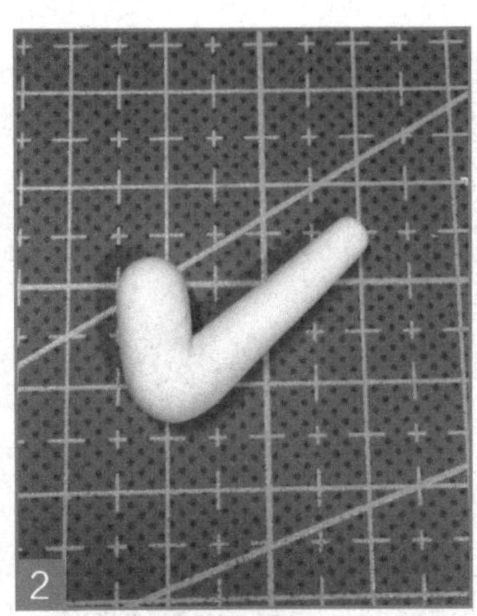

2

在中间的位置折一下，做出人物的手肘。

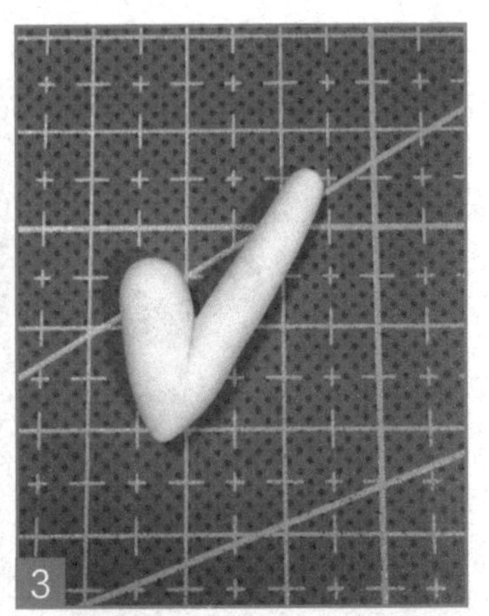

3

做出手肘的线条，手腕要稍细一些。

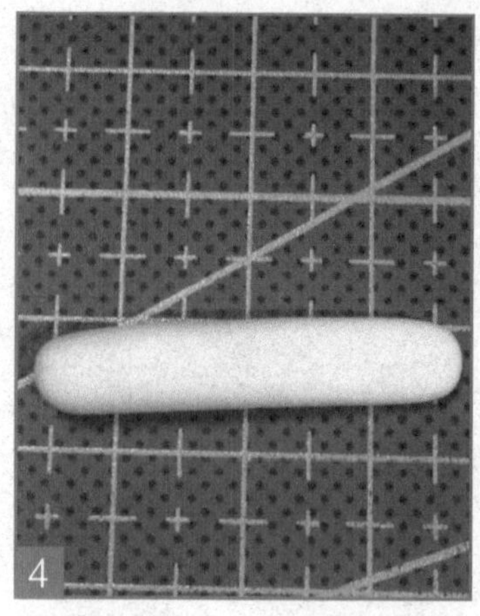


把肤色粘土搓成长条形，一端稍稍压扁。

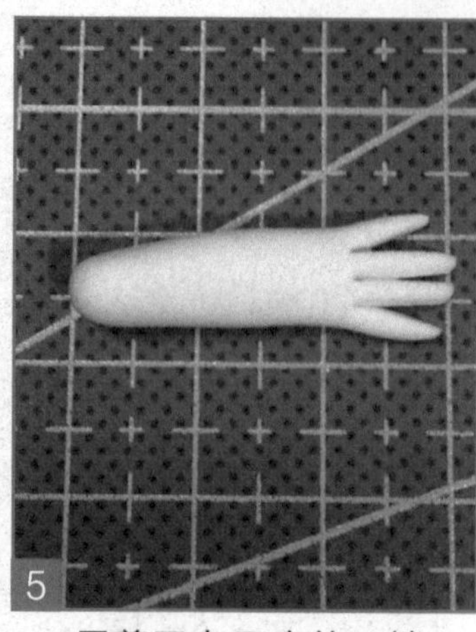


用剪刀在压扁的一端剪出手指。

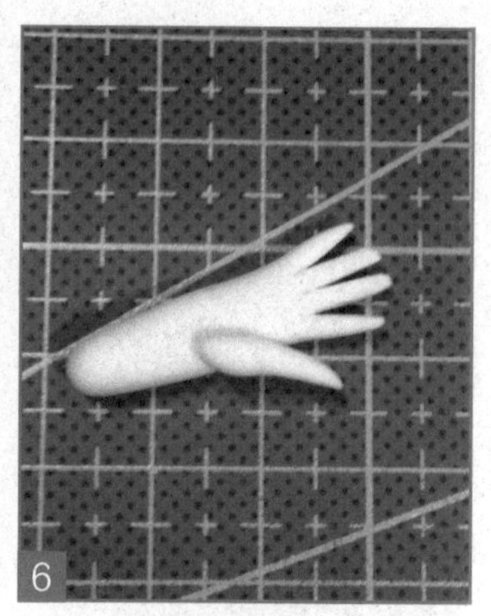


在手的侧面粘上一小条粘土。

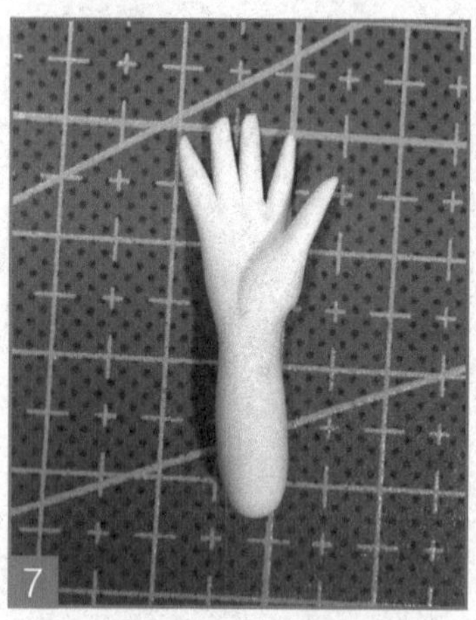


让大拇指和手掌贴合更自然，并捏出手腕。

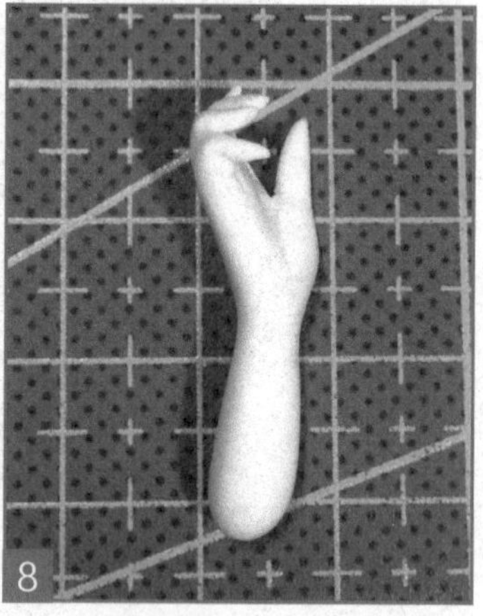


把四指弯曲成图上的动作，右手就做好了。

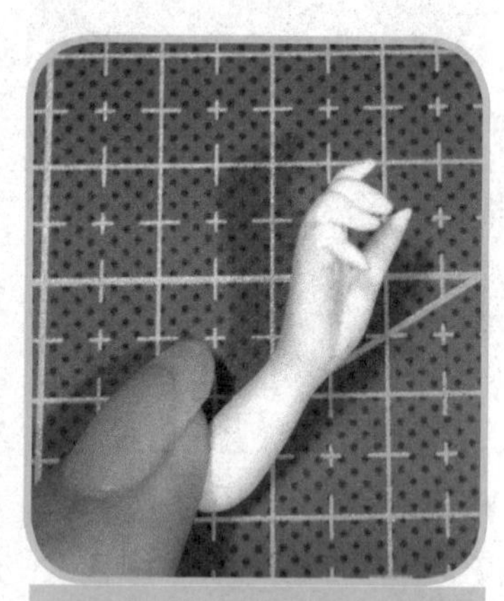

换个角度看看 ^_^

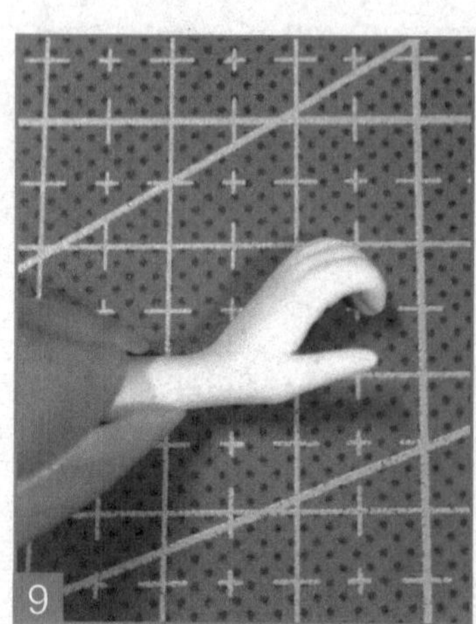


用同样的方法做出左手，注意左手的动作稍微有些不同。

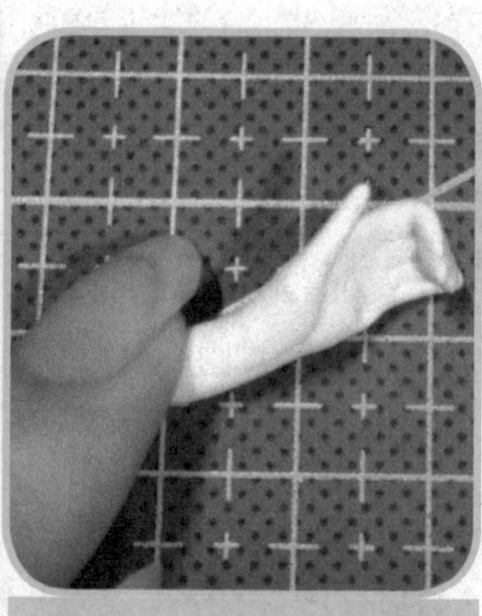

换个角度看看 ^_^

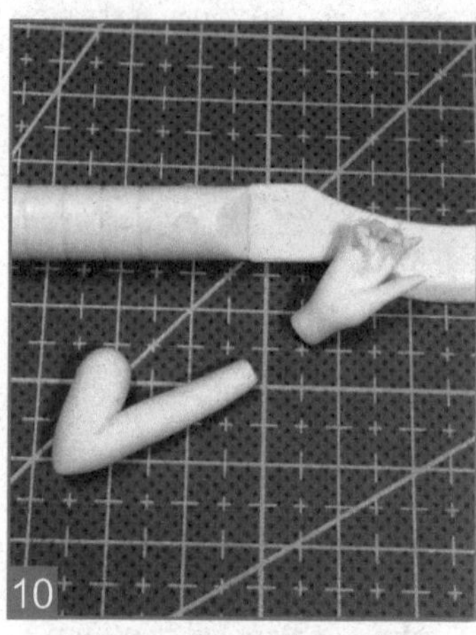


把手腕多余的部分剪掉。

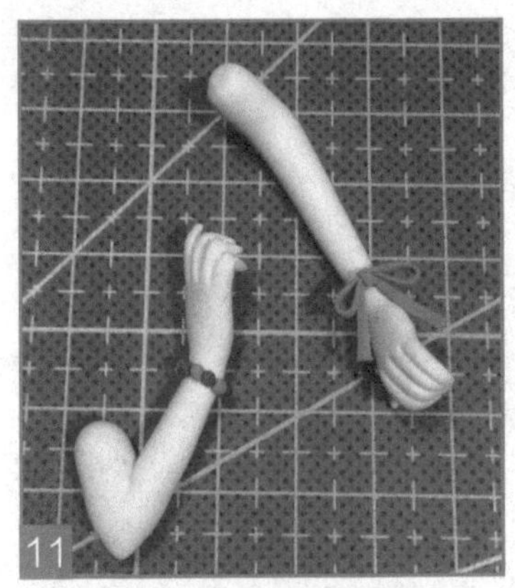

把做好的手和手臂粘在一起，接口部分可以做些小装饰遮挡一下。

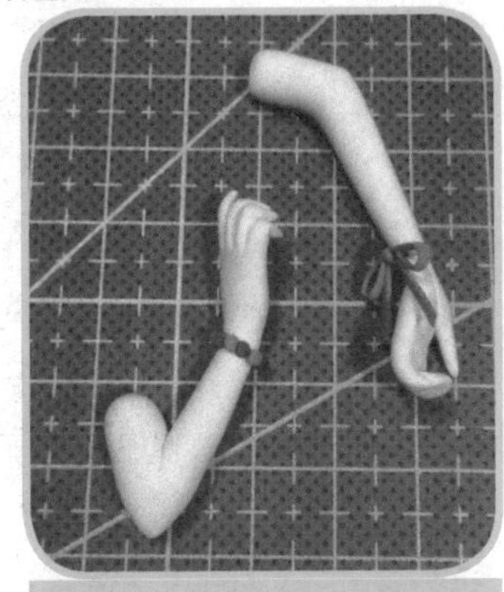

换个角度看看 ^_^

最终效果 ^_^

## 5.3.10 制作蝴蝶结

取一块红色的粘土做成梭形，这里需要做得稍胖一些，用来做蝴蝶结。

用工具把梭形粘土压扁。

从中间剪开。

用手把边缘捏出一点弧度。

用工具压出褶皱。

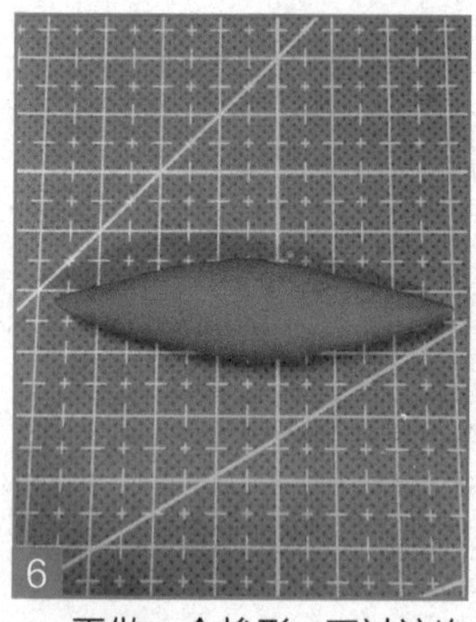

再做一个梭形，不过这次需要稍微瘦一点。

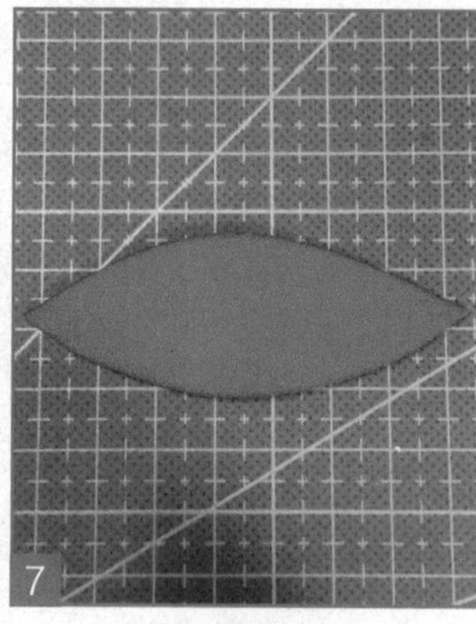

用工具压扁。

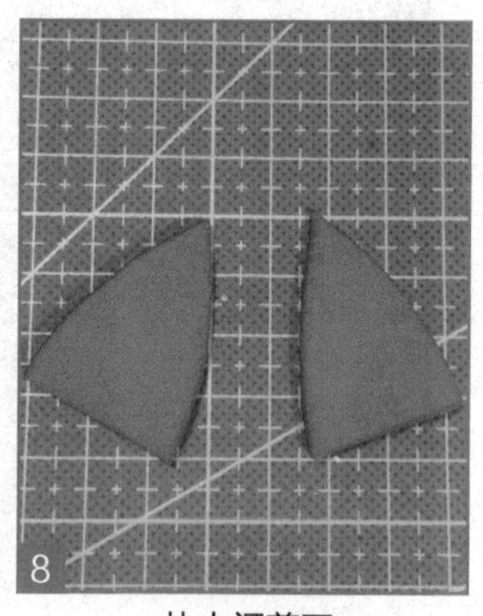

从中间剪开。

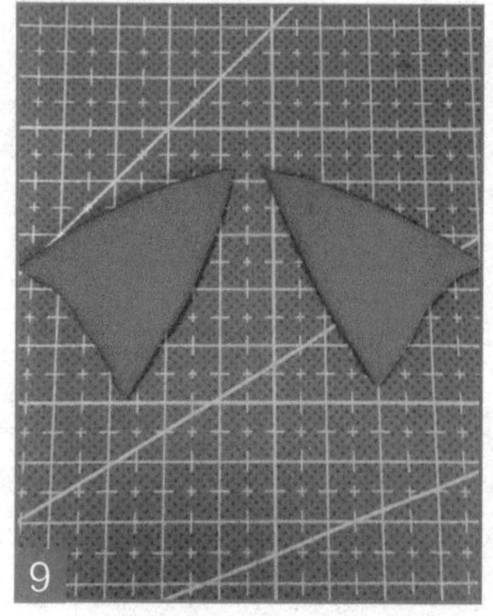

用手把边缘捏出一点弧度。

把做好的四个三角形零件组合在一起。

在中间的位置加一小条粘土。

把粘土条围在中间。

用工具压出纹路，蝴蝶结就做好啦！

## 5.3.11 制作花朵

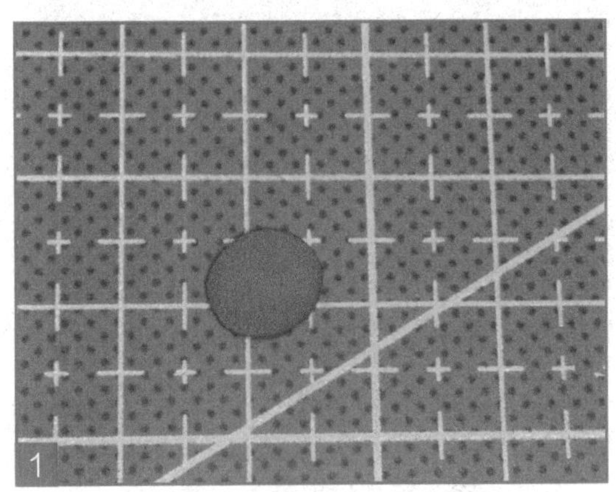

取一小块粘土，揉成小圆球后压成小薄片。

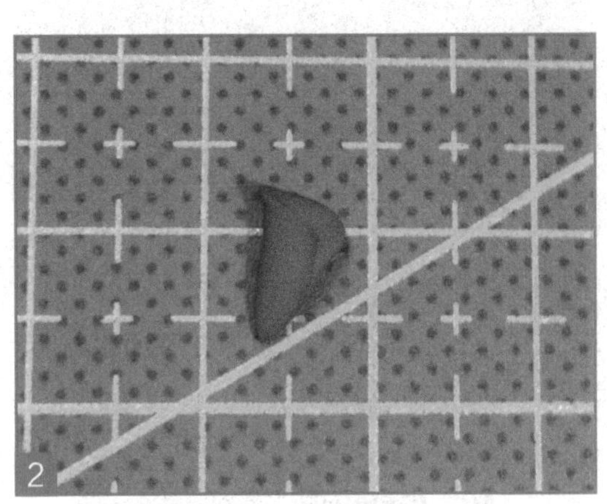

把圆形小薄片的一端卷起来，做成喇叭形，用来做花芯。

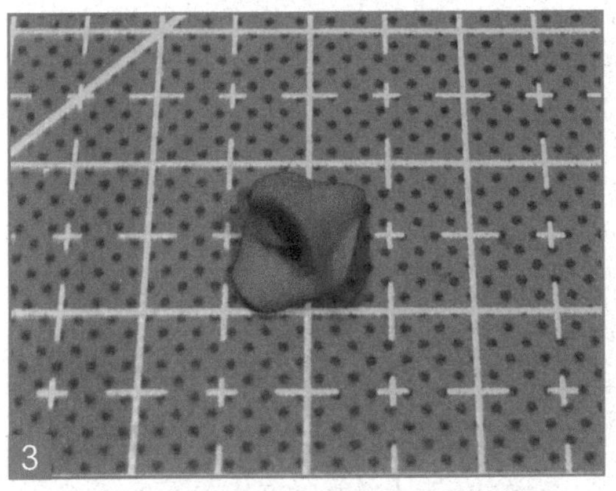

在花芯外面围上一层小薄片做花瓣。

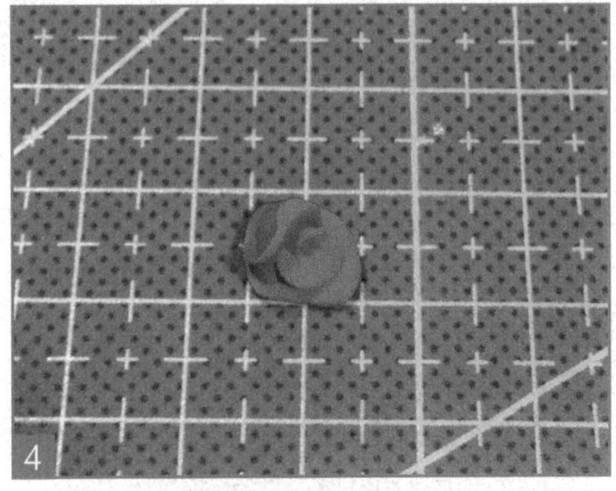

在刚才那片花瓣的反方向再围上一片花瓣，一层一层地往外围。

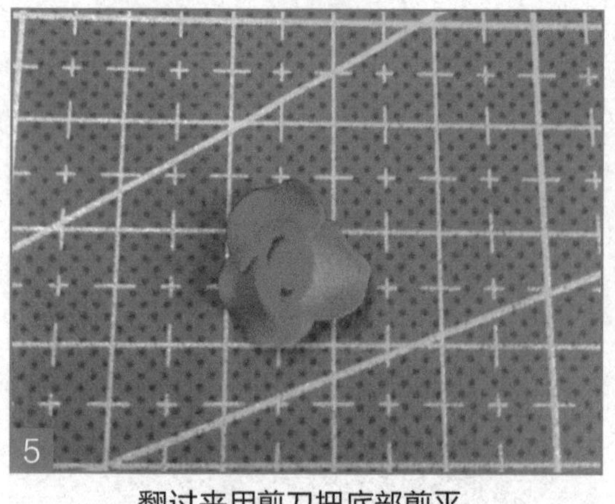


翻过来用剪刀把底部剪平。

花朵完成啦！

## 5.3.12 制作绿叶

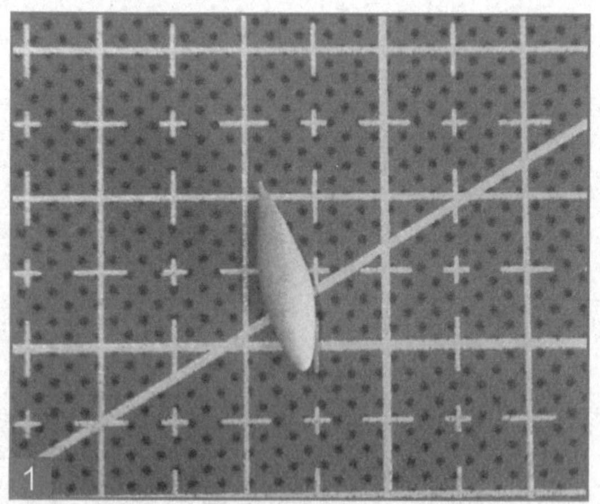


取一块绿色的粘土做成梭形。

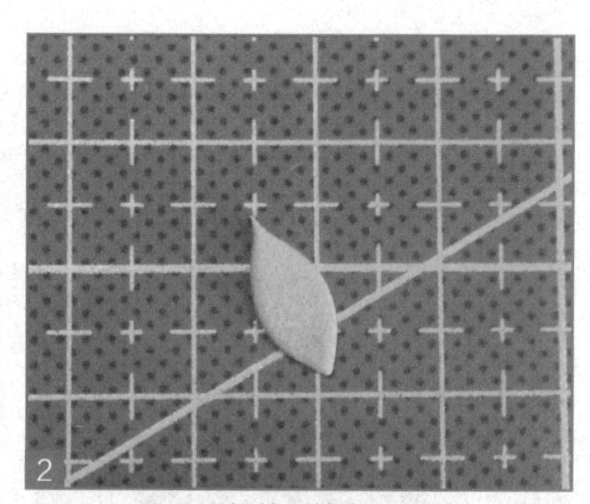


用工具把梭形粘土压扁。

在叶子上压出叶脉，叶子就做好了。

人物的裙子上需要很多花朵装饰，可以用同样的方法制作一些大小不同的花朵、叶子组合起来。

## 5.3.13 制作蘑菇

把红色的粘土做成半球形。

把圆球形的顶端稍微捏尖一点。

在半球形的底部贴一片灰色粘土。

用工具在灰色粘土上压出放射状纹理。

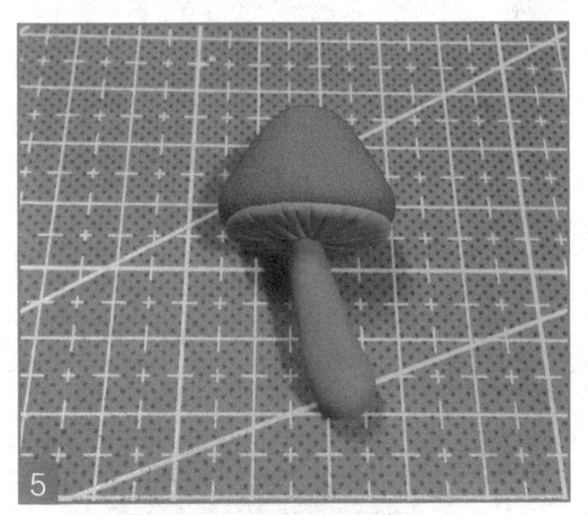

在蘑菇伞下面粘一块萝卜形粘土。

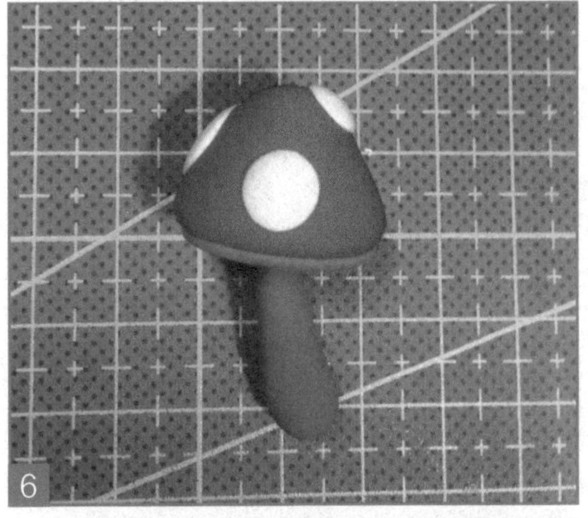

在蘑菇伞盖上贴上白色的斑点，蘑菇就做好啦。

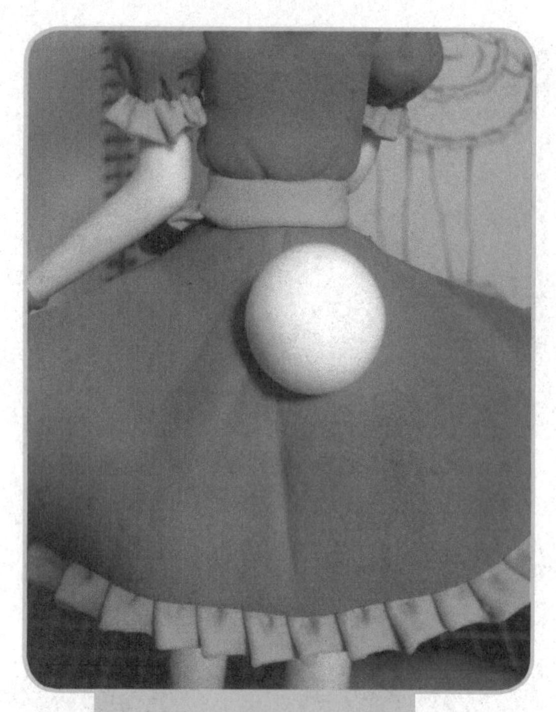

白色粘土当尾巴

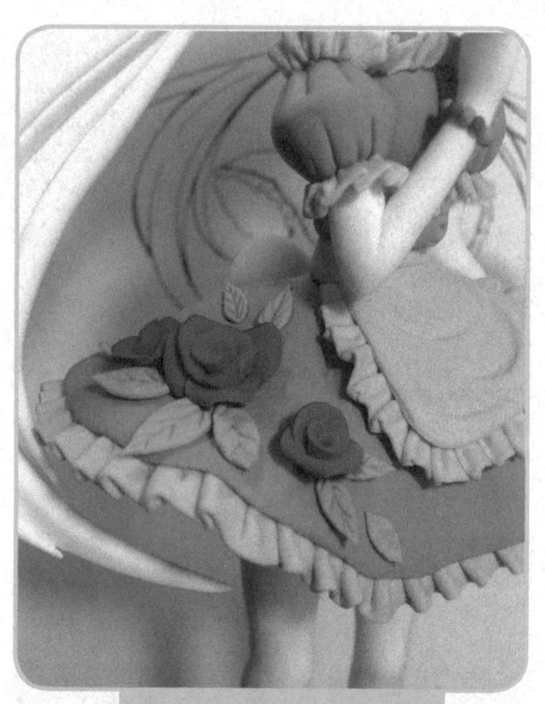

玫瑰花粘上去啦 ^_^

戴上蝴蝶结啦~

正面的最终效果~

## 5.3.14 制作底座

因为粘土比较轻，用一块比较重的亚克力片做底座的基础。

把一块绿色的粘土压扁，和亚克力片大小相等。

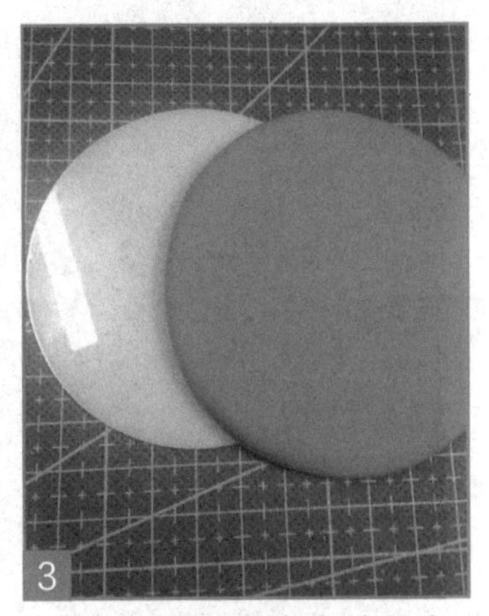


把粘土和亚克力片叠在一起。

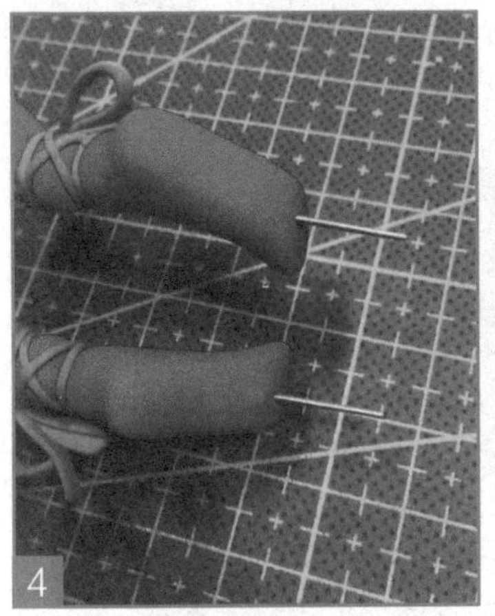


在人物的脚底穿上铁丝。

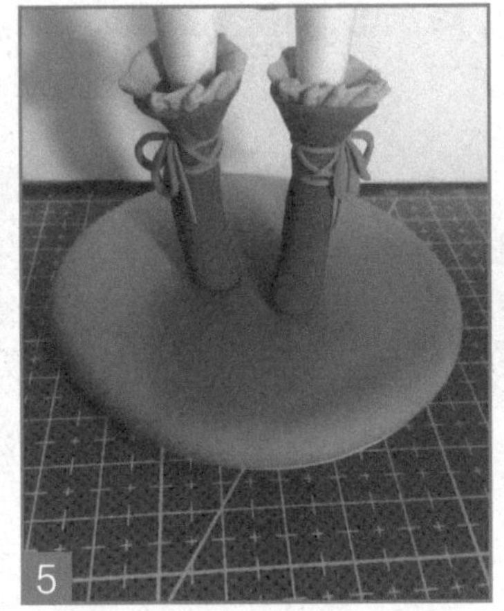


把人物插在底座上。这一步最好等到底座粘土晾干之后，不然容易不稳。

在底座边缘围一圈浅黄色粘土条。

用工具压一圈。

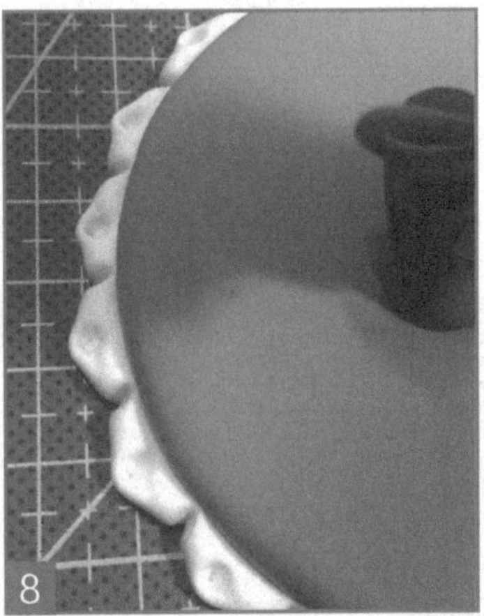


在刚才压的花纹中间再压一圈小坑。

这样看起来是不是有点像蕾丝？

在人物脚边插上大大小小的蘑菇。

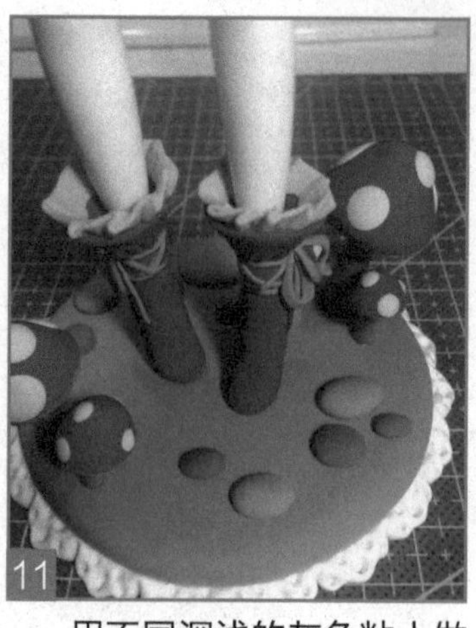


用不同深浅的灰色粘土做一些小鹅卵石。

再点缀一些小草，底座就完成啦。

正面的最终效果~

背面的最终效果~

# 第6章

# FAIRY TAIL的下午茶

## FAIRY TAIL 的下午茶

露西和艾露莎是动漫《妖精的尾巴》中的人物。露西有一头金黄的头发，长相漂亮，她性格活泼开朗，擅长吐槽；艾露莎有男性的气魄和领导者的风范，号称“妖精女王”。

## 6.1 绘制 FAIRY TAIL 的下午茶线稿

先画露西，画出刘海。

接着画出脸型。

随后画出眼睛、嘴巴、眉毛及耳朵。

接下来画出脑袋后面的头发。

画出衣服的轮廓。

画出衣服的细节。

接着画出裙子的轮廓。

接下来是腿部和脚部，露西线稿完成。

接下来画出艾露莎的头发。

画出艾露莎的脸部轮廓。

画出艾露莎眉毛、眼睛和嘴巴的细节。

给艾露莎画上蝴蝶结和辫子。

接下来是艾露莎衣服轮廓。

接着画出艾露莎衣服的细节。

画出托盘、茶壶和茶杯。

为艾露莎添上胳膊。

画出艾露莎的腿部和脚部。

18

开始画小普鲁，画出普鲁的头和身体的轮廓。

19

为普鲁添上五官，包括眉毛、眼睛、鼻子和嘴巴。

20

在普鲁身边添上两个苹果。

21

最后画上两个蛋糕，并给艾露莎的裙子添上细节。

# 6.2 FAIRY TAIL 的下午茶配色步骤

# 6.3 露西具体制作步骤

## 6.3.1 制作露西的面部

头部是整个手办很重要的一个部分，在制作时，要遵循线稿人物的实际特征，也要考虑到粘土的特性。制作时要考虑到头发的厚度，适当减少在颅骨处的用量。

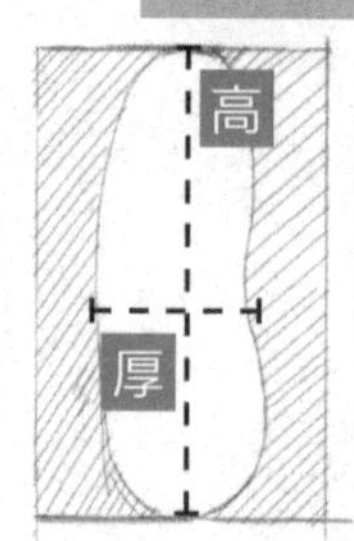


从侧面图看，高度 2cm，厚度 0.8cm，中间靠下的地方有横向的凹陷。

把肤色粘土，揉成球体后压扁，用来做脸部，为了节省晾干时间，这里把露西和艾露莎的脸一起做好。脸部晾干后才能画五官，晾干一般需要 1-2 天。

用铅笔在粘土上按照线稿轻轻画上五官。

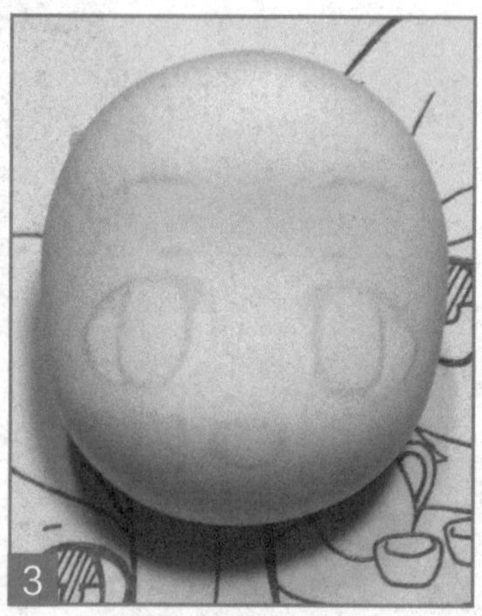

先用白色的颜料填充眼白的部分。

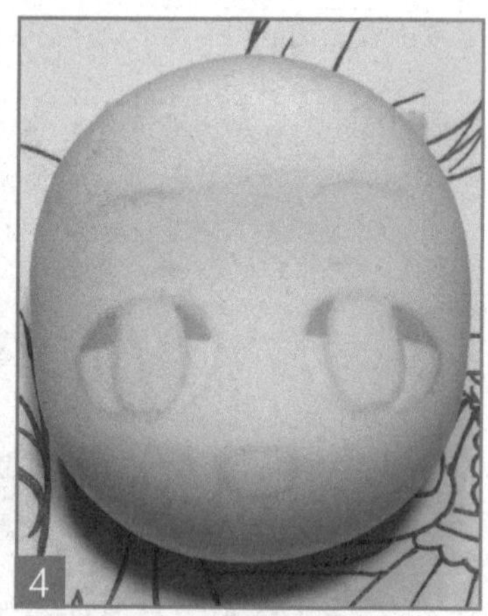

接着用浅灰色在靠近眼睑的部分画上眼白的暗部。

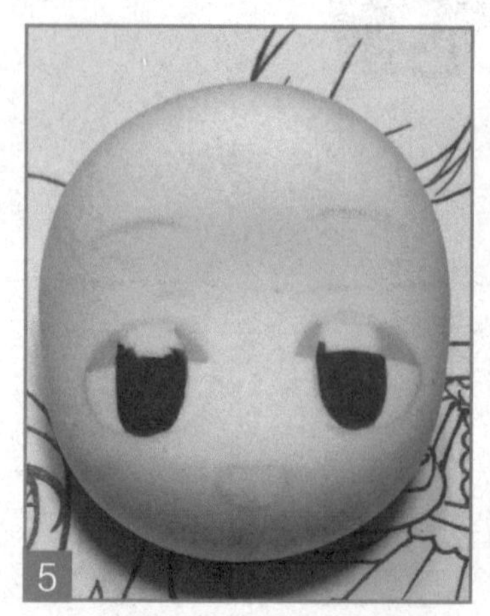

用咖啡色颜料画出眼睛的底色。

用黑色画出瞳仁和瞳孔的暗部。

用黑色勾出眼线和眉毛，用粉色画出嘴巴。

用深棕色勾出嘴巴的外轮廓。

用粉刷蘸粉彩，在脸颊处扫上腮红。

换个角度看看 ^_^

接下来画出眼睛的反光，点上眼睛里的高光，脸就完成啦！

换个角度看看 ^_^

## 6.3.2 制作露西的头发

把黄色粘土揉成椭圆形，用来做人物的头发。

把椭圆形的一面压扁，尾部捏薄并稍微上翘。

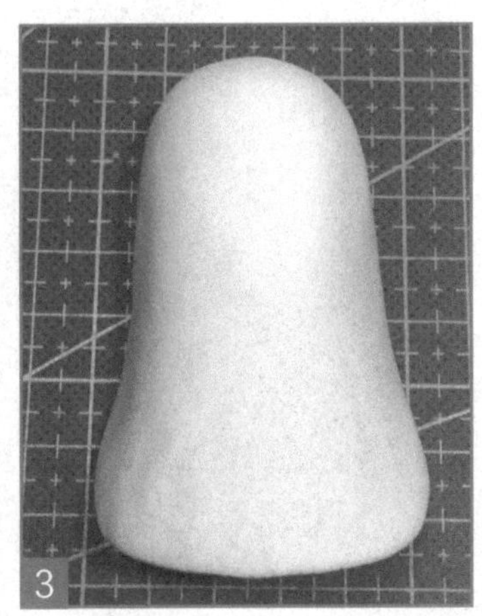


逐渐调整出图中的形状。

尾部尽量捏薄。

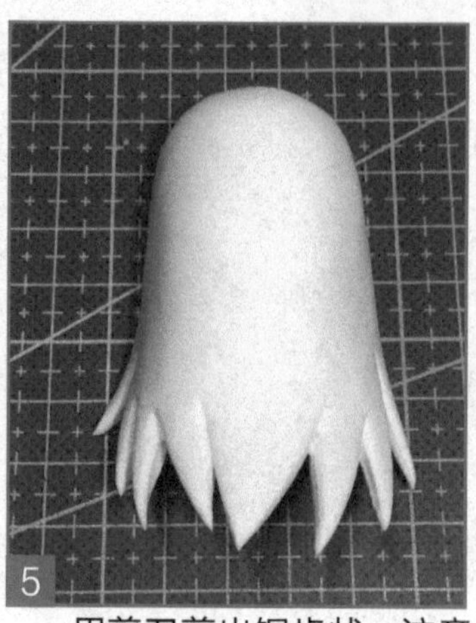

用剪刀剪出锯齿状，注意不要太呆板。

把脸和头发粘在一起，注意上方不要对齐，大约留 5 毫米左右。

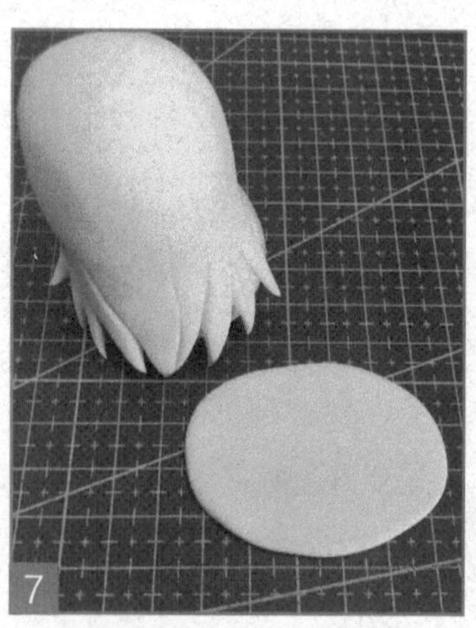

把一块黄色粘土压扁。

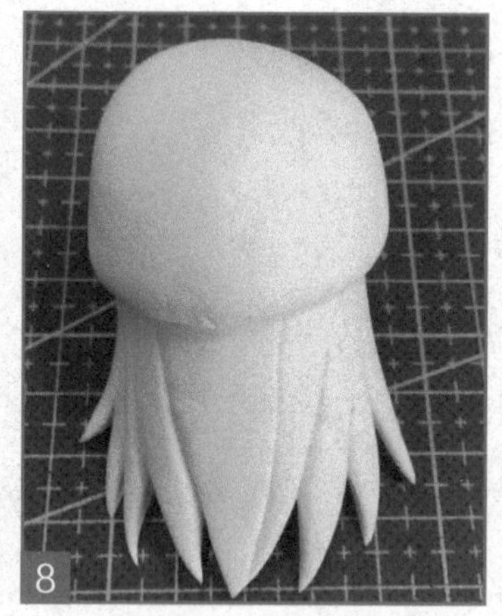

裹在人物的后脑勺。

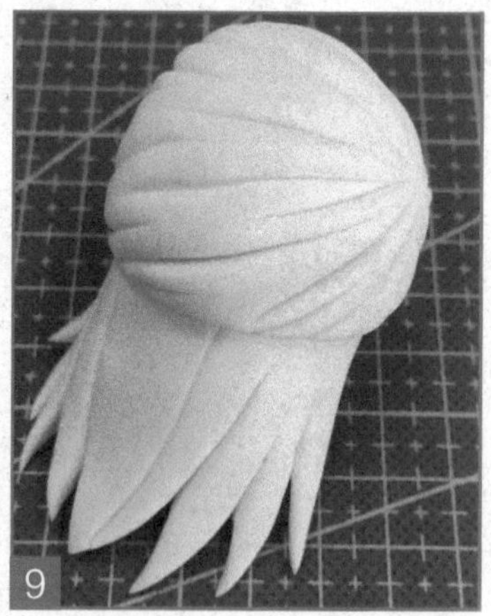

用工具压出发流，后脑勺就做好啦。

换个角度看看 ^_^

现在开始做刘海，把一块黄色的粘土裹在泡沫球上压扁，注意厚薄要均匀。

用工具刻出刘海的大致轮廓。

把刘海从泡沫球上取下。

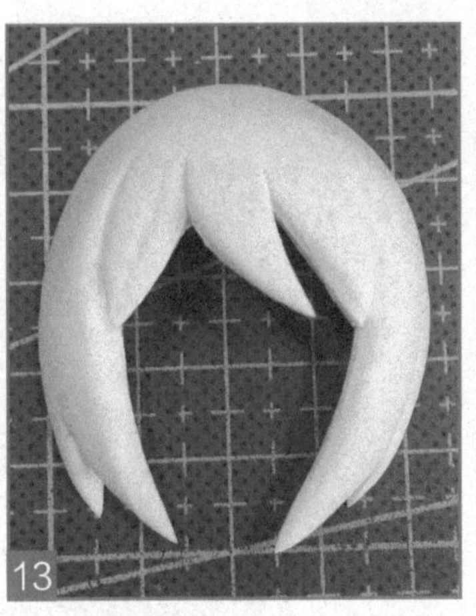


用剪刀沿着刚才刻的轮廓，剪掉不要的部分。

把做好的刘海贴在人物前额。

注意侧面要尽量和后脑勺的头发贴合。

换个角度看看 ^_^

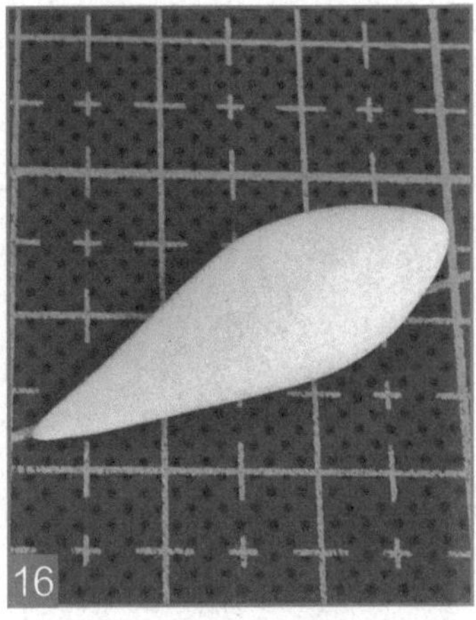


把一小块黄色粘土揉成梭形，用来做人物辫子的发丝。

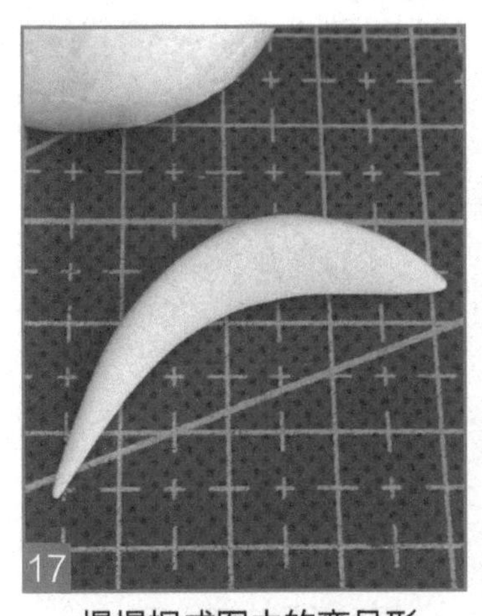


慢慢捏成图中的弯月形。

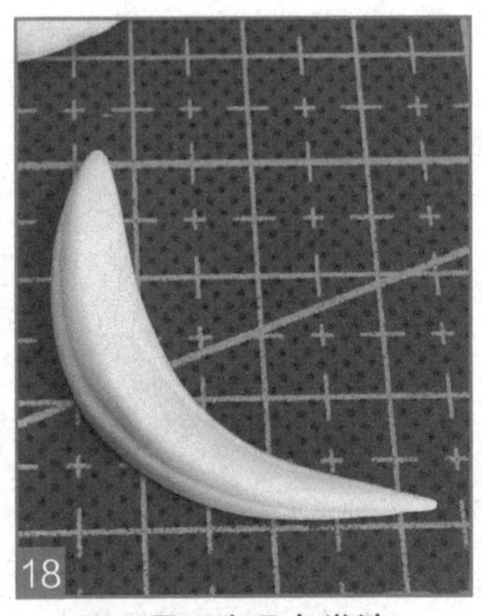


用工具压上几条发流，一条发丝就做好了。

用同样的方法做7条发丝，注意每一条都在大小和弧度上有一些变化。

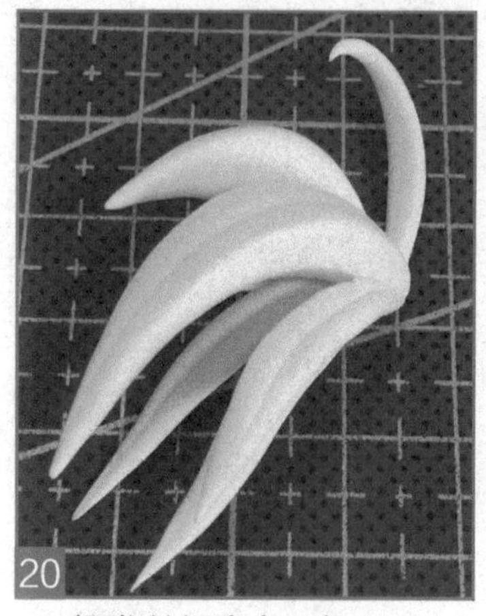
把发丝组合在一起。

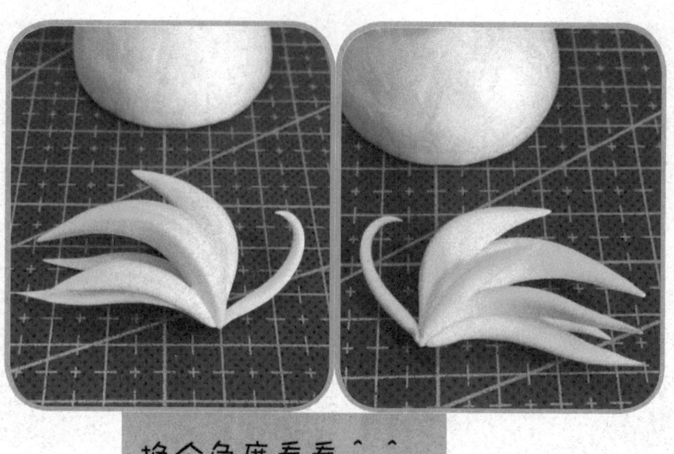
换个角度看看 ^_^

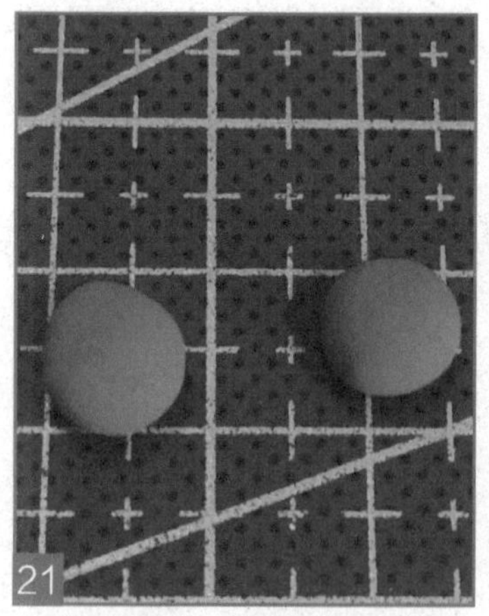
取两小块蓝色的粘土，用来做人物的发饰。

搓成梭形。

把梭形粘土压扁，注意边缘用手捏得薄一点，看起来比较自然。

用工具压出皱褶。

在人物头部侧面的发流汇聚点粘一块蓝色粘土。

把辫子固定在上面。

把刚才做好的兔耳朵发饰粘在蓝色粘土上，露西的头就做好了。

换个角度看看 ^_^

换个角度看看 ^_^

## 6.3.3 制作露西的腿部

用肤色的粘土做两个小圆柱，用来做人物的大腿。

再做两个略小一点的黑色圆柱，用来做人物的袜子。

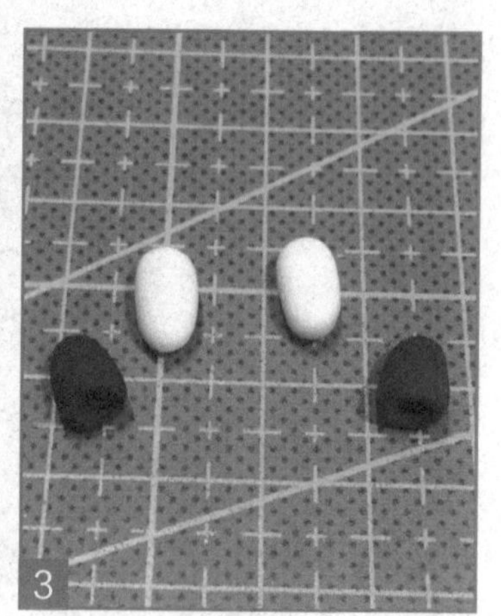


用工具在黑色圆柱的一端压出小凹坑。

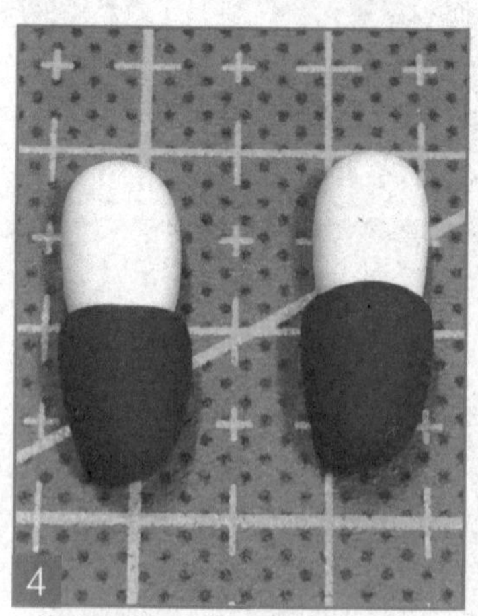


把袜子和腿组合在一起。

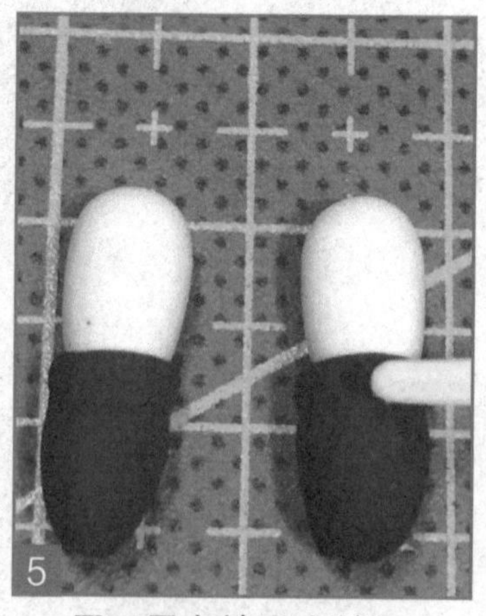


用工具在袜子上端压出印子，看起来更自然。

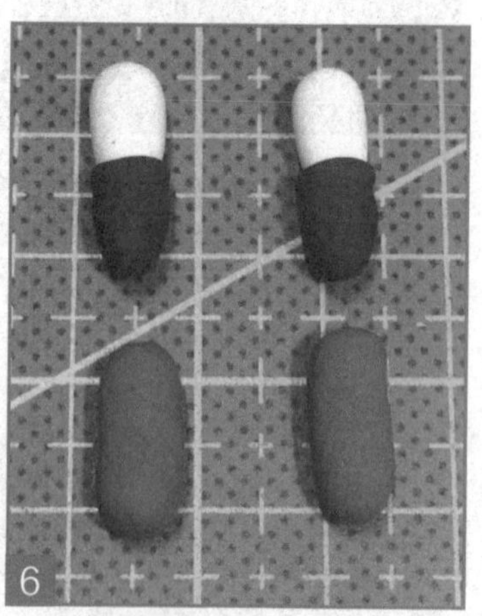


用咖啡色粘土做两个圆柱，用来做人物的靴子。

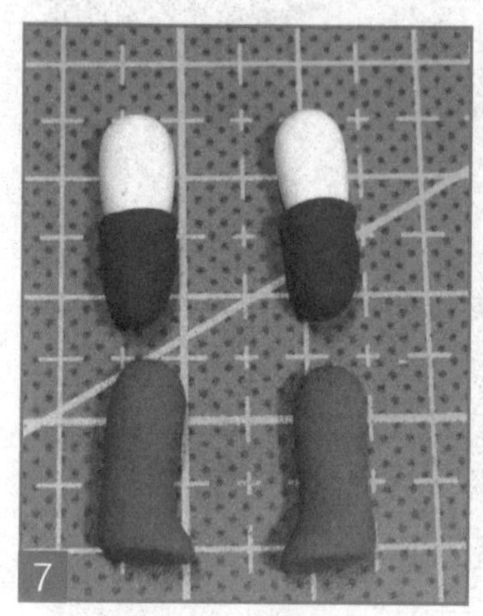


在靴子的一端捏出脚尖。

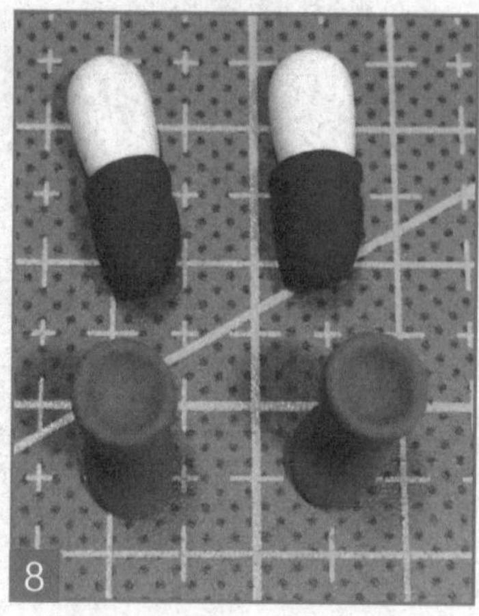


用工具在靴子的另一端压出凹坑。

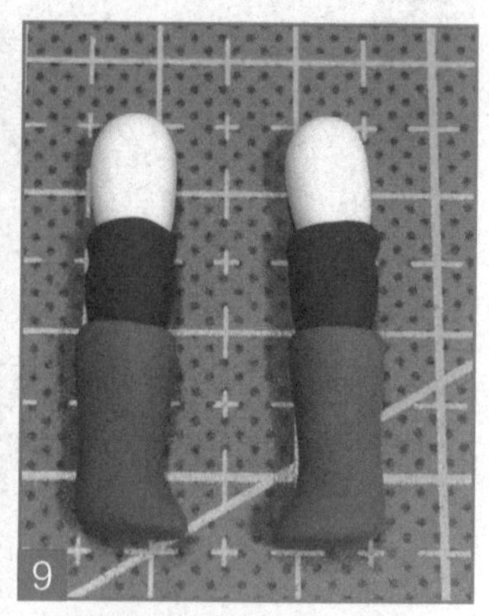


把靴子和腿粘在一起。

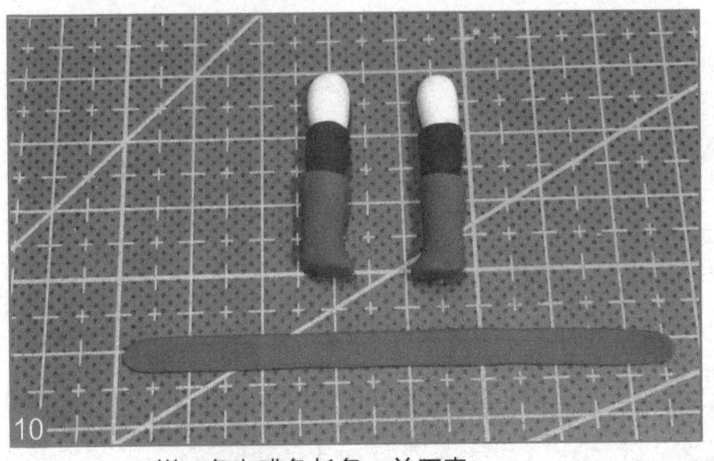

搓一条咖啡色长条，并压扁。

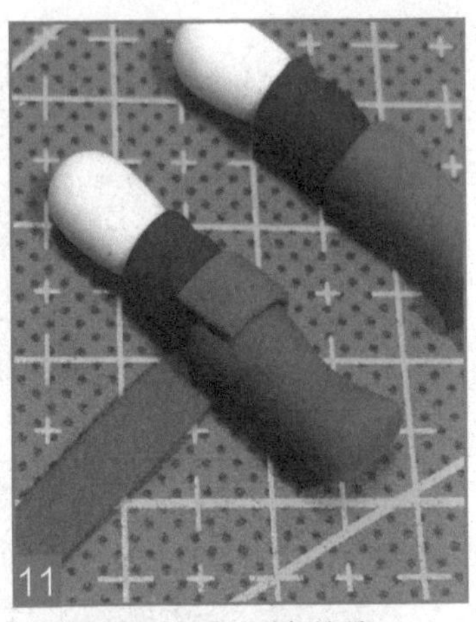

把长条的一端剪齐，围在靴子上，注意起始位置是在靴子后方。

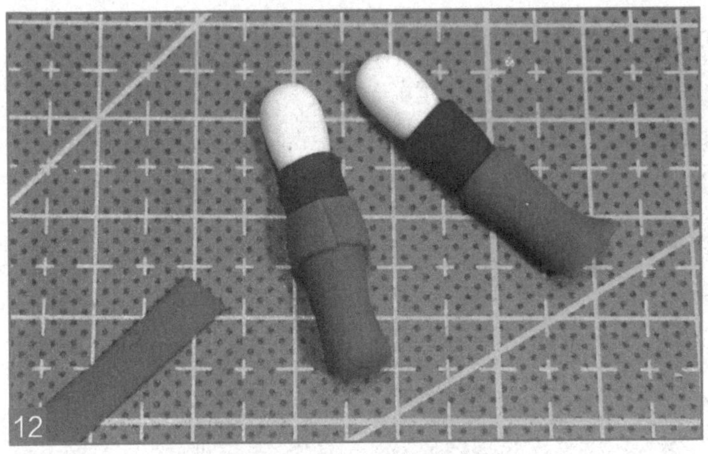

围一圈之后把多余的部分剪掉。

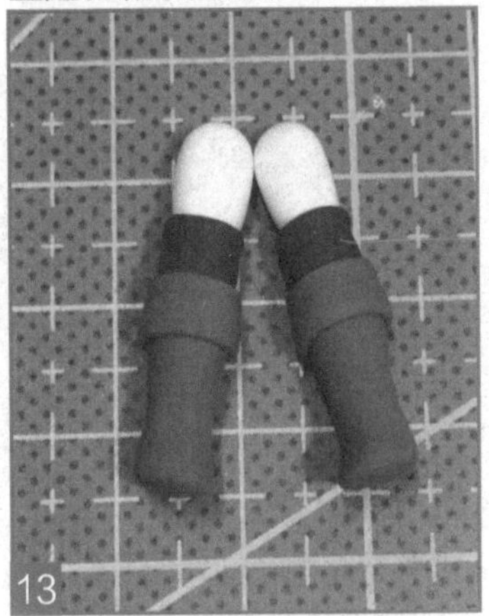

用同样的方法做好另一边。

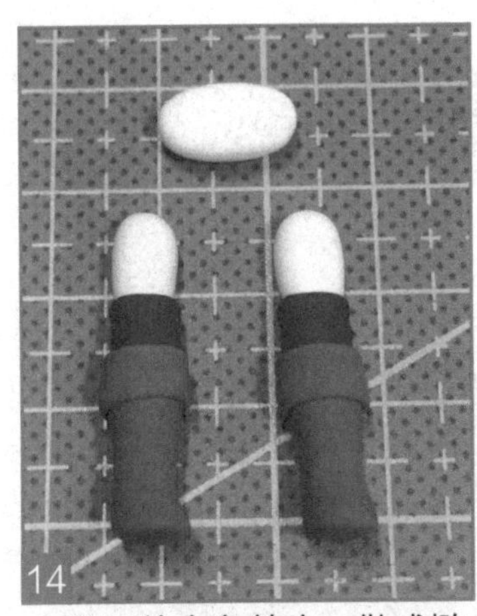

取一块白色粘土，做成椭圆形，用来做人物的小裤裤。

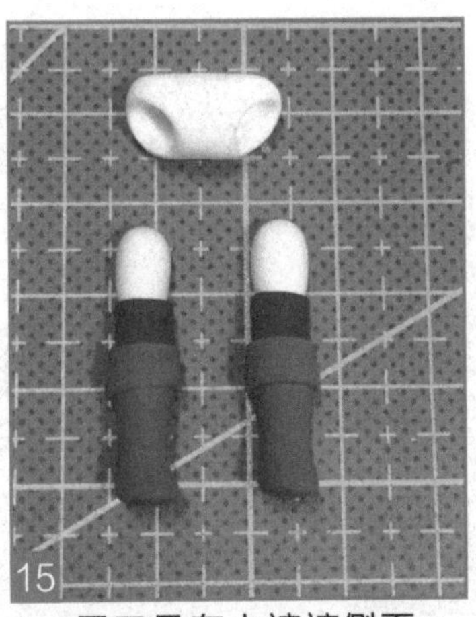

用工具在小裤裤侧面戳两个凹坑。

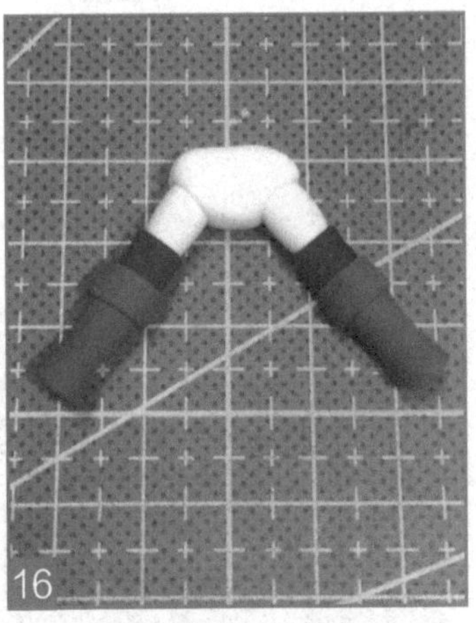

把腿粘在小裤裤上。

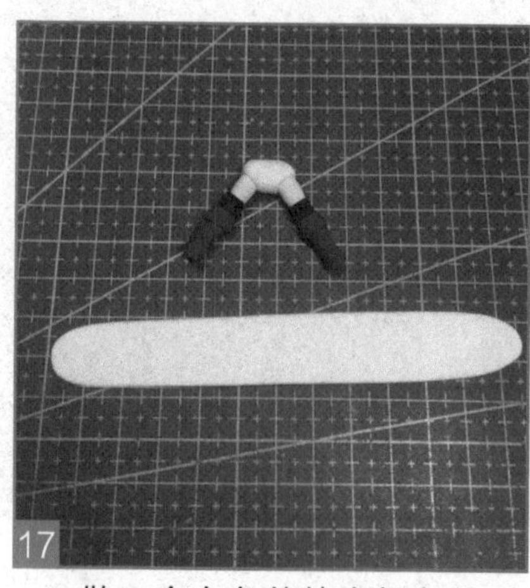

做一个白色的粘土长条并压扁。

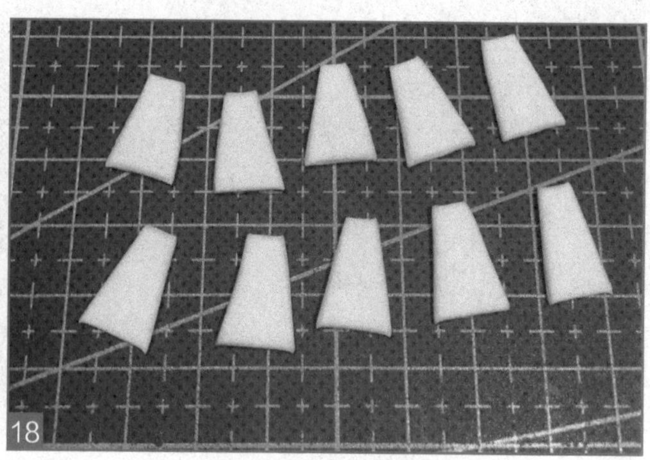

用剪刀剪出 10 块长梯形。

把长梯形交错地拼在一起，注意下半部是顶角对齐，上半部略微有一些重叠。

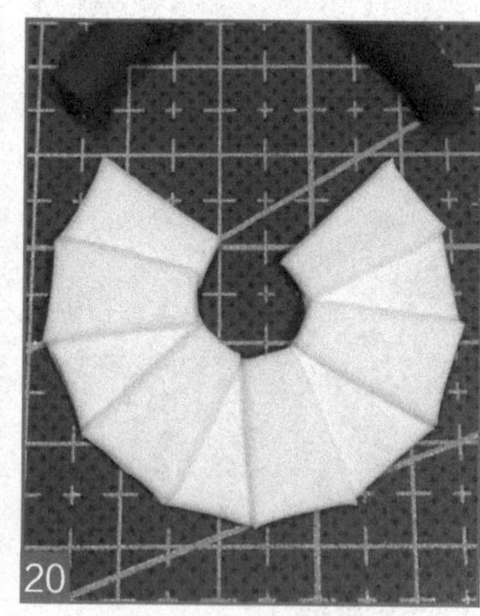

把 10 块梯形都拼好。

把两端粘在一起，圆锥形的百褶裙就做好了。

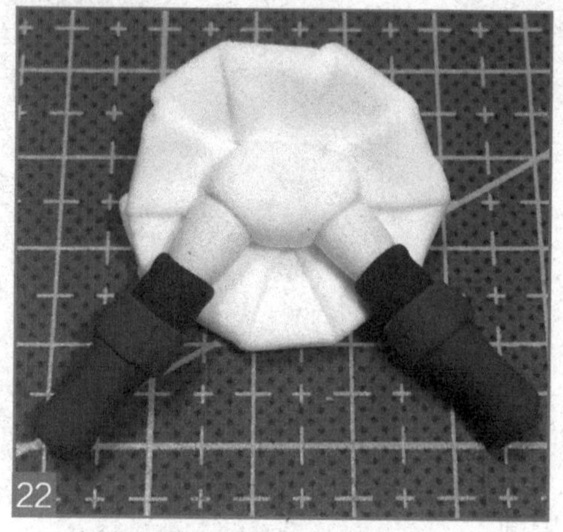

把裙子粘在刚才做好的腿上，注意位置不要偏。

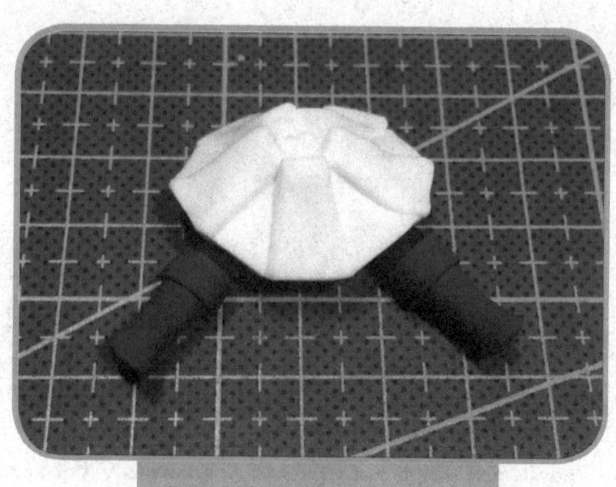

换个角度看看 ^_^

## 6.3.4 制作露西的身体

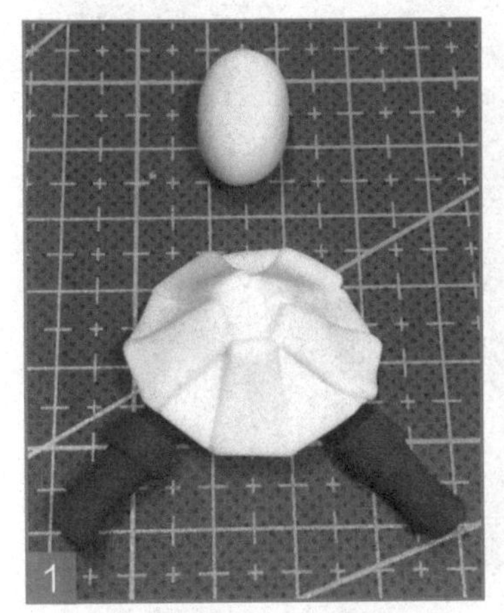


取一块肤色粘土做成椭圆形，用来做人物身体。

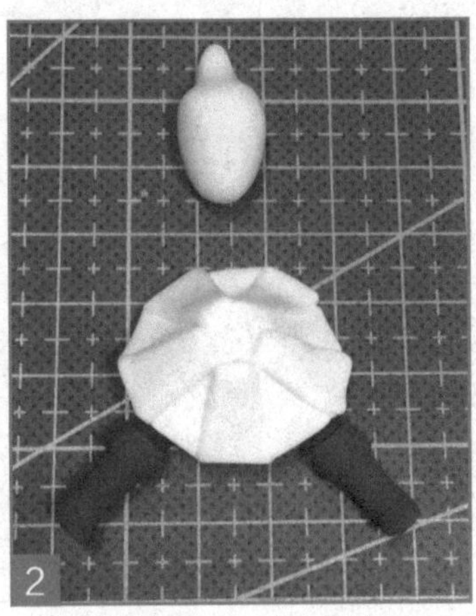


在上端搓出脖子的形状。

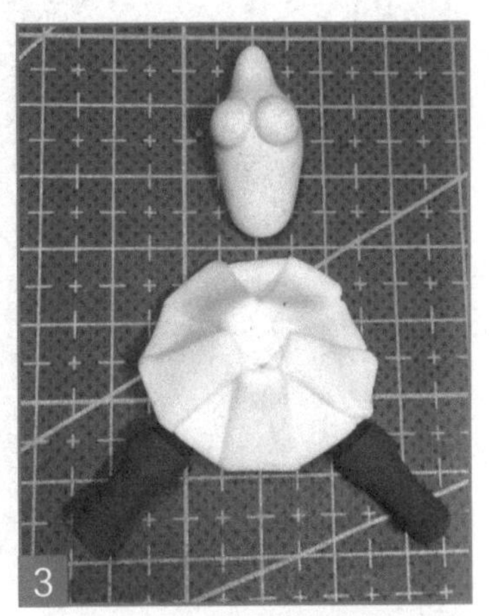


把两个肤色的小圆球粘在身体上，用来做人物的胸部。

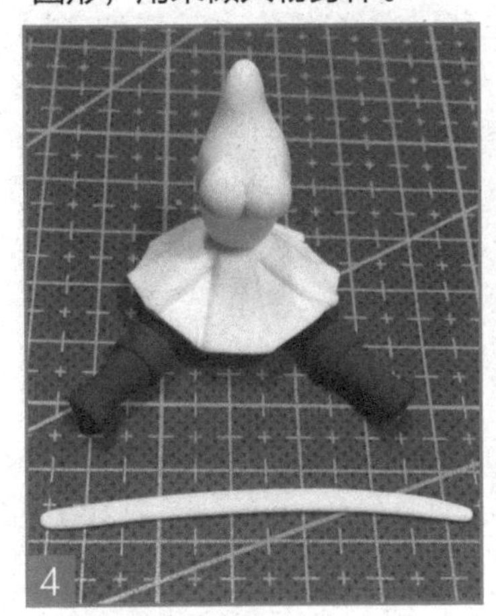


把身体粘到裙子上，注意角度往前稍倾。

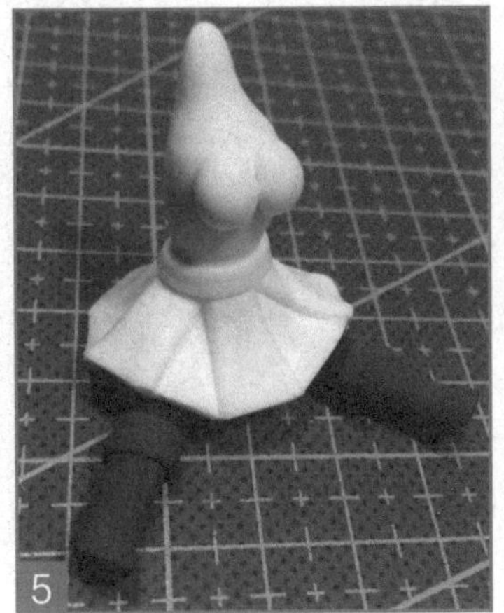


用白色粘土做成长条形，围在人物腰部。

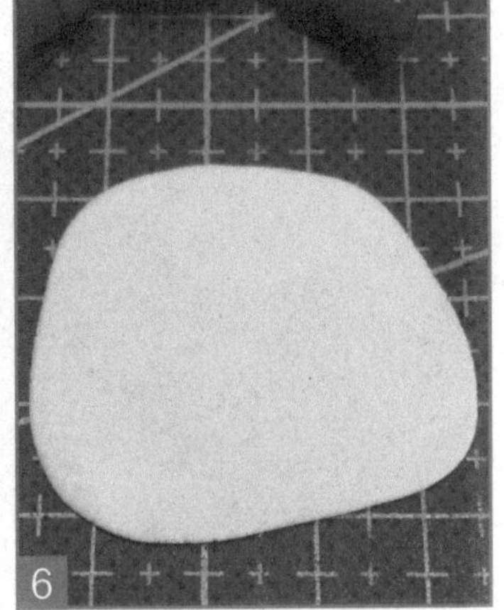


把一块白色粘土压扁，用来做人物的上衣。

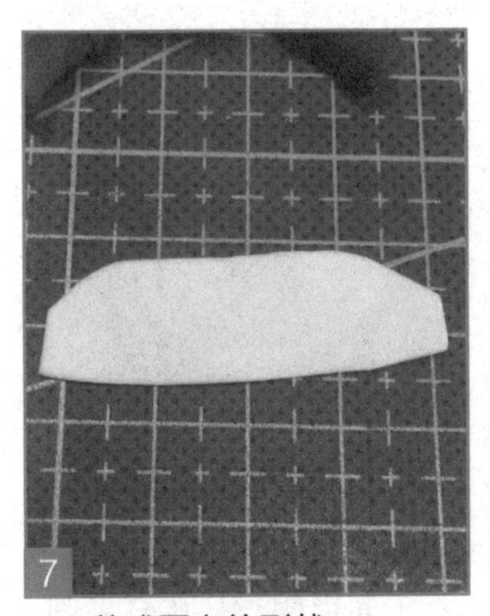


剪成图上的形状。

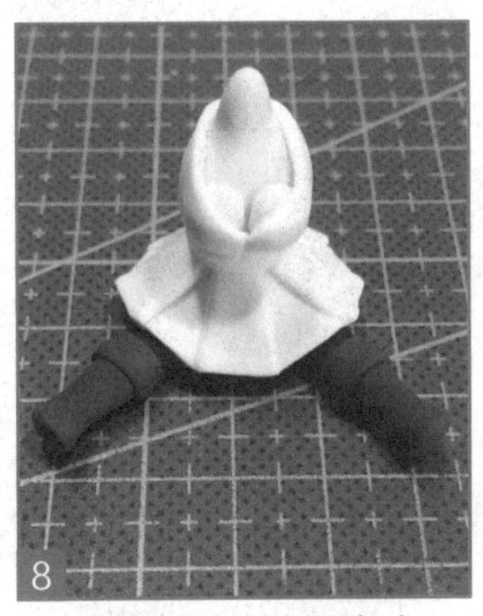


把剪好的上衣围在人物身上。

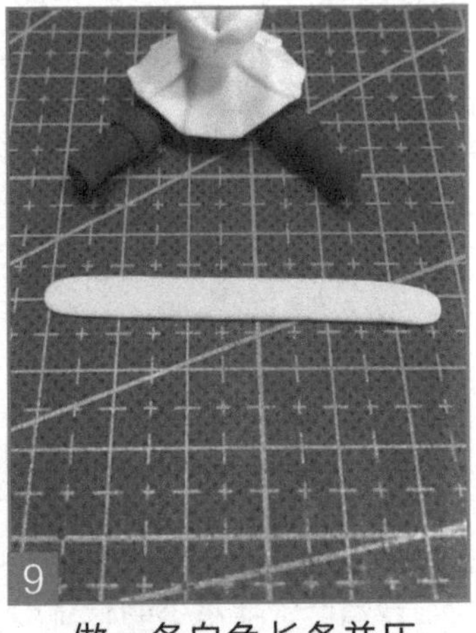


做一条白色长条并压扁，用来做人物的领子。

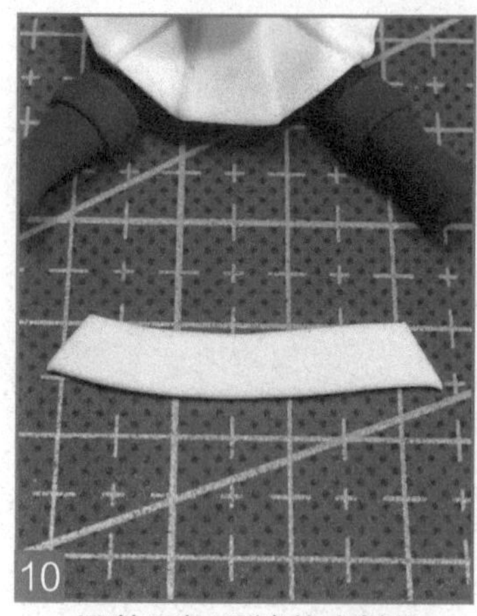


用剪刀把两端剪成斜的。

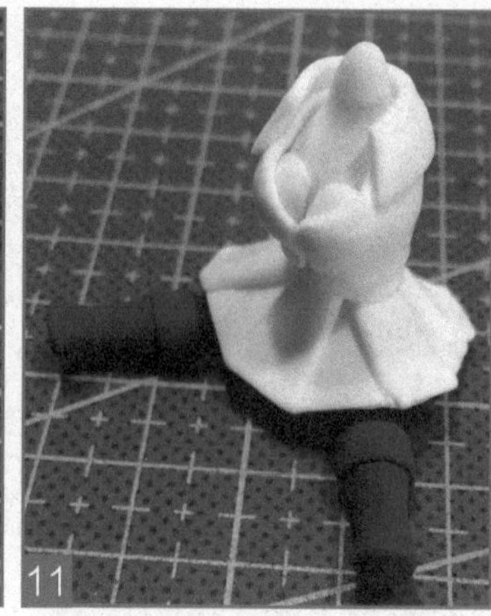


把领子围在领口部分。

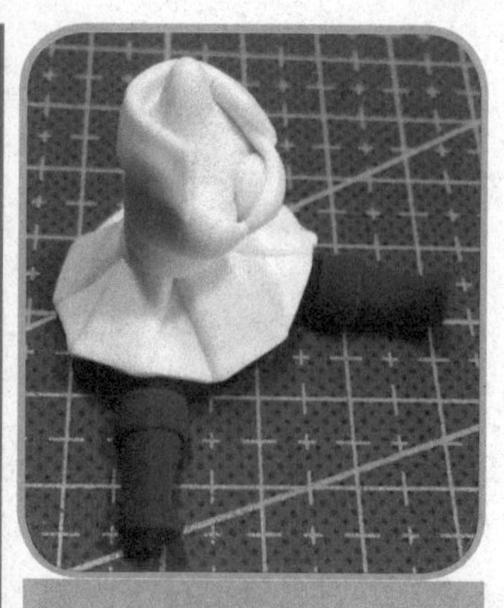

换个角度看看 ^_^

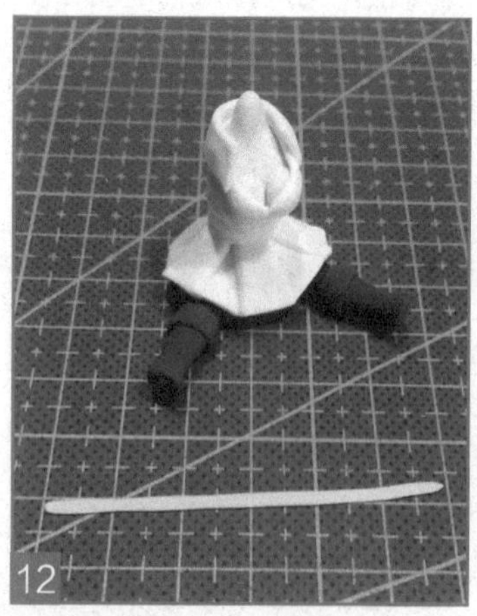


做一条黄色的粘土并压扁用来做人物的皮带。

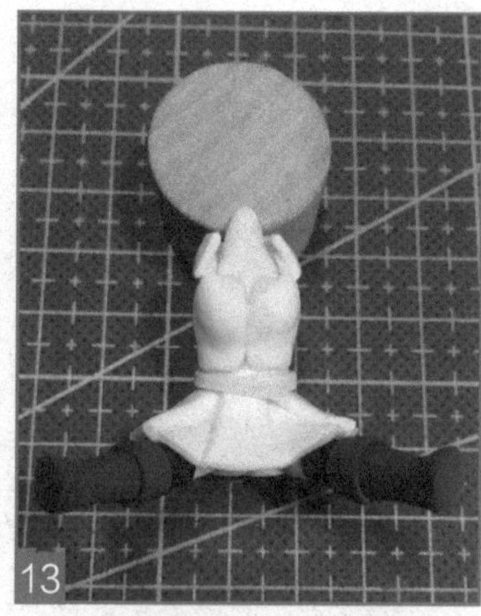


把腰带围在人物腰部，多余的部分剪掉。

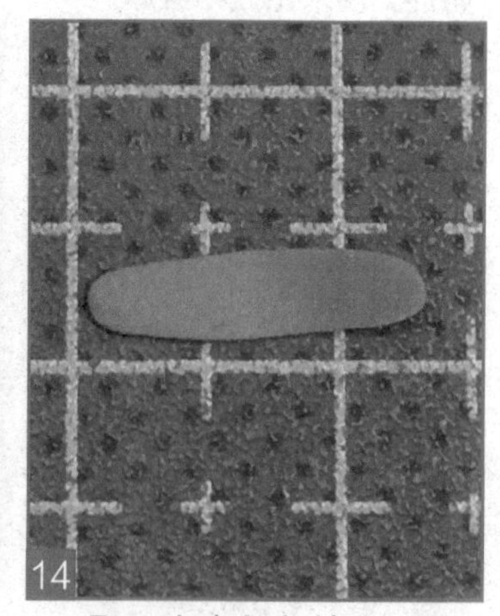


取一小点灰色粘土，并压扁，用来做皮带扣。

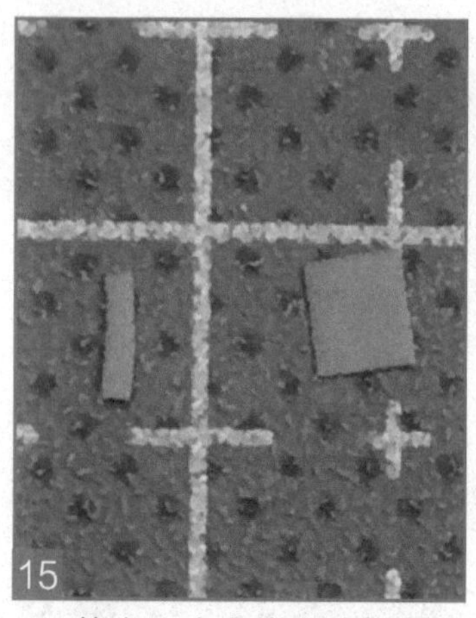


剪出一个非常小的长条形和方形。

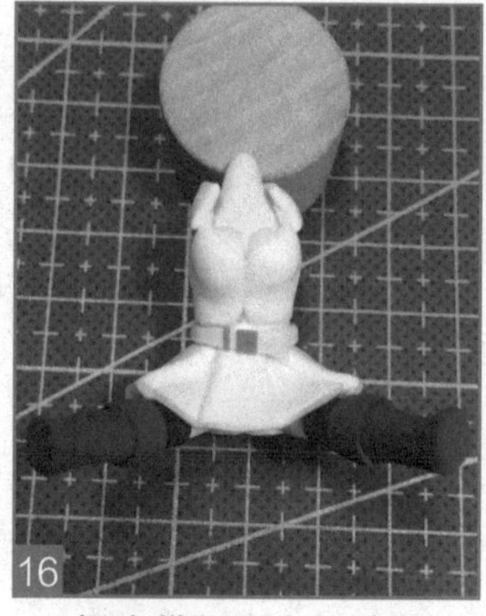


把皮带扣小心地粘在皮带上。

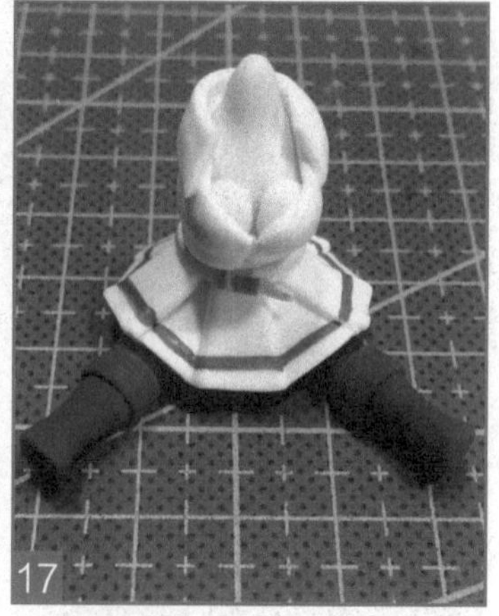


用蓝色颜料在裙摆处画出一圈花纹。

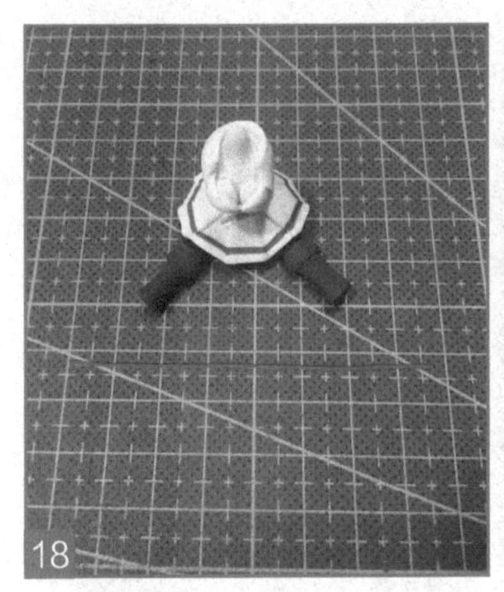


把蓝色粘土搓成非常细的长条。

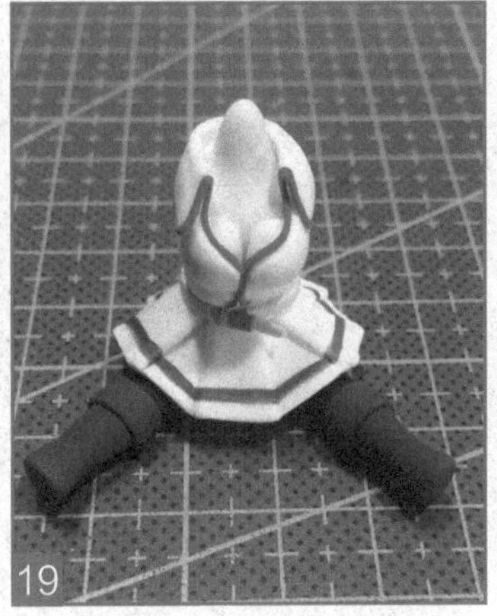


把细长条围在人物领子和前襟处。

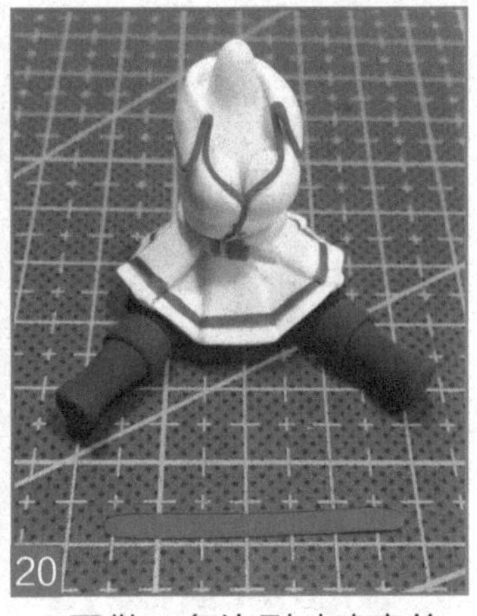


再做一条比刚才略宽的蓝色长条并压扁。

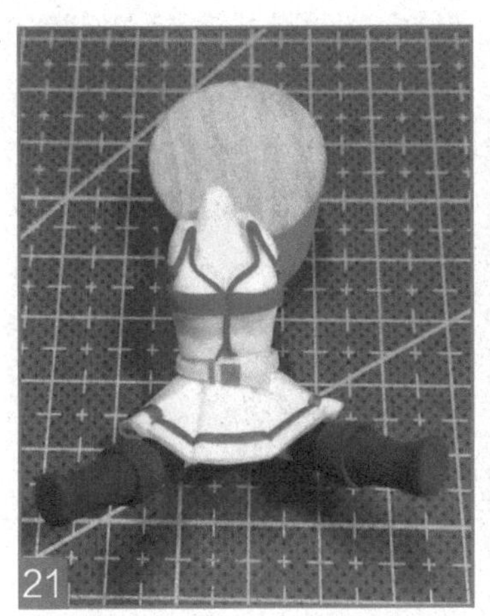


把长条贴在人物胸前。

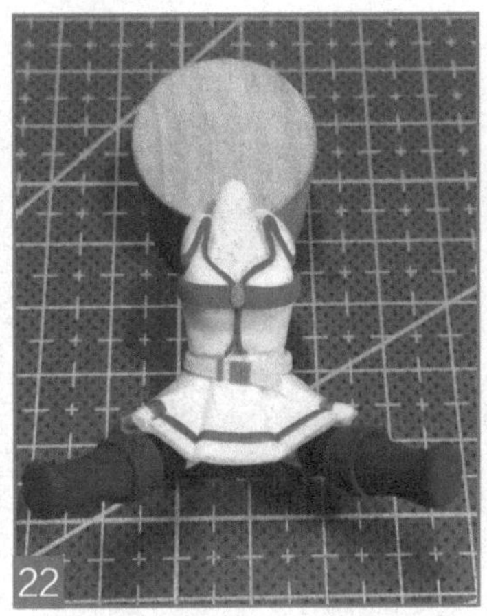


用灰色粘土做一个小小的水滴形，粘在衣服领口，做衣服的拉链头。

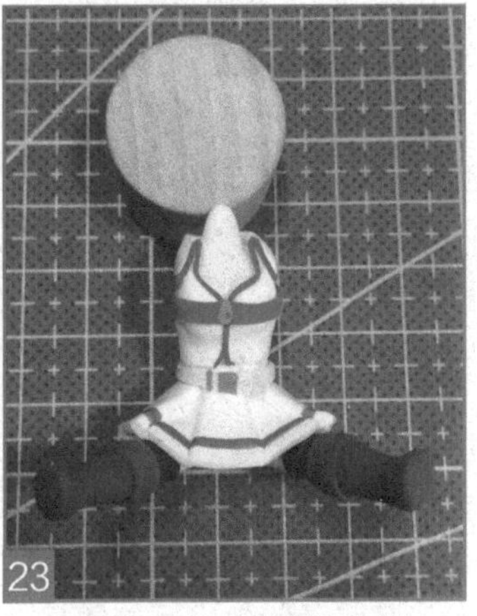


用工具在小拉链头的下端压出一个小凹坑，看起来更逼真。

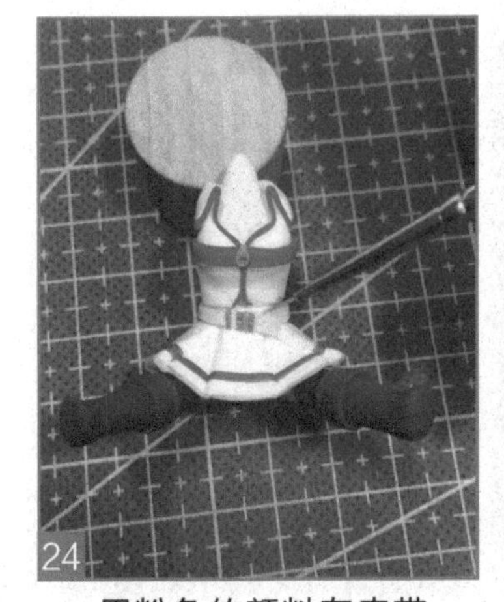


用粉色的颜料在皮带扣上画上小小的十字。

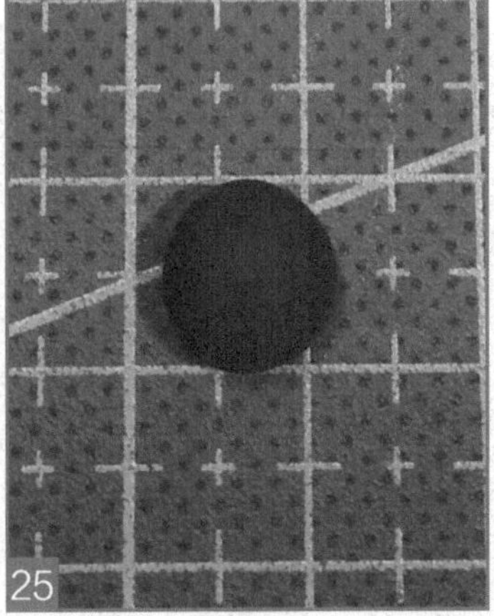


取一小块黑色粘土，用来做露西的挎包。

做成略扁的长方体。

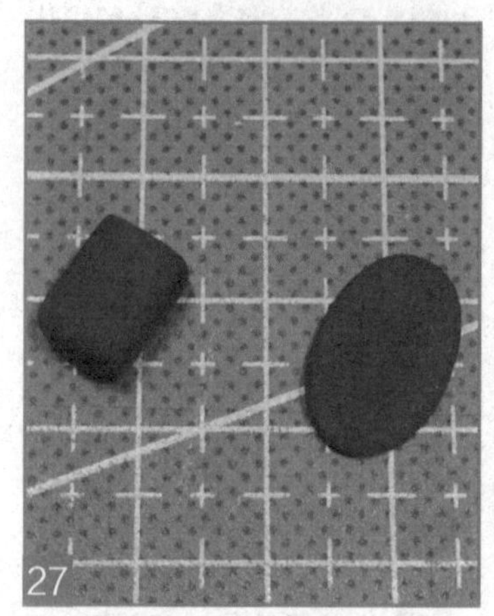

取一块黑色粘土，搓成椭圆形并压扁，用来做包的盖子。

把压扁的粘土剪成长方形。

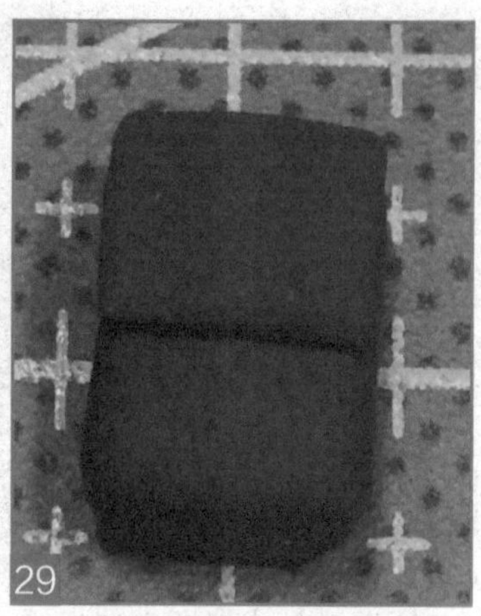

把长方形粘在包包上半部分。

在盖子和包中间位置粘一条黑色长椭圆形粘土，注意尾端微微上翘。

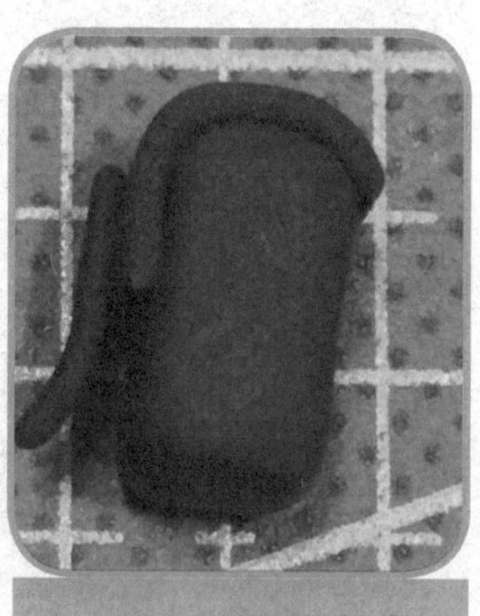

换个角度看看 ^_^

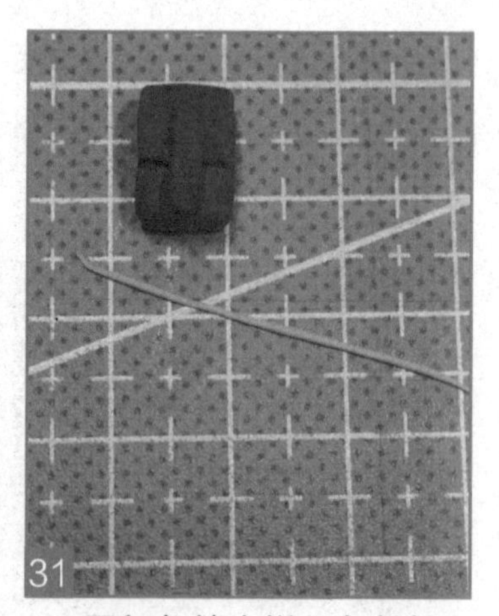

用灰色粘土搓一条很细的长条。

用长条围出皮带扣的形状。

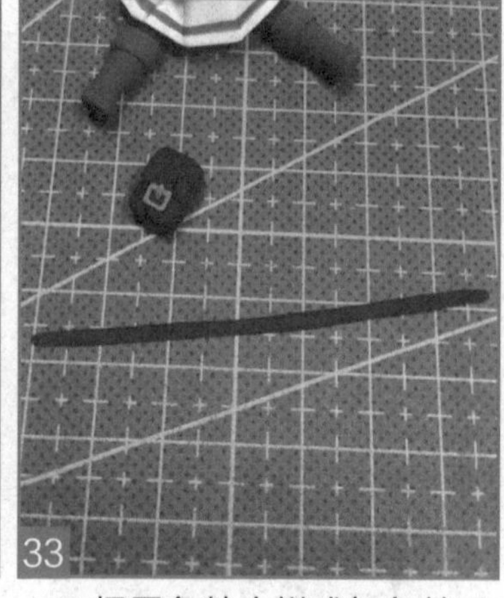

把黑色粘土搓成长条并压扁，用来做挎包的带子。

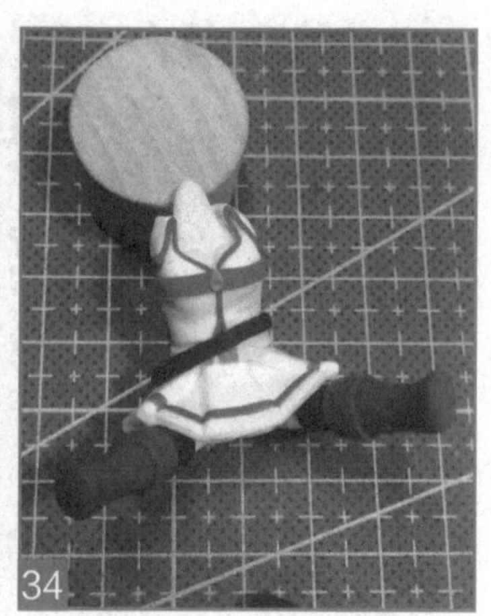

把挎包的带子斜围在人物腰部。

把包包粘在带子上。

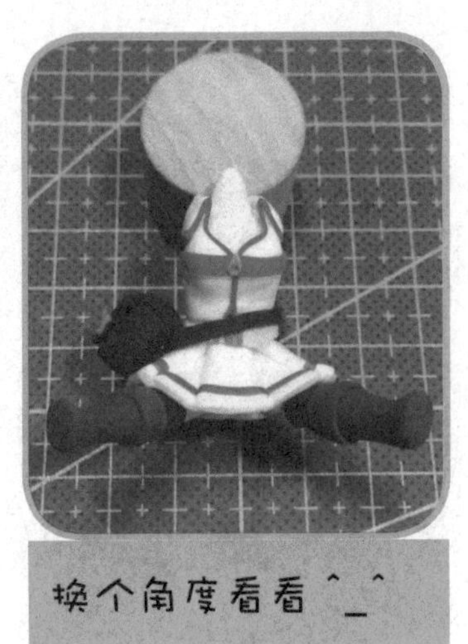

换个角度看看 ^_^

取一块肤色粘土，搓成长条形，用来做人物的手臂。

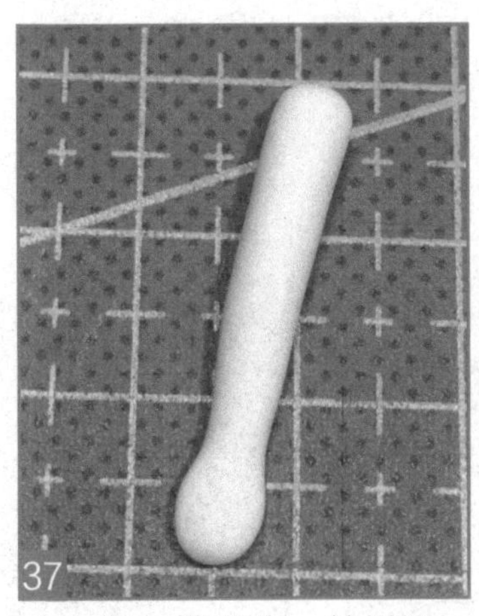

把一端压扁，并搓出手腕。

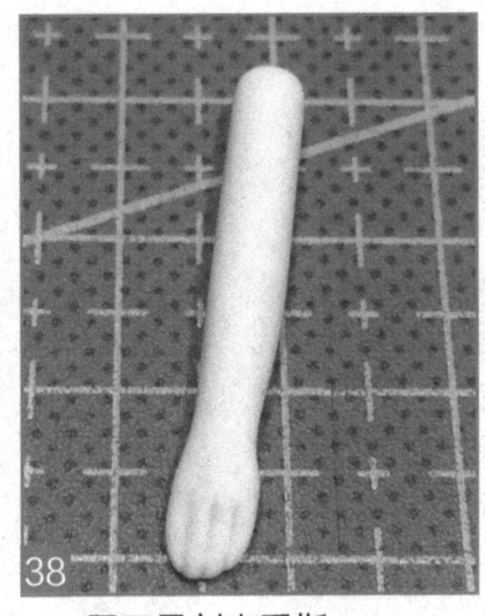

用工具刻出手指。

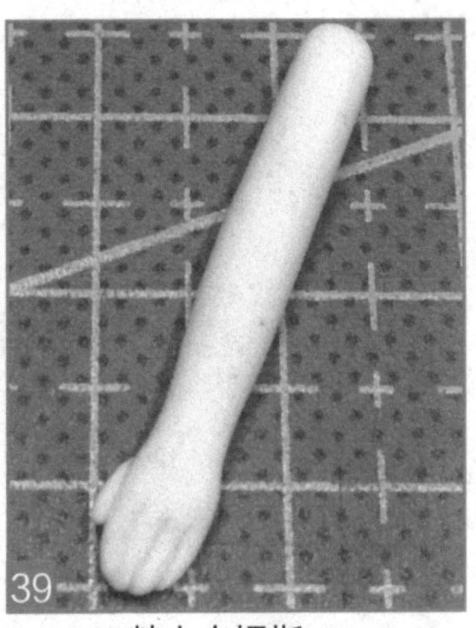

粘上大拇指。

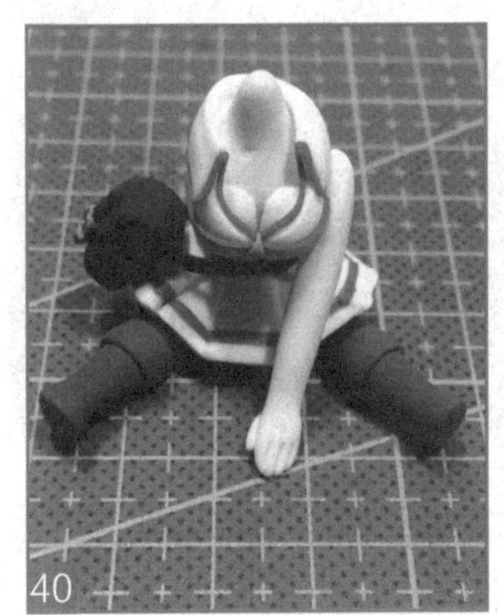

把手臂粘在身体上。

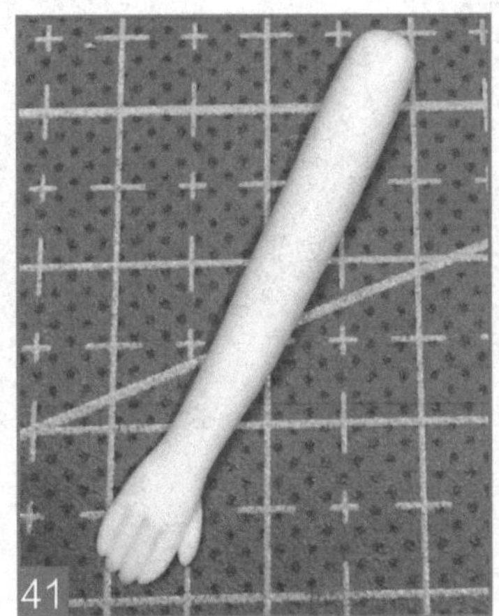

用同样的方法做出另一条手臂。

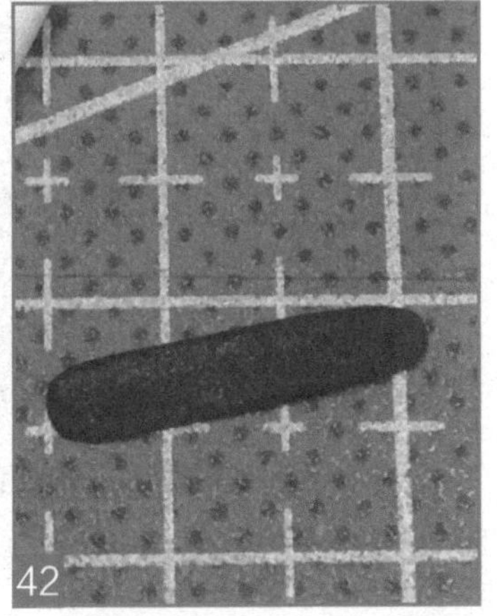

把黑色粘土搓成长条并压扁，用来做露西的护腕。

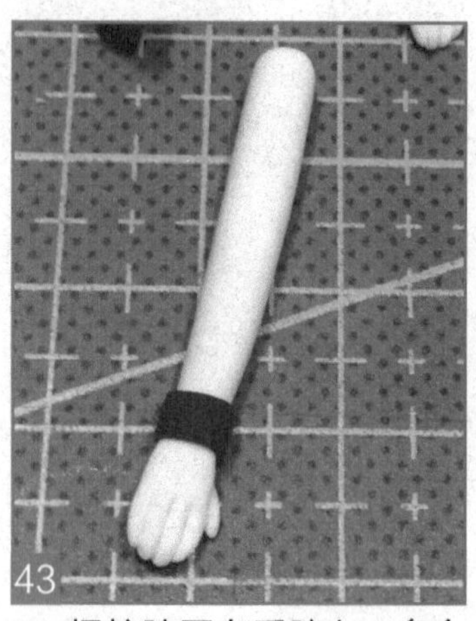

把护腕围在手腕上，多余的部分剪掉。

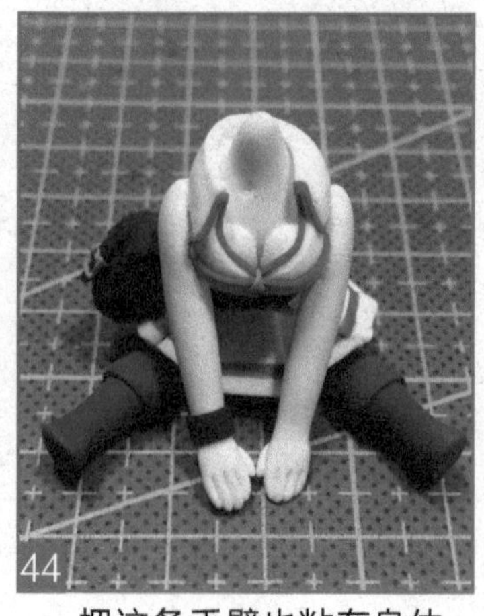

把这条手臂也粘在身体上。

在手臂和身体连接处粘一小条蓝色粘土，身体就完成了。

## 6.3.5 露西的头和身体组合

在脖子的位置插入一根细铁丝。

把头插上，露西就大功告成了！

右侧

左侧

背面

正面

# 6.4 艾露莎的具体制作步骤

## 6.4.1 制作艾露莎的面部

头部是整个手办很重要的一个部分，在制作时，要遵循线稿人物的实际特征，也要考虑到粘土的特性。制作时要考虑到头发的厚度，适当减少在颅骨处的用量。

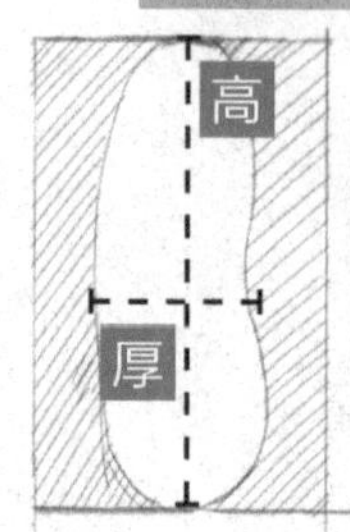


从侧面图看，高度 2cm，厚度 0.8cm，中间靠下的地方有横向的凹陷。

脸部基础已经和露西一起做好了。脸部晾干后才能画五官，晾干一般需要 1-2 天。

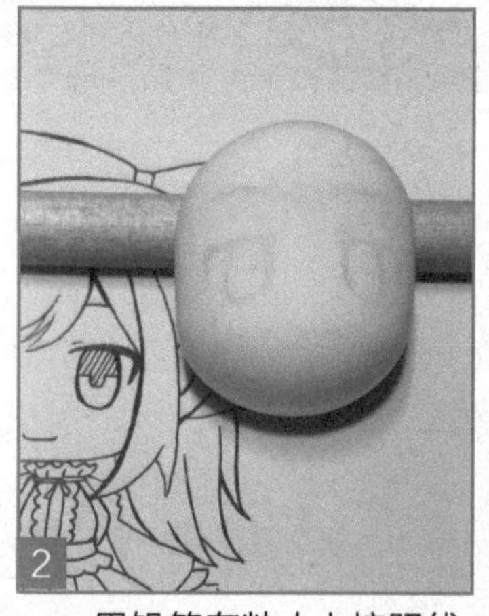

用铅笔在粘土上按照线稿轻轻画上五官。

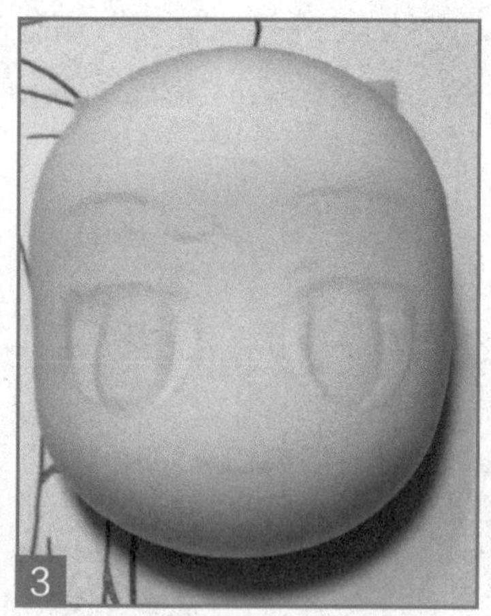

先用白色的颜料填充眼白的部分。

接着用浅灰色在靠近眼睑的部分画上眼白的暗部。

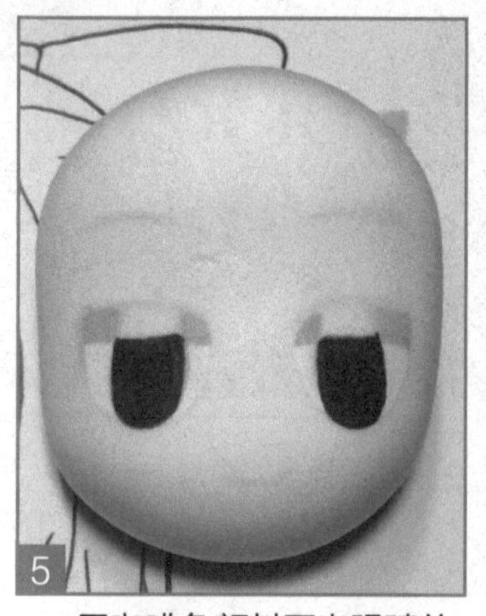

用咖啡色颜料画出眼睛的底色。

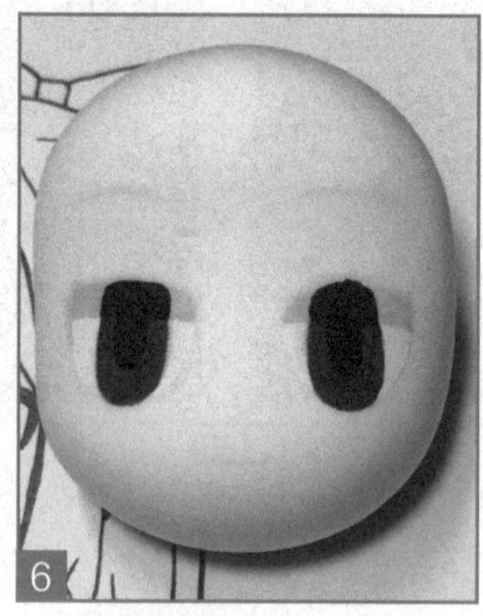

用黑色画出瞳仁和瞳孔的暗部。

用黑色勾出眼线和眉毛，画出嘴巴。

用粉刷蘸粉彩，在脸颊处扫上腮红。

接下来画出眼睛的反光，点上眼睛里的高光，脸就完成啦！

换个角度看看 ^_^

取两小块肤色粘土，用来做人物的耳朵。

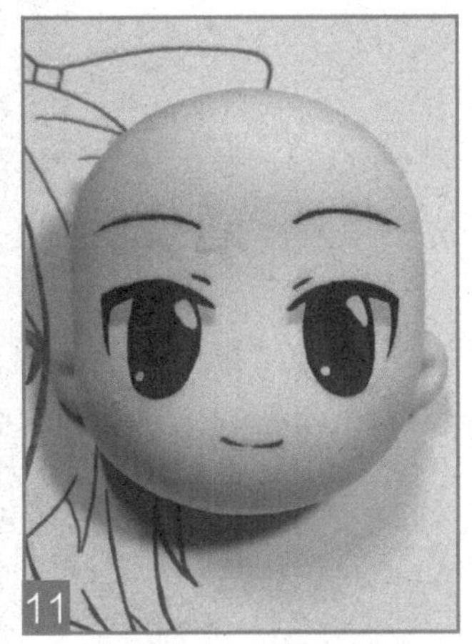


把耳朵粘在脸颊两侧，并用工具压出耳蜗。

换个角度看看 ^_^

## 6.4.2 制作艾露莎的头发

把枣红色的粘土做成半球形，用来做人物的后脑勺。

用工具压出头发的发流。

把脸部粘在后脑勺上。

现在开始做刘海，把一块枣红色的粘土裹在泡沫球上压扁，注意厚薄要均匀。

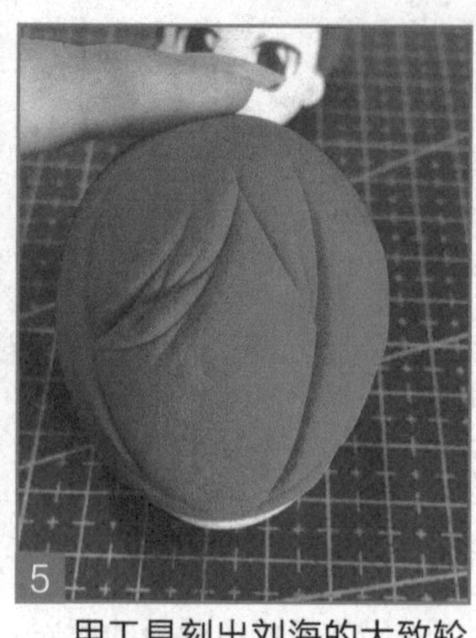


用工具刻出刘海的大致轮廓。

把刘海从泡沫球上取下。

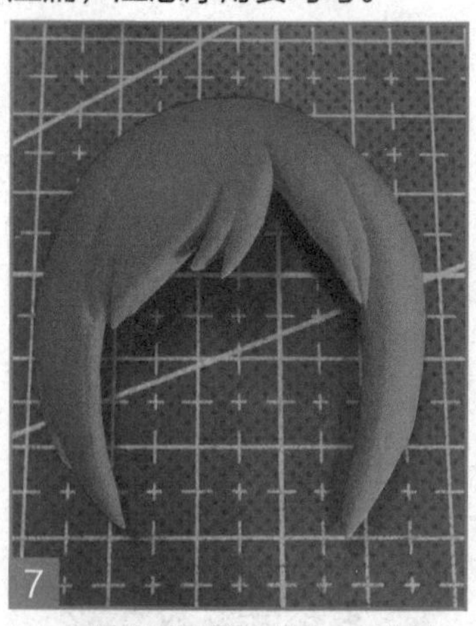


用剪刀沿着刚才刻的轮廓，剪掉不要的部分。

把做好的刘海贴在人物前额。

在侧面加一条发丝。

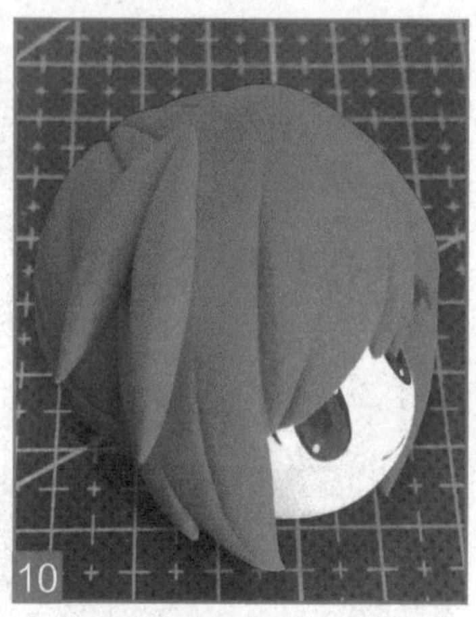


再加一条发丝。

换个角度看看 ^_^

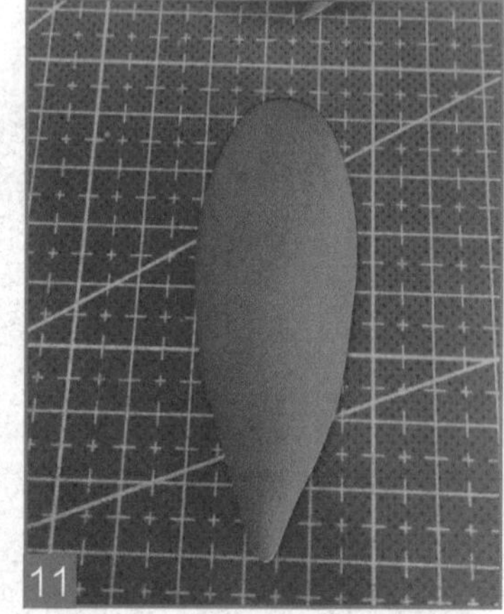


把一块枣红色粘土做成胡萝卜形，用来做马尾辫的主体。

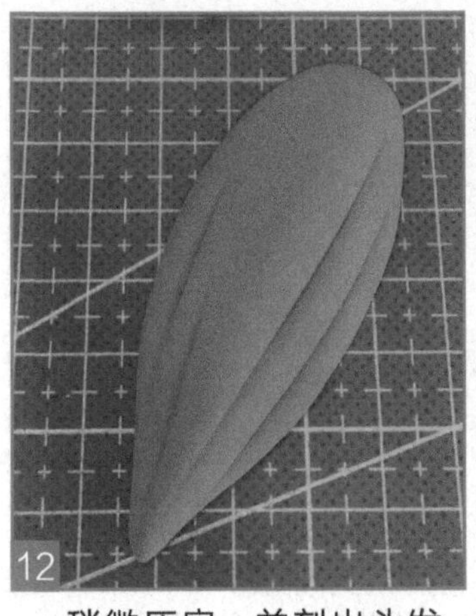


稍微压扁，并刻出头发的印子。

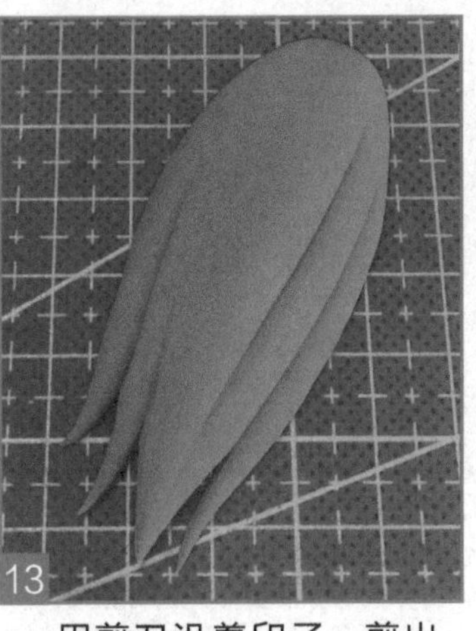


用剪刀沿着印子，剪出几个锯齿。

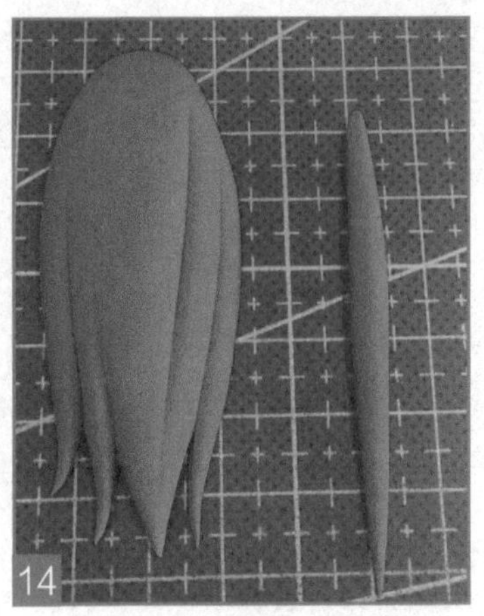


搓一条细长条的梭形发丝。

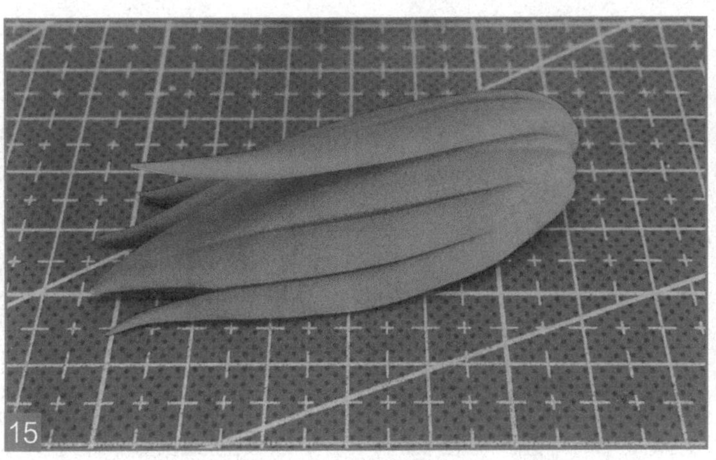


把发丝粘在马尾主体上，尾端不要粘上，翘起一点。

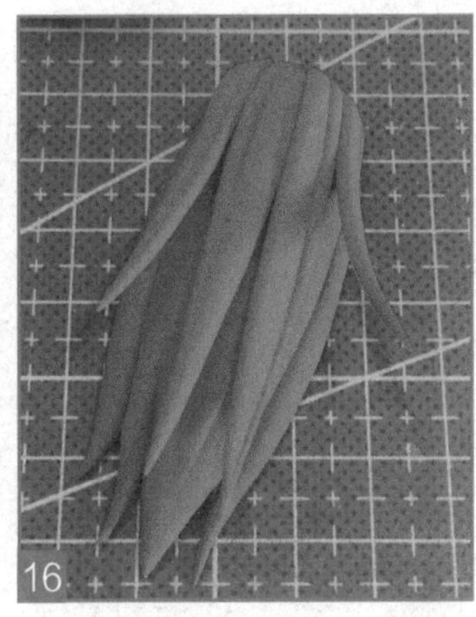


用同样的方法粘上四条发丝，注意层次。

换个角度看看 ^_^

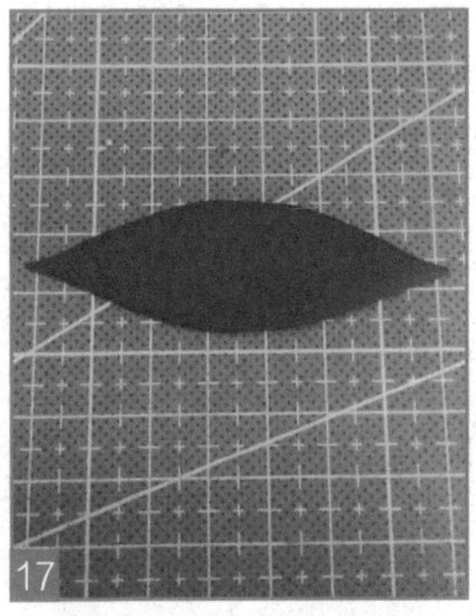


把黑色粘土搓成梭形并压扁。

从中间剪开并压出褶皱，这是蝴蝶结的下半部分。

再把一块黑色粘土搓成梭形并压扁，比之前那个略微“胖”一点。

这次做成的是蝴蝶结的上半部分。

用一小块黑色粘土把蝴蝶结上半部分连接起来。

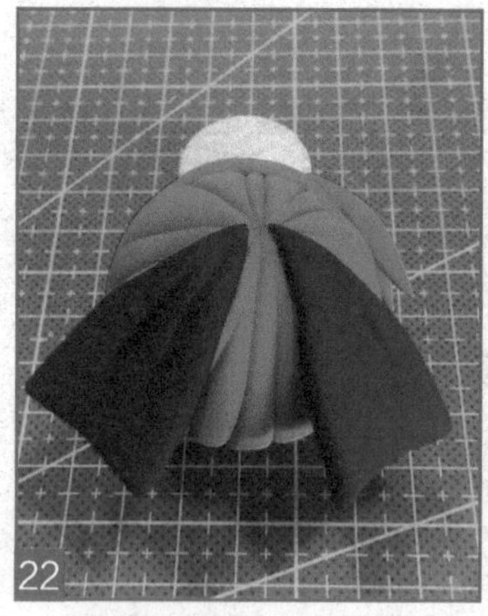

把蝴蝶节下半部分贴在后脑勺发流汇聚处。

把马尾贴上去。

把蝴蝶节上半部分粘在马尾和头连接处。

换个角度看看 ^_^

### 6.4.3 制作下半身

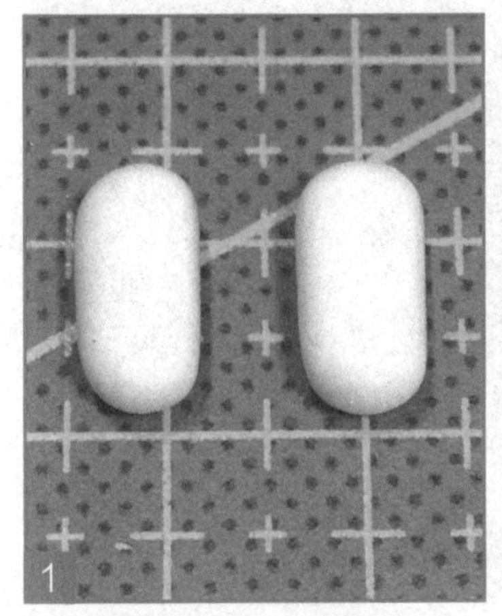


用肤色的粘土做两个小圆柱，用来做人物的腿。

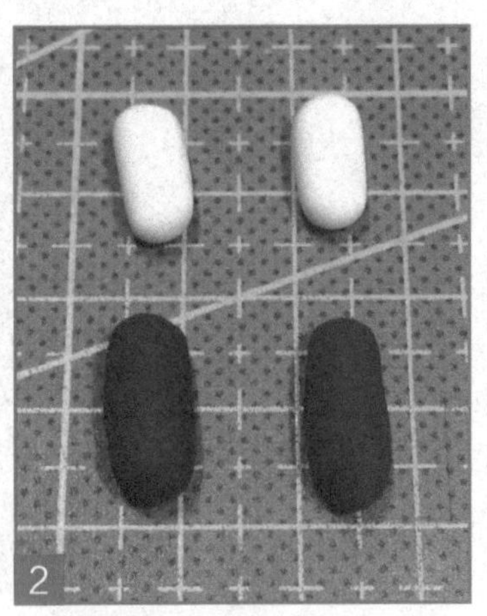


再用黑色圆柱作为人物的靴子。

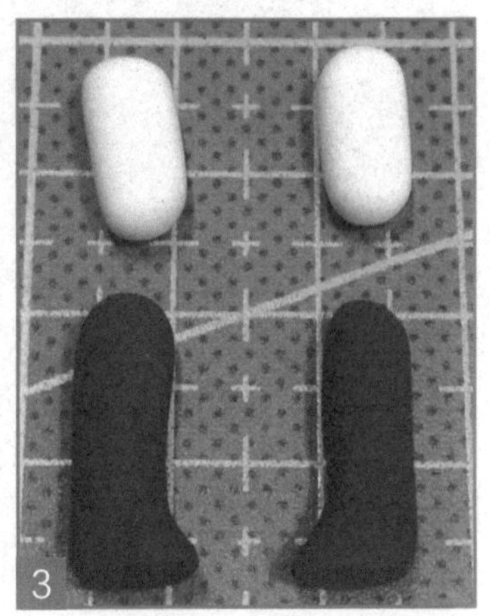


在靴子的一端捏出脚尖。

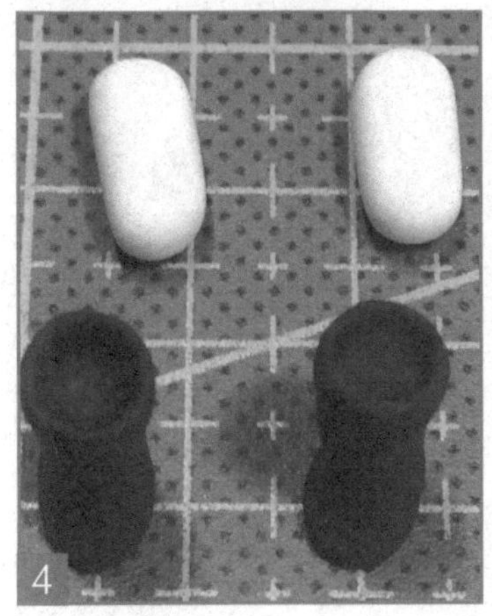


用工具在靴子的另一端压出凹坑。

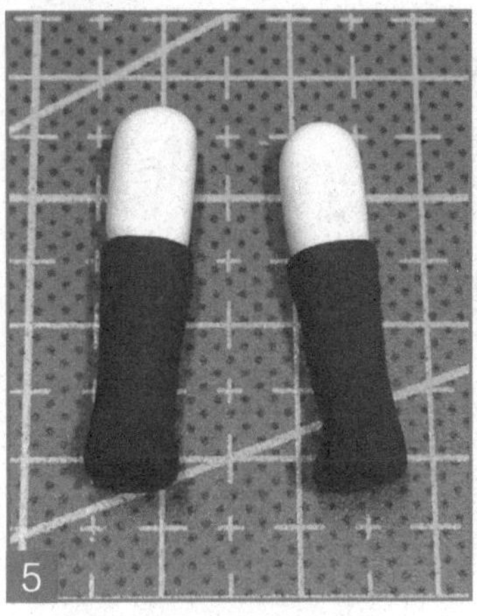


把靴子和腿粘在一起。

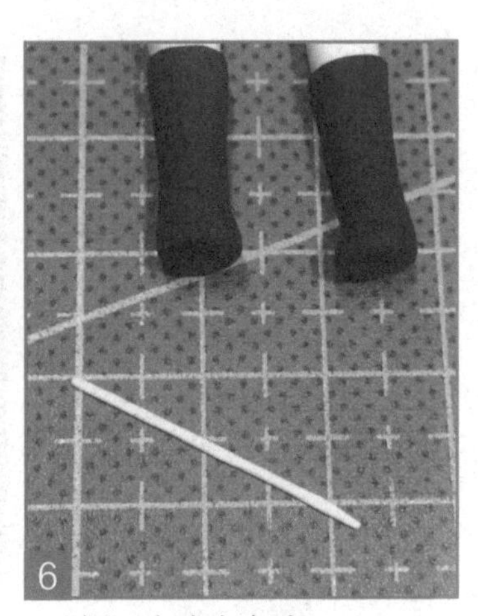


搓一条白色长条。

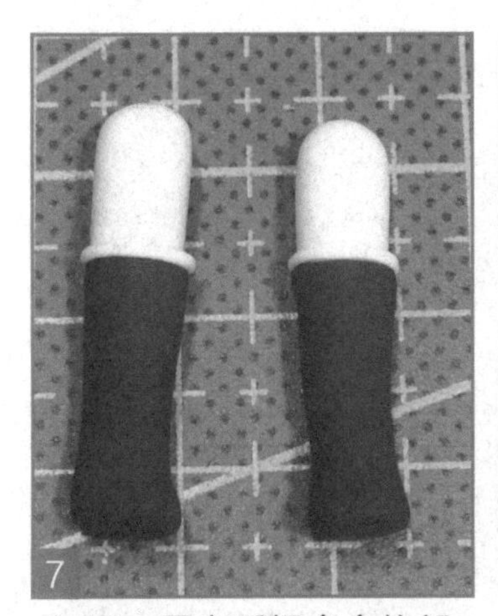


围一圈之后把多余的部分剪掉。

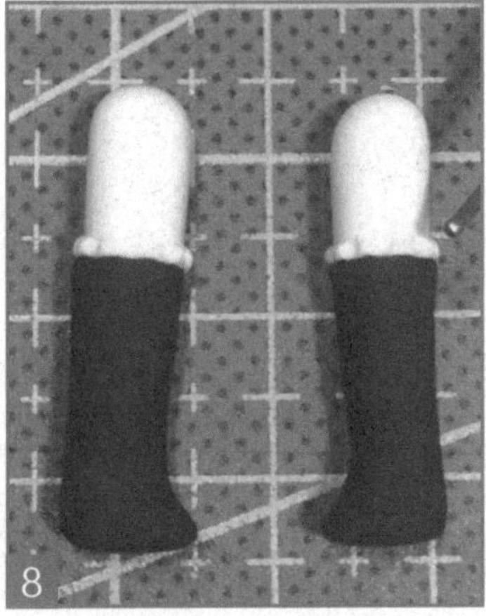


用工具压出花边。

取一块黑色粘土来做人物的裙子。

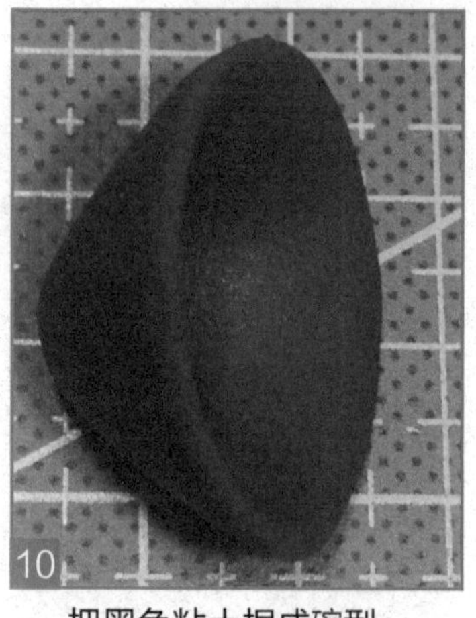

把黑色粘土捏成碗型。

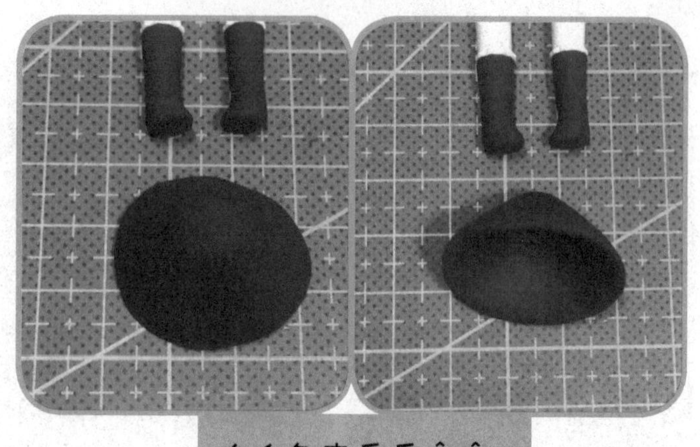

换个角度看看 ^_^

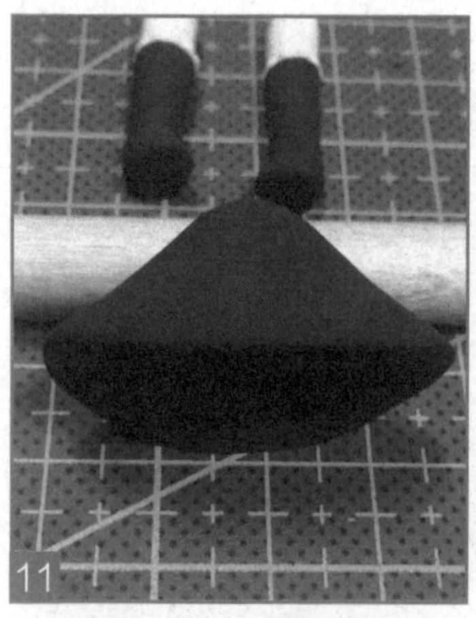

把碗状裙子的裙摆边缘捏薄，两边微微上翘。

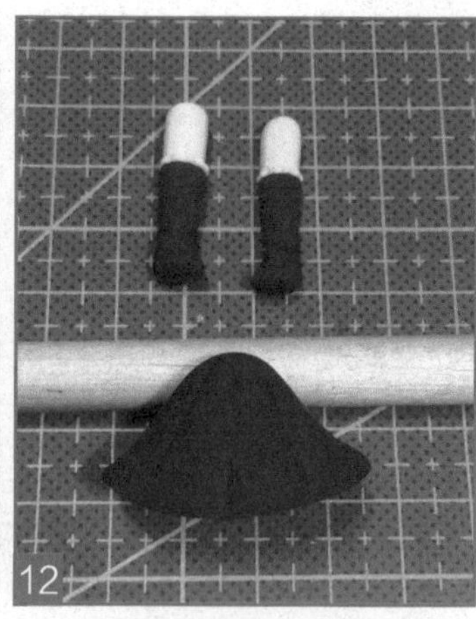

用工具压出裙子的褶皱。

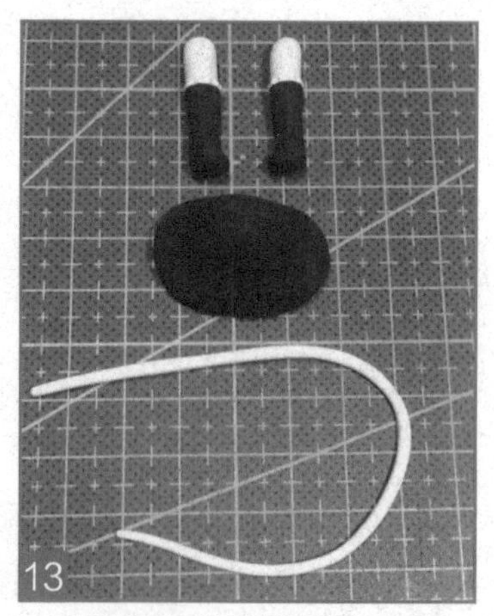

把白色粘土搓成长条，用来做裙子的花边。

把白色长条沿着群摆边缘围一圈，多余的部分剪掉。

用工具压出花边。

取一块白色粘土，做成椭圆形，用来做人物的小裤裤。

把小裤裤粘在裙子中间。

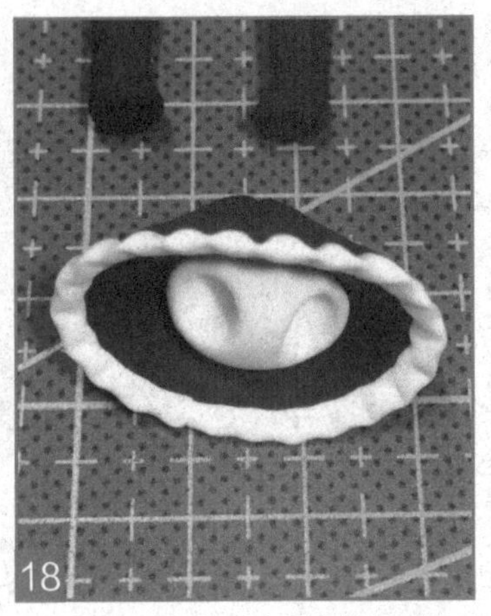


用工具在小裤裤侧面戳两个凹坑。

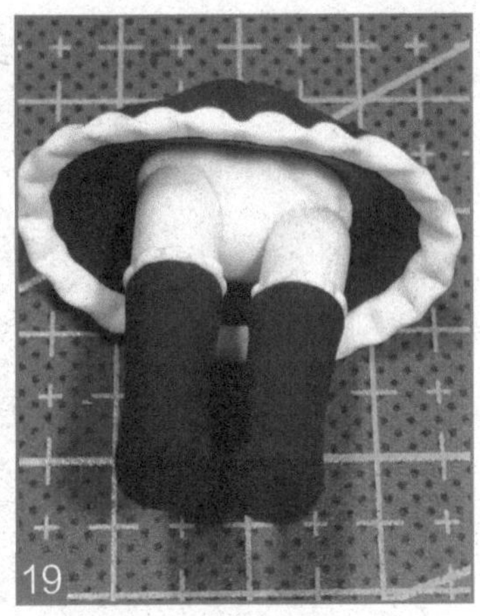


把腿粘在小裤裤上。

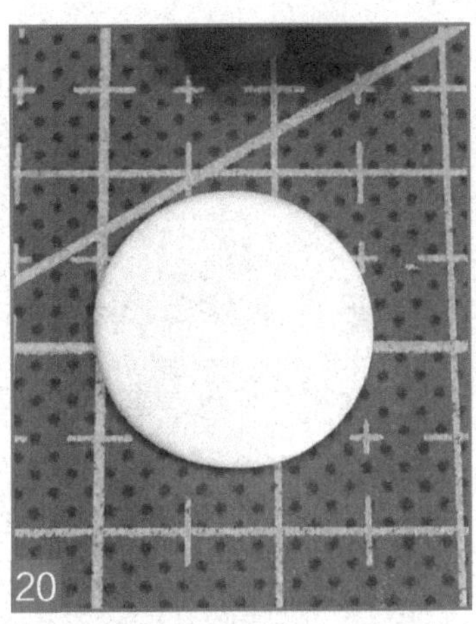


取一块白色粘土，揉成球形并压扁。

盖在裙子上面。

用工具压一圈花边。

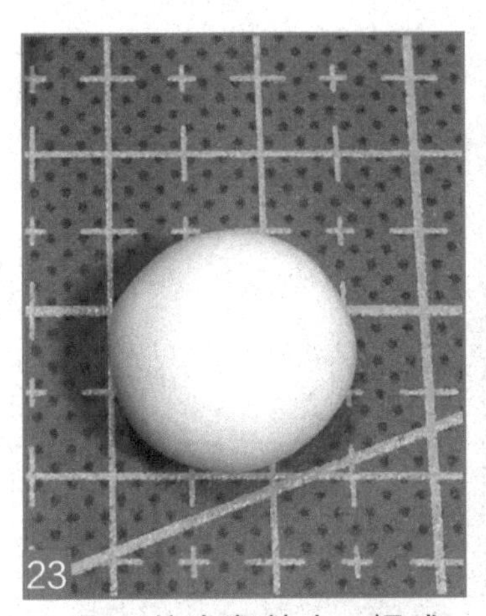


取一块白色粘土，揉成球形，用来做人物的上半身。

把上端捏得稍尖一点。

用工具在下端压出胸部的轮廓。

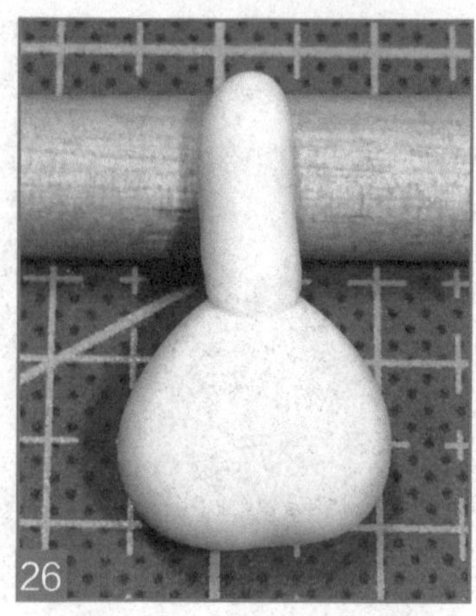

在上端粘一条肤色圆柱体粘土，做人物的脖子。

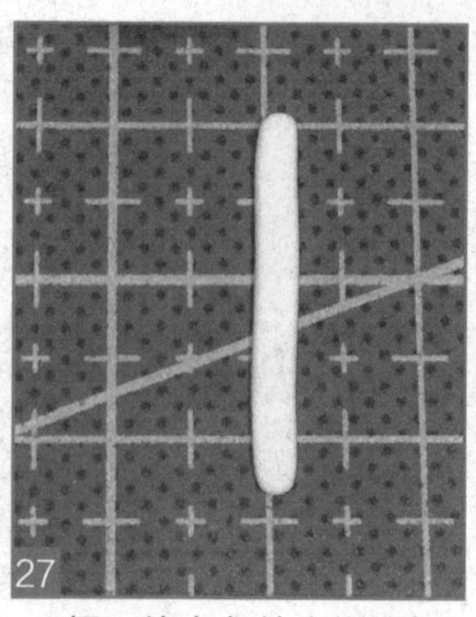

把一块白色粘土搓成长条并压扁。

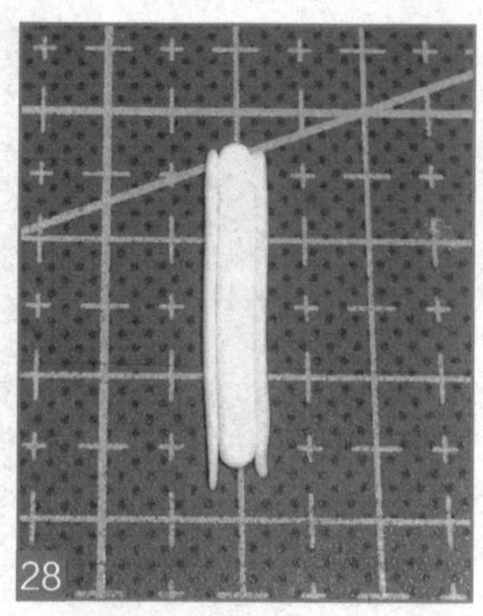

在刚才压扁的粘土条两侧贴上两条更细的粘土条。

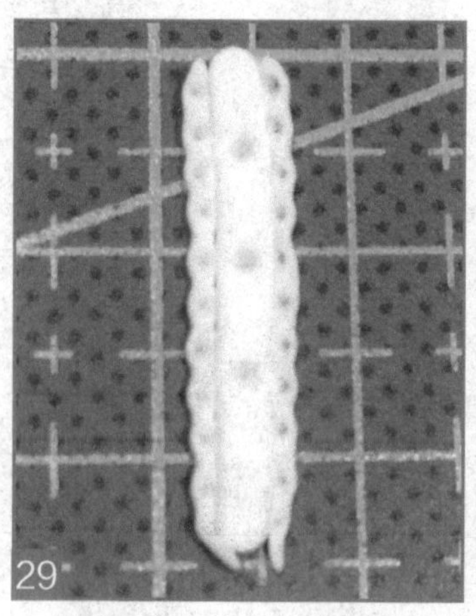

用工具压出花边和扣眼。

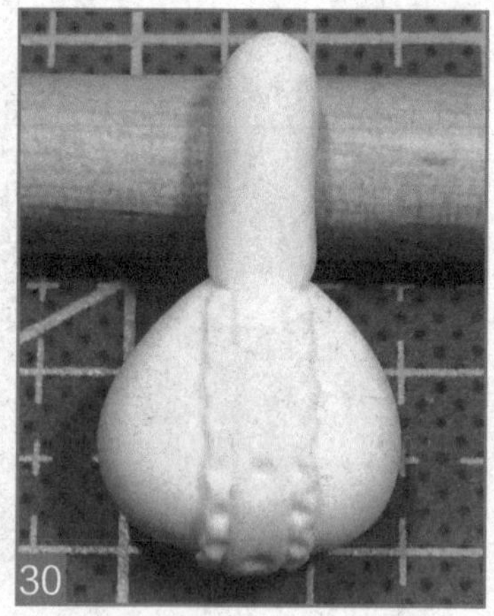

贴在上半身上，用剪刀剪掉多余的部分。

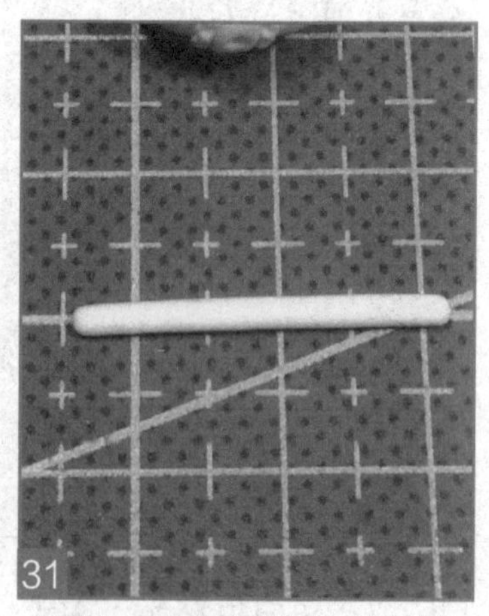

把一块白色粘土搓成长条，用来做人物的领子。

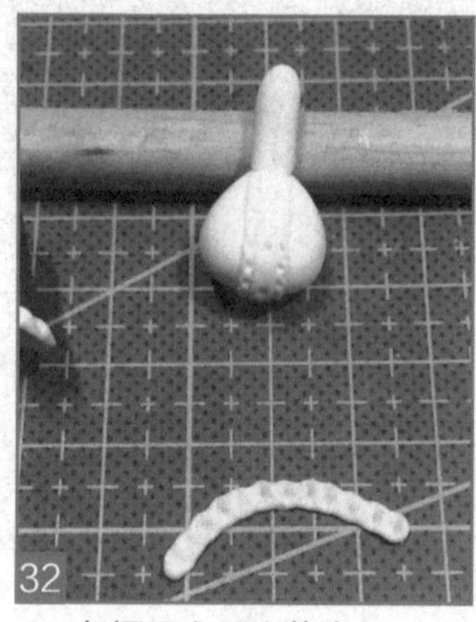

在领子上压出花边。

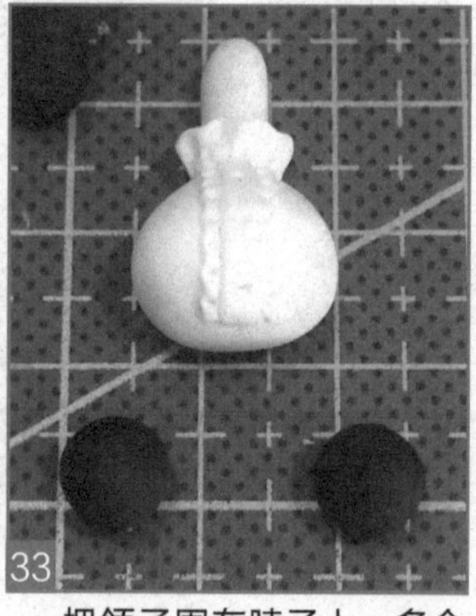

把领子围在脖子上，多余的部分剪掉，取两块一样大的黑色粘土。

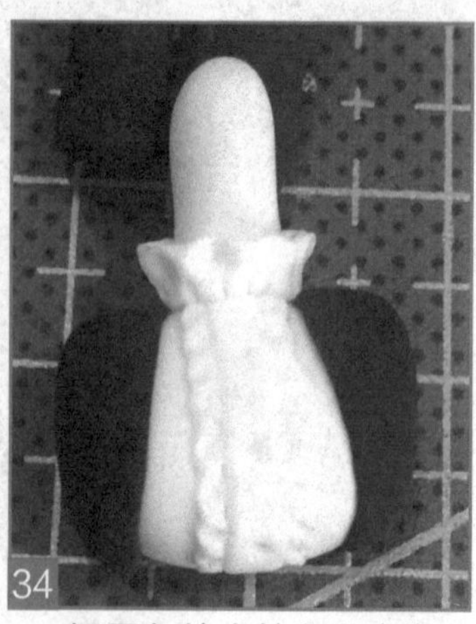

把黑色粘土粘在上半身的两侧。

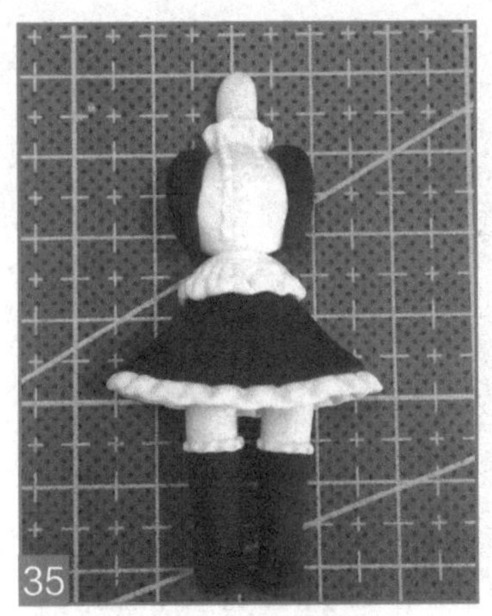


把上半身粘到裙子上。

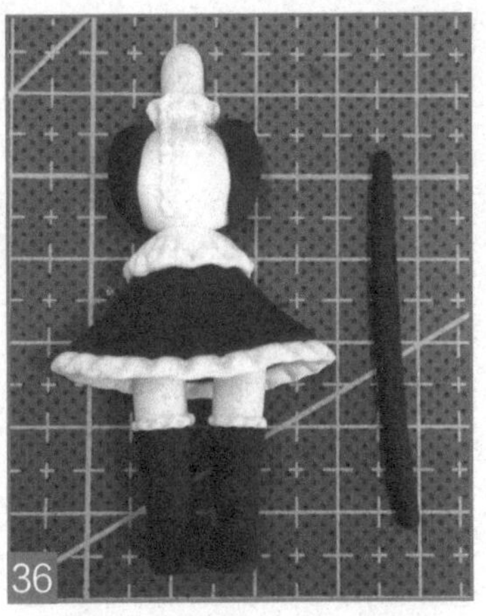


把一块黑色粘土搓成长条并稍微压扁。

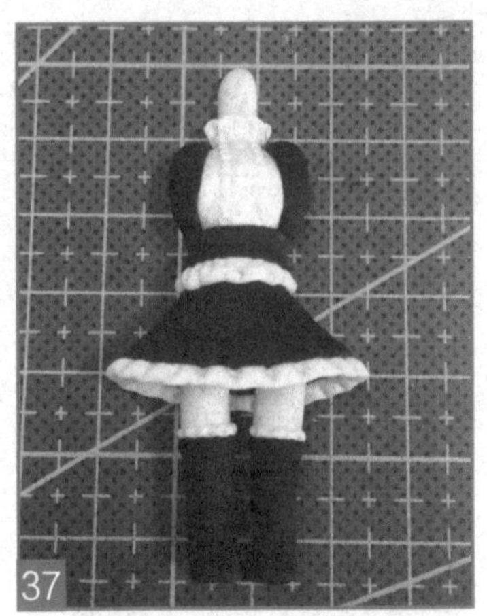


围在人物腰部并把多余的部分剪掉。

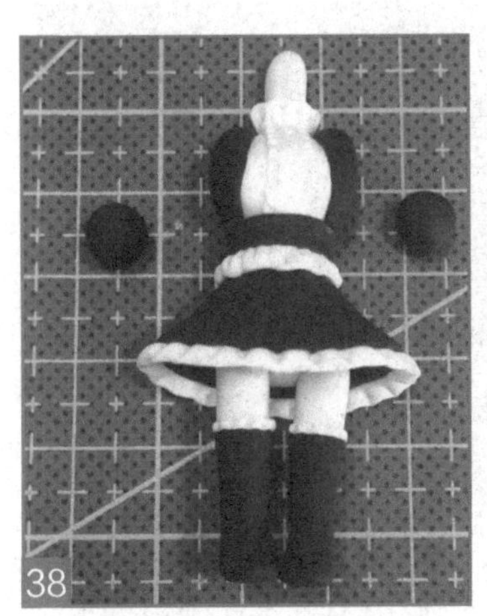


取两块一样大的黑色粘土，用来做人物的泡泡袖。

把泡泡袖粘在身体的两侧。

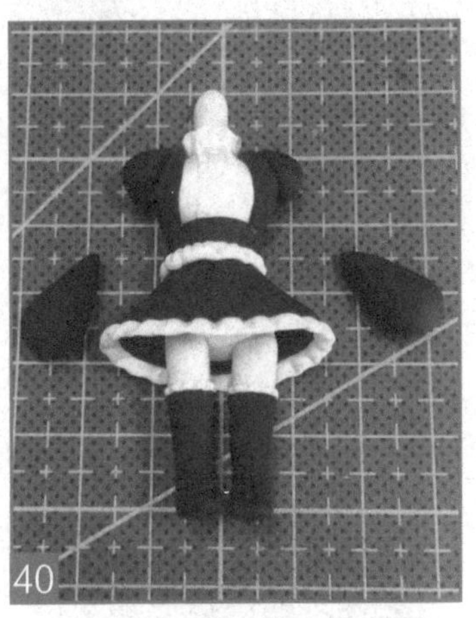


把两块黑色粘土揉成水滴形，用来做人物的袖子。

把水滴形的一端用工具做成喇叭形。

取两小块肤色粘土，揉成椭圆形并稍稍压扁，用来做人物的手。

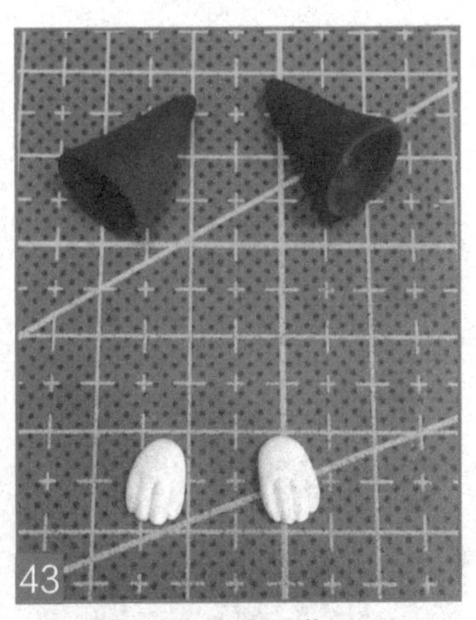


用工具压出手指。

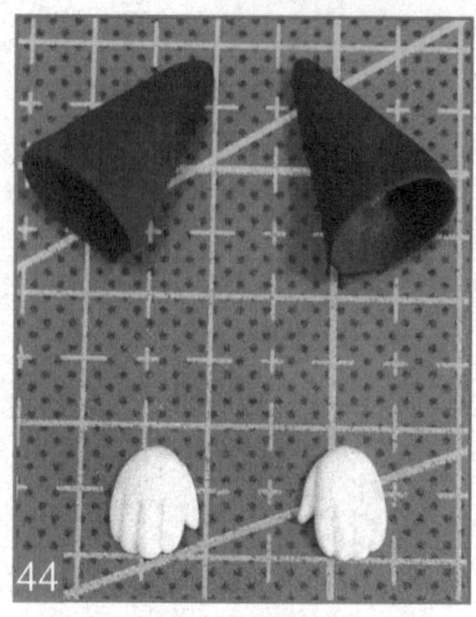

加上大拇指。

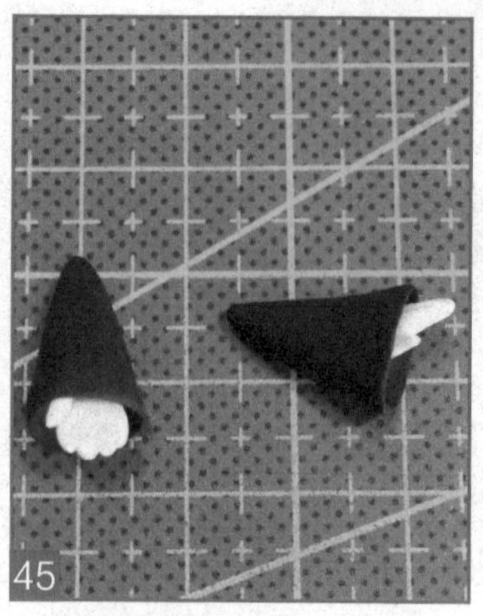

把手粘在袖子里，注意两只手的动作不一样。

用黑色粘土做两个小小的球。

用刚才的小球把袖子和泡泡袖连接起来。

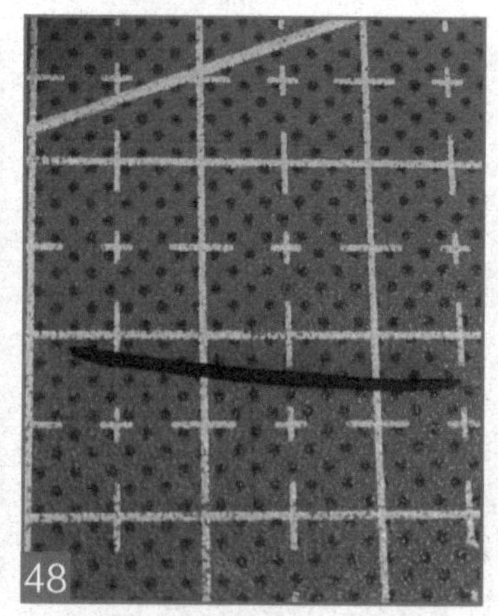

用黑色粘土搓一条很细的条。

把小细条镶在领口的位置，并做一个小蝴蝶结。

## 6.4.4 制作艾露莎的茶具

取一块白色的粘土，揉成球形并压扁，用来做托盘。

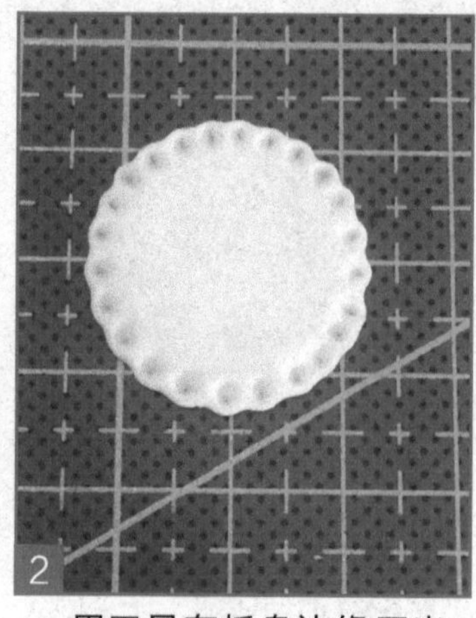

用工具在托盘边缘压出花边。

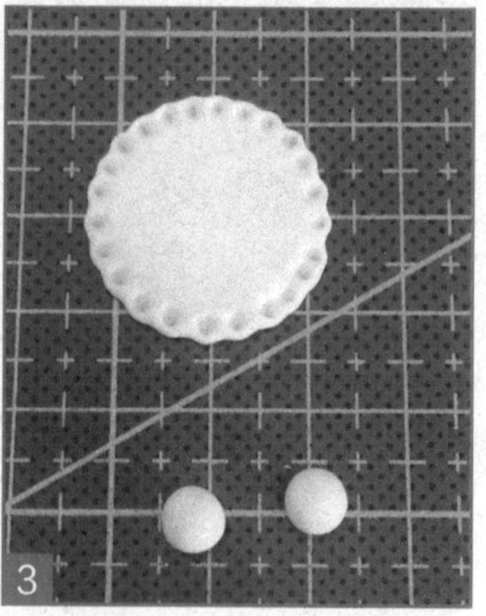

取两小块白色粘土，揉成小球。

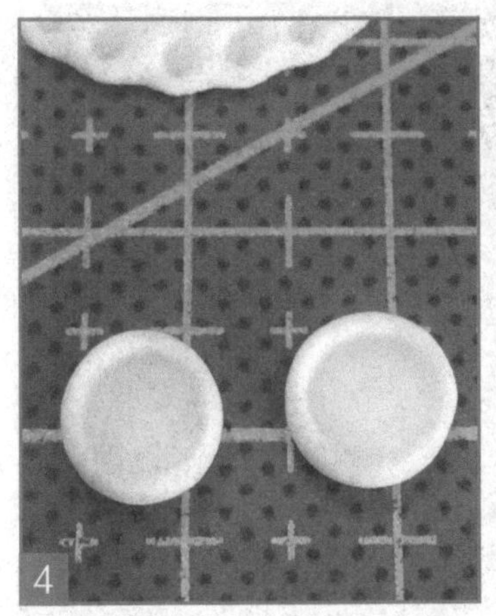


用工具把小球压凹，做成杯子的形状。

换个角度看看 ^_^

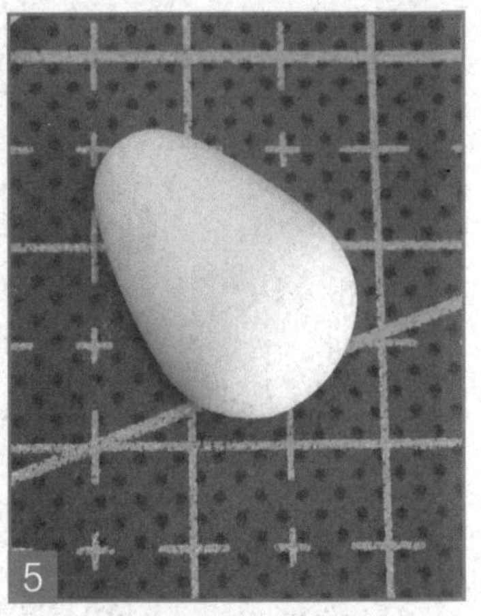


把白色粘土揉成图上的形状，用来做茶壶。

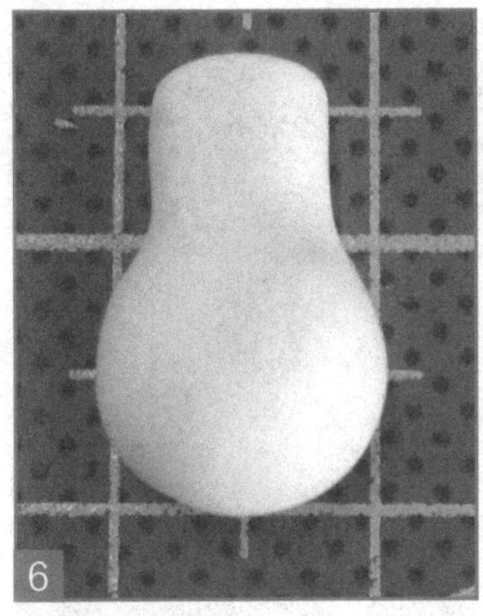


捏出茶壶的颈部，并把顶部压平。

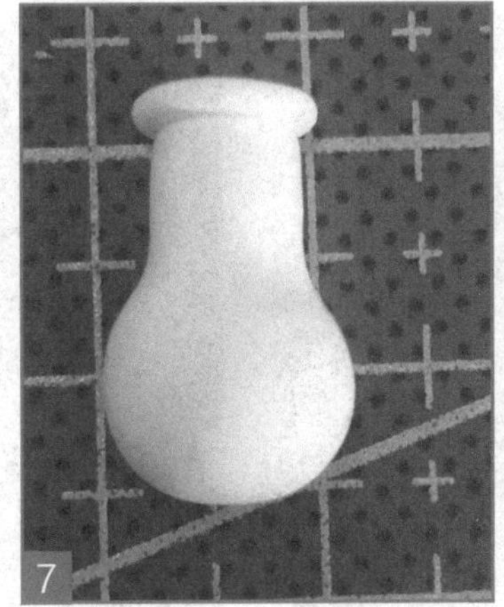


在顶部加一个白色的粘土圆片。

换个角度看看 ^_^

在圆片上方加一个白色的半球形，注意要放在中间的位置。

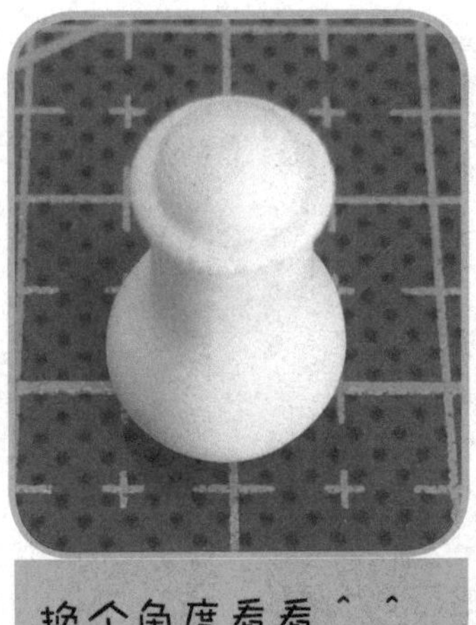

换个角度看看 ^_^

在最顶端加上一个小小的白色小球。

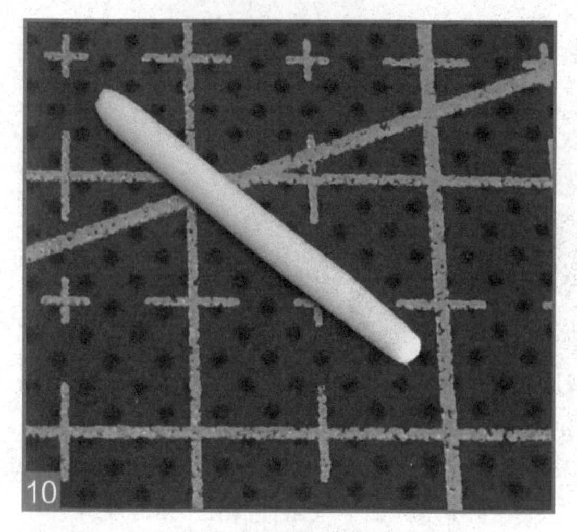


取一小点白色粘土搓成细条。

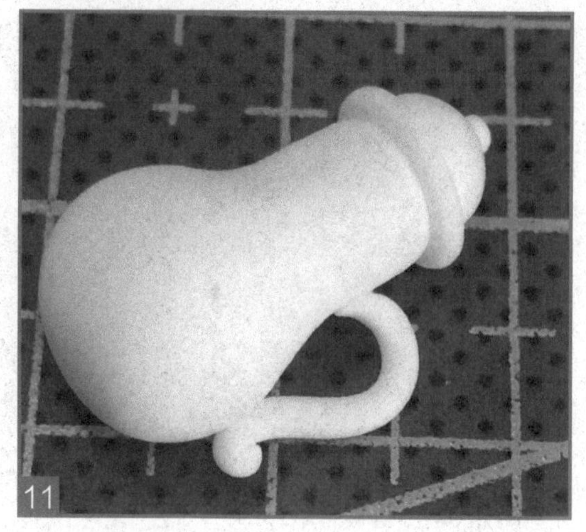


把细条弯成 S 形，粘在壶身上，用来做茶壶的把手。

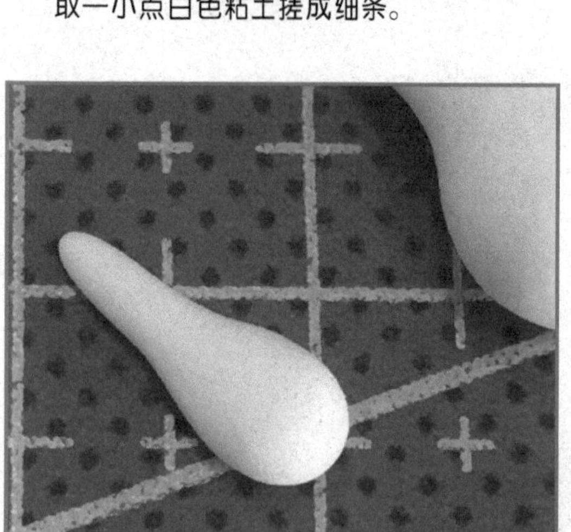


取一小点白色粘土做成图上的形状，用来做茶壶的嘴。

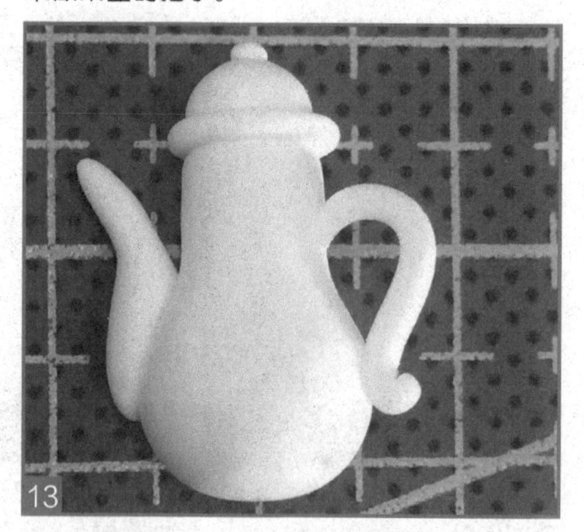


把茶壶嘴粘在壶身的另一侧。

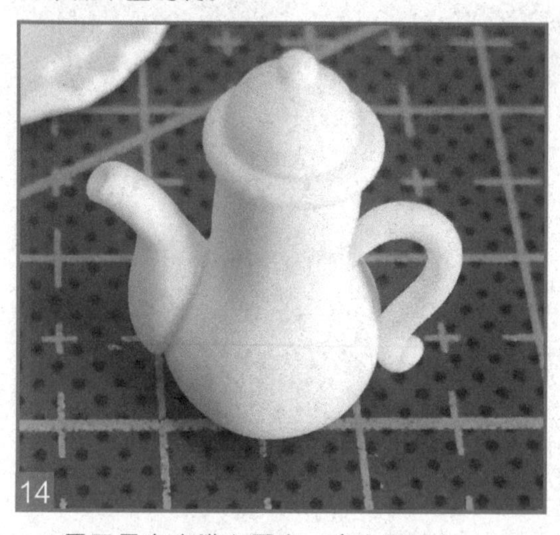


用工具在壶嘴上压出一个小凹坑。

用金色的颜料给茶壶画上花纹，再和茶杯一起摆在托盘上，茶具就完成了。

## 6.4.5 制作组合

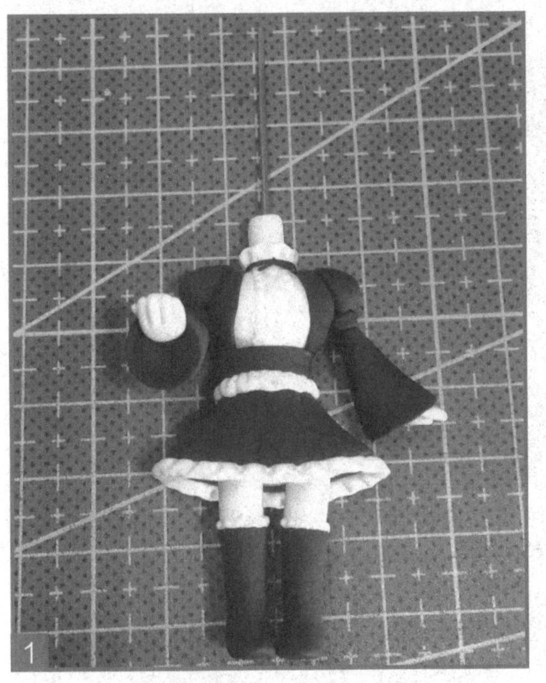

在脖子的位置插入一根细铁丝。

把头插上。

把托盘粘在手上，艾露萨就大功告成了。

换个角度看看 ^_^

# 6.5 配饰具体制作步骤

## 6.5.1 制作普鲁

揉一个白色的小球，用来做普鲁的头。

把一块橘色粘土做成锥形，用来做普鲁的鼻子。

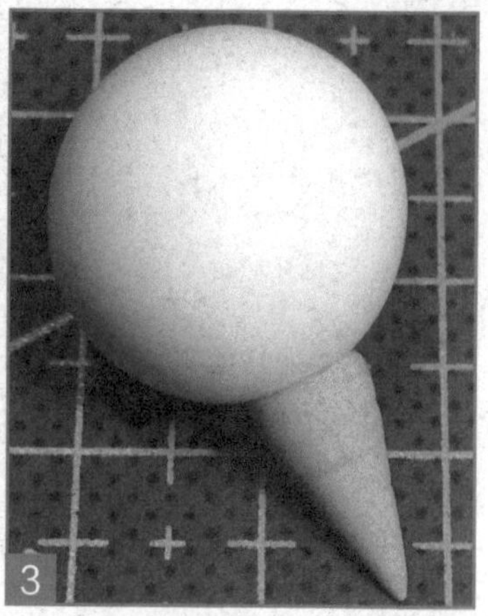


把鼻子粘在脸上，因为普鲁的鼻子是胡萝卜，所以要用工具压出一些纹路。

用黑色颜料画出眼睛和眉毛。

用粉色颜料画出普鲁的嘴。

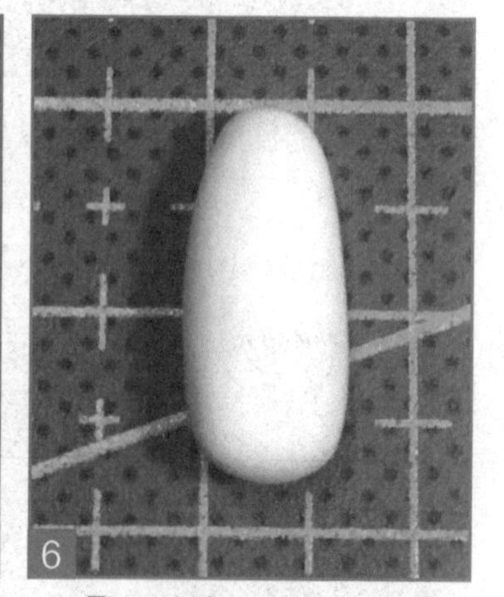


取一块白色粘土揉成椭圆形，用来做普鲁的身体。

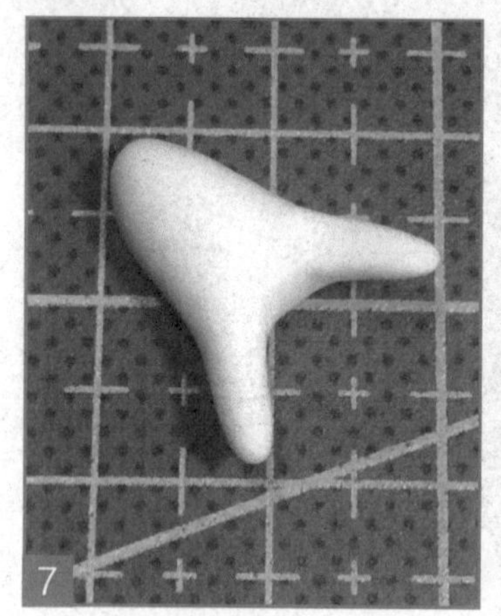


在身体两侧搓出两条腿。

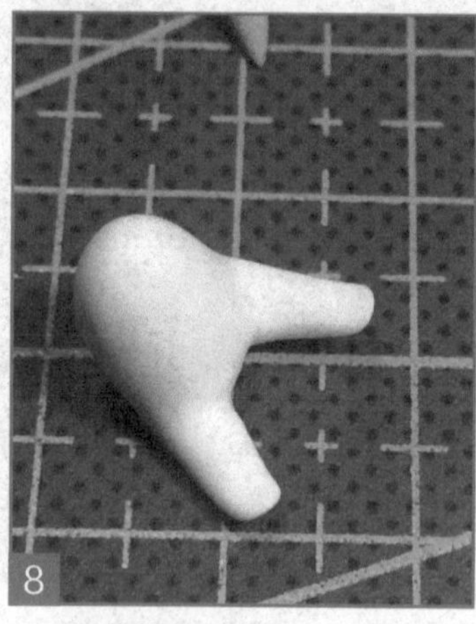


把腿调整成坐姿，并捏出一点脚尖。

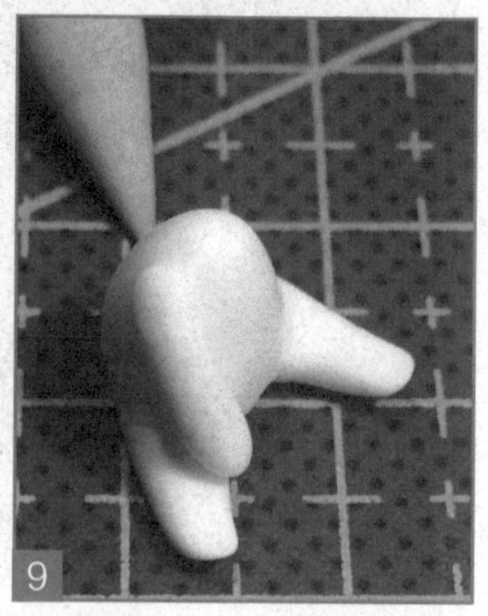


把一小条白色粘土粘在身体上，做成一条手臂。

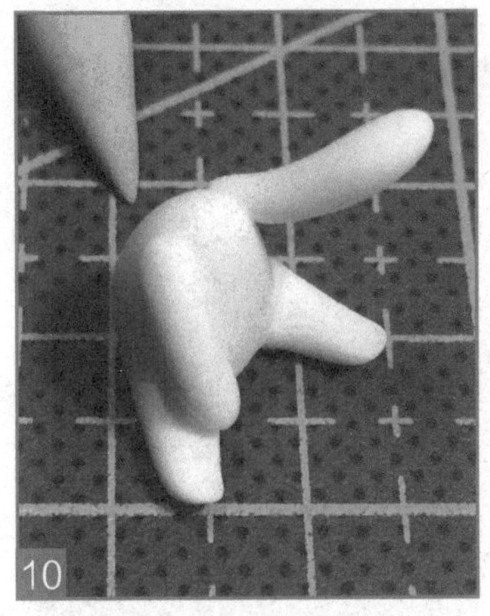

把另一条白色粘土的一端粘在身体另一侧。

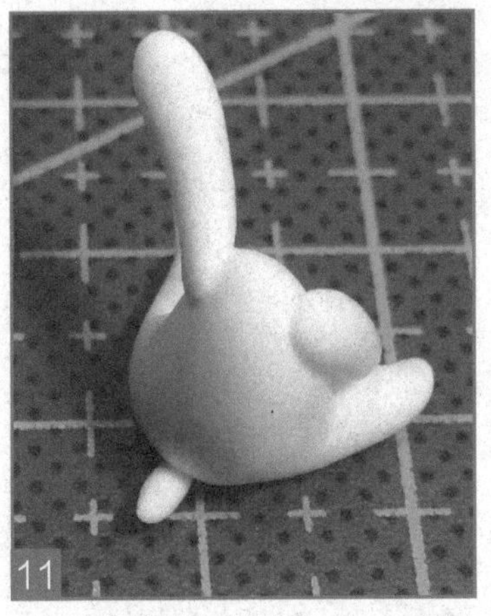

在屁股后面粘上一条小小的尾巴。

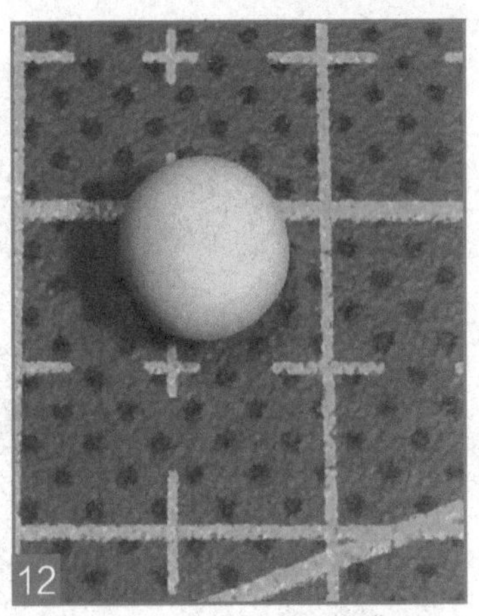

做一个小小卡其色粘土球。

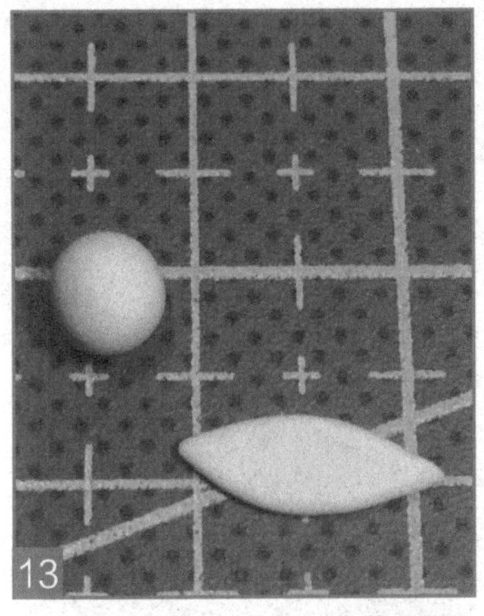

把卡其色粘土搓成梭形并压扁。

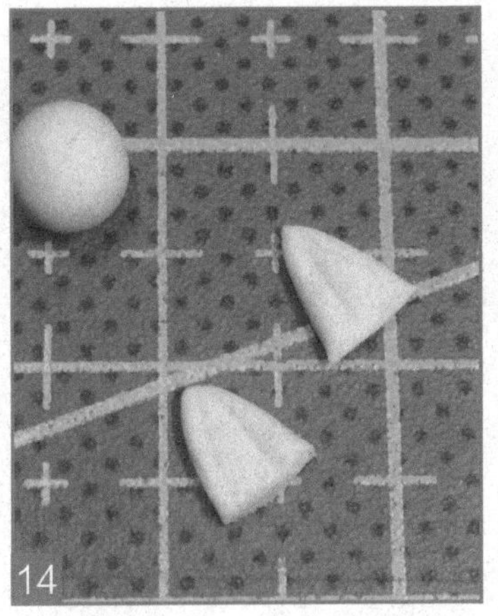

从中间剪开，并压出一些褶皱。

用工具把一边压成波浪形。

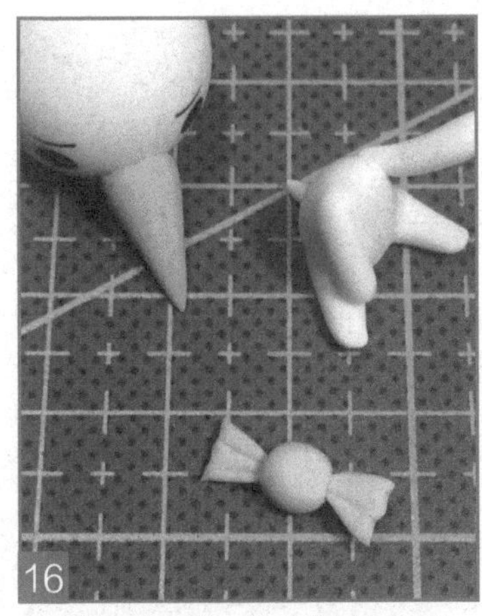

把刚才做的小零件组合起来，小糖果就做好了。

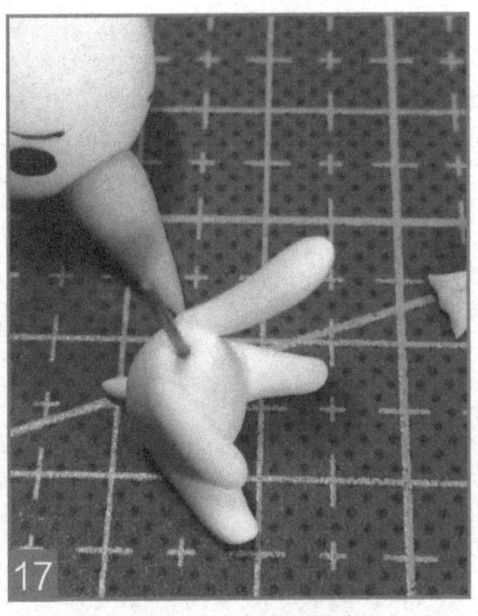

在普鲁的脖子里插上细铁丝。

把头插在身体上，并把小糖果粘上，普鲁就做好了。

## 6.5.2 制作小蛋糕和苹果

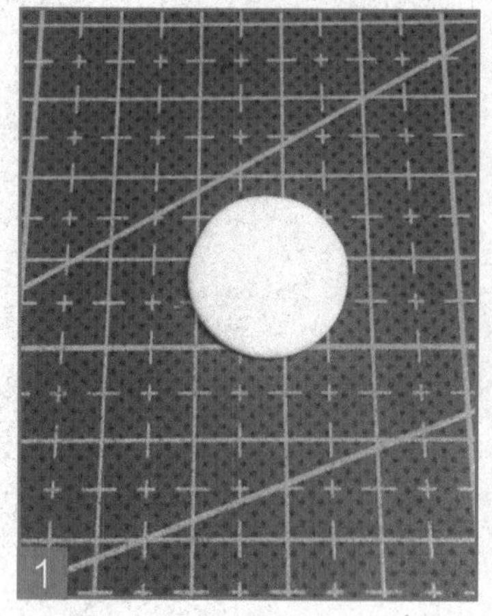

取一块白色的粘土，揉成球形并压扁，用来做第一个小蛋糕的托盘。

把一块浅黄色粘土做成圆柱体，用来做蛋糕体。

取一块巧克力色的粘土，揉成球形并压扁。

把巧克力色粘土盖在蛋糕上，注意一定要放在正中间。

用工具压一圈花边。

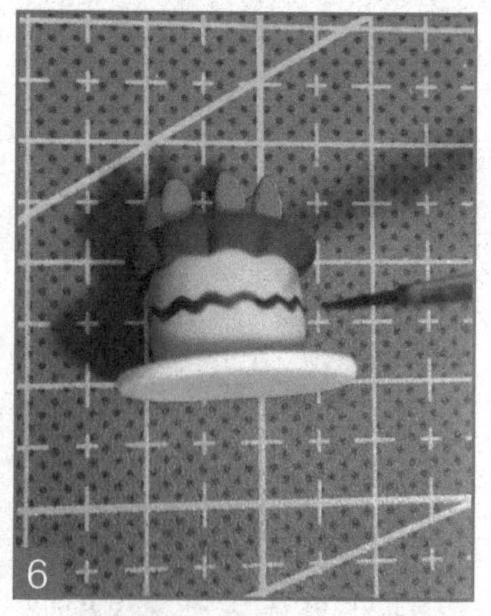

在蛋糕上粘上六个小草莓，并在侧面画上一条巧克力线。

给小草莓画上小白点，第一个蛋糕就做好了。

取一块白色的粘土，揉成球形并压扁，用工具压一圈花边。

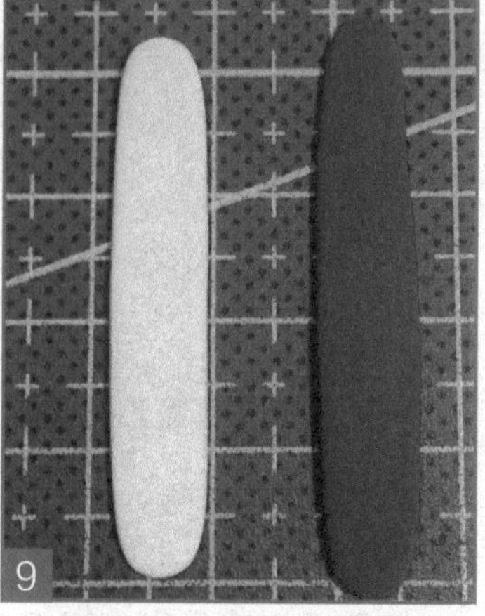

分别用浅黄色和巧克力色做两条长条并压扁，浅黄色的可以稍微短一点。

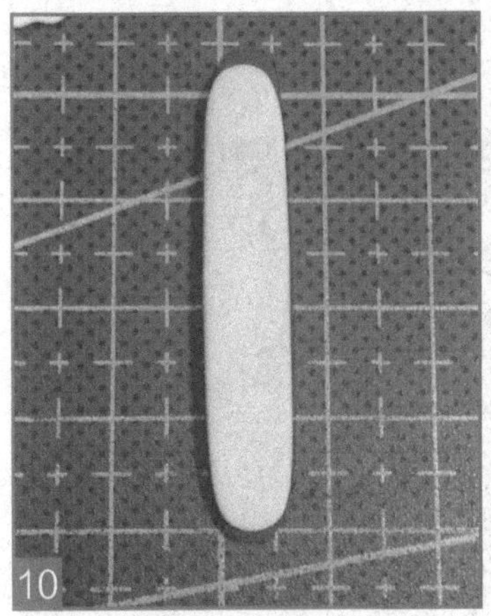


把两条叠在一起。

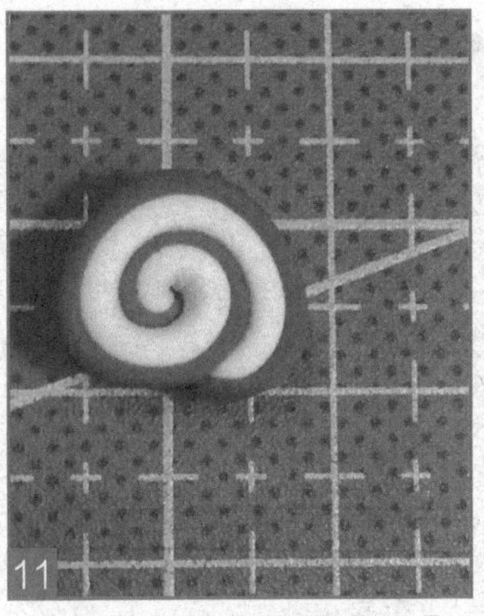


卷起来并稍稍捏成三角形，就变成了一个瑞士卷。

把小瑞士卷粘在托盘上。

在上端粘两片小小的叶子。

在叶子中间放一颗小草莓。

给小草莓画上小白点，另一个小蛋糕就做好了。

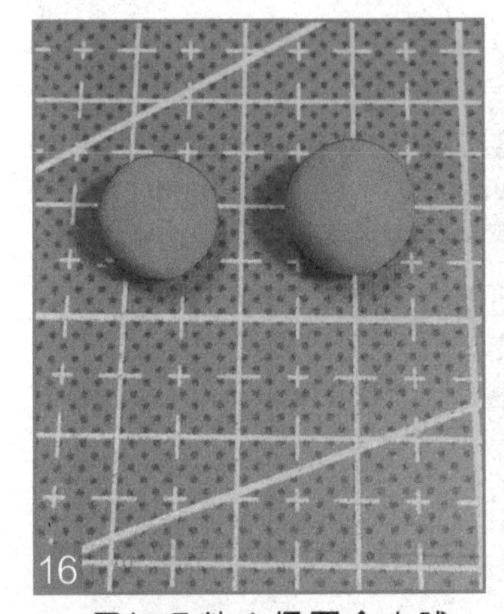


用红色粘土揉两个小球，用来做小苹果，两个最好不要一样大，这样看起来会比较自然。

用工具压出苹果上面的小坑。

用咖啡色做两个小小的果蒂，小苹果就做好了。

### 6.5.3 制作底座

取一大块白色粘土，用来做底座。

把粘土擀平，不要太薄，厚度大约 1cm~1.5cm。

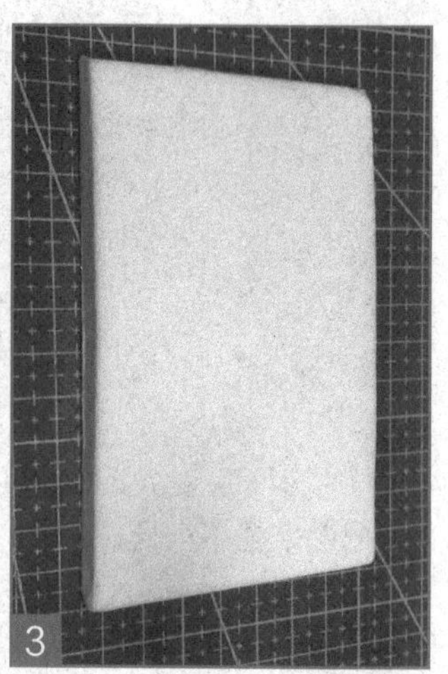


用工具切出一个长方形。

把橙黄色粘土揉成小球后压扁，再粘上底座上。

按顺序把整个底座粘满，底座就做好了。底座要晾干 1-2 天才能使用。

## 6.5.4 整体组合

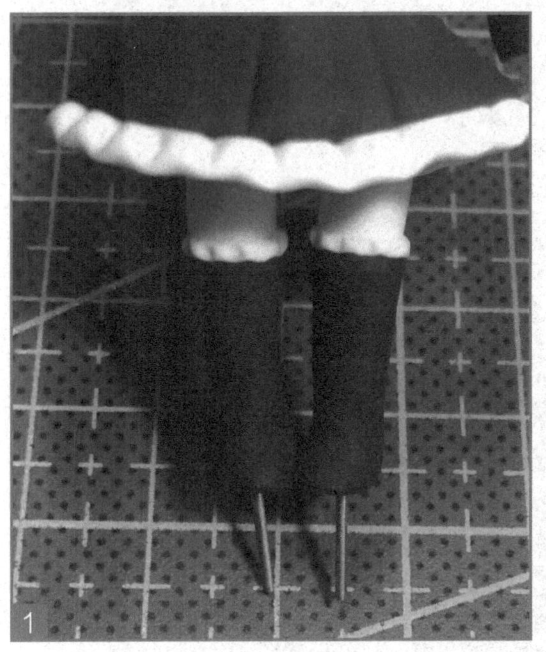

在艾露萨的脚底穿入两根铁丝。

把艾露萨插在底座的一角，脚底粘上。

把露西粘在底座中间靠左一点的位置。

把普鲁和其他小东西都一个个粘上，FAIRY TAIL 的下午茶手办场景就完工了！

**中文名：** 柯内莉亚

**外文名：** コーネリア

**登场作品：**《梅露可物语》

**职业：** 弓手

**性格：** 冷静

**制作难度：** ★★★★★

**中文名：** 阿修罗

**外文名：** あしゅら

**登场作品：**《圣传》《翼·年代记》

**武器：** 修罗刀

**性格：** 双重人格

**制作难度：** ★★★★★

中文名：丛云

外文名：むらくも

登场作品：《舰队 Collection》

出生地：藤永田造船所

萌点：傲慢、吃货

制作难度：★★★★

中文名：魔法少女喵

原创设定：抱熊氏

出生地：中国

萌点：少女、青春

制作难度：★★★★★

中文名：逢坂大河

外文名：あいさか たいが

登场作品：《龙与虎》

身高：143.6cm

性格：凶暴、任性、毒舌

制作难度：★★★★★